TECNOLOGIAS PARA AUTOMAÇÃO

Blucher

VALDEMIR MARTINS LIRA

ALEXANDRE ACÁCIO DE ANDRADE

CARLOS EDUARDO CAPOVILLA

TECNOLOGIAS PARA AUTOMAÇÃO

Circuitos pneumáticos – óleo-hidráulicos – CLP e microcontrolador

Tecnologias para automação: circuitos pneumáticos - óleo-hidráulicos - controladores lógicos programáveis (CLP) e microcontrolador

Publisher Edgard Blücher
Editores Eduardo Blücher e Jonatas Eliakim
Coordenação editorial Andressa Lira
Produção editorial Lidiane Pedroso Gonçalves
Preparação de texto Vânia Cavalcanti
Revisão de texto Maurício Katayama
Diagramação Villa d'Artes
Capa Leandro Cunha
Imagem da capa iStockphotos

Blucher

Rua Pedroso Alvarenga, 1245, 4º andar
04531-934 – São Paulo – SP – Brasil
Tel.: 55 11 3078-5366
contato@blucher.com.br
www.blucher.com.br

Segundo o Novo Acordo Ortográfico, conforme 6. ed. do *Vocabulário Ortográfico da Língua Portuguesa*, Academia Brasileira de Letras, julho de 2021.

Dados Internacionais de Catalogação na Publicação (CIP)
Angélica Ilacqua CRB-8/7057

Lira, Valdemir Martins
Tecnologias para automação: circuitos pneumáticos – óleo-hidráulicos – CLP e microcontrolador/Valdemir Martins Lira, Alexandre Acácio de Andrade, Carlos Eduardo Capovilla. – São Paulo: Blucher, 2024.
270 p.

Bibliografia
ISBN 978-65-5506-739-2

1. Engenharia 2. Controle automático 3. Controladores programáveis 4. Automação industrial I. Título II. Andrade, Alexandre Acácio de III. Capovilla, Carlos Eduardo

23-3582 CDD 629.8

Índices para catálogo sistemático:
1. Engenharia de controle

AGRADECIMENTOS

A elaboração deste livro foi possível graças ao apoio e à colaboração de diversas pessoas, empresas, instituições de ensino e de pesquisa, às quais manifestamos nossos agradecimentos.

Aos alunos de graduação e do ensino técnico que, em muitos momentos nas aulas das disciplinas "Sistemas hidráulicos e Pneumáticos" (Escola técnica), "Circuitos Hidráulicos e Pneumáticos", "Automação de Sistemas Industriais" e "Sistemas Microprocessados" (Universidade Federal do ABC), colaboram com observações de conteúdos e exercícios que culminaram neste livro.

À UFABC, pelo ambiente agradável de trabalho e pela disponibilização de equipamentos e do laboratório para a parte experimental dos circuitos pneumáticos e óleo-hidráulicos.

Eu, Valdemir Martins Lira, agradeço à minha esposa e aos meus filhos pelo apoio em todos os momentos; e à Faculdade de Tecnologia de São Paulo (Fatec-SP), pela minha formação prática na área de Tecnologia de Óleo-Hidráulica e Pneumática.

Eu, Alexandre Acácio de Andrade, gostaria de agradecer especialmente à minha família, notadamente à minha esposa Lina Moreira pelo tempo que retirei do convívio doméstico para elaboração deste trabalho; às pessoas que direta ou indiretamente colaboraram neste trabalho, especialmente minha revisora informal Alessandra Cristiane de Andrade e meus amigos Altamiro Mam Prado, Frederico Augusto de Mello Prado, Raul Victor Groszmann e Marcel Serafim Ferreira da Silva.

Eu, Carlos Eduardo Capovilla, agradeço a Marcela, minha esposa, e aos meus filhos Luca e Rafael, razão de tudo, pelo apoio em todos os momentos dessa caminhada. Agradeço também à UFABC e aos meus ex-alunos de graduação pelas diversas colaborações e sugestões a este trabalho, em especial, ao desenvolvimento dos projetos apresentados. Adicionalmente, agradeço aos colegas docentes do CECS e EIAR pelo constante aprendizado e crescimento técnico acadêmico.

Ao engenheiro de automação e controle André Belasques Ruiz Picon, pela ajuda na elaboração do capítulo 11.

À Editora Blucher, pela publicação deste livro.

Às empresas Festo e Rockwell, pela autorização de uso de algumas imagens de seus produtos neste livro.

PREFÁCIO

As tecnologias da automação voltadas para a pneumática, óleo-hidráulica e controladores lógicos programáveis (CLP) estão presentes há várias décadas tanto no meio industrial como no ensino, e suas aplicações estão em permanente evolução. Com o avanço da informática surgiram os mais diversos softwares, especificamente para a disciplina de Pneumática e Óleo-Hidráulica; os softwares de simulações de circuitos pneumáticos e óleo-hidráulicos facilitam – e muito – o ensino e entendimento do funcionamento desses circuitos.

No ensino da automação, é interessante que se tenha um material didático calcado no conteúdo da disciplina de automação, que normalmente abrange, no mínimo, as tecnologias da pneumática, óleo-hidráulica, CLP e microprocessadores. E os materiais didáticos disponíveis normalmente não reúnem essas três tecnologias em um único material. Para suprir o ensino da automação de forma integrada dessas três tecnologias se fez necessário um material didático para o ensino da automação, como o deste livro, principalmente quando se necessita saber – de forma integrada – alguma aplicação prática envolvendo essas três tecnologias.

Além de servir como um texto para a formação de engenheiros da área de automação e controle, o presente livro pode ser utilizado em cursos de tecnologias e técnicos voltados para a mesma área.

Temos ciência que os tópicos discutidos neste trabalho sofrem contínua evolução, pois a tecnologia atual, principalmente baseada em Tecnologia da Informação, tem se acelerado, por isso focamos os aspectos mais conceituais da automação, pois estes se mantêm por mais tempo.

Por último, esta obra não está concluída, de modo que aceitamos sugestões e críticas para melhorar o conteúdo e torná-lo mais abrangente e preciso. Com essas sugestões e críticas inseridas no livro, todos os leitores poderão usufruir de um material precioso para uso no ensino, na pesquisa e na aplicação de vários campos da automação.

São Paulo, Brasil

Dezembro de 2023

Valdemir Martins Lira

Alexandre Acácio de Andrade

Carlos Eduardo Capovilla

ESTRUTURA DO LIVRO

Inicialmente, no Capítulo 1 tem-se um breve histórico evolutivo das tecnologias de automação situando o leitor no tempo e nos eventos que proporcionaram a automação atual dos sistemas, produtos e de serviços.

No Capítulo 2, são apresentados um breve histórico cronológico das tecnologias da pneumática e óleo-hidráulica, suas formas de acionamento e características básicas.

O Capítulo 3 apresenta a simbologia da tecnologia da pneumática e óleo-hidráulica via ilustrações e comentários.

No Capítulo 4, são apresentados os símbolos elétricos mais utilizados nos circuitos elétricos de comandos.

O Capítulo 5 é o de transdutores e sensores, em que serão apresentados vários tipos de sensores, suas simbologias e aplicações.

As semelhanças das funções da elétrica, eletrônica digital e simbologia pneumática e Ladder com correspondências entre si são apresentadas no Capítulo 6.

No fim de cada capítulo, do 2 ao 6, são propostos exercícios cujas respostas se encontram no fim do livro.

Nos Capítulos 7 e 8, são apresentados circuitos pneumáticos, óleo-hidráulicos, eletropneumáticos e eletro-óleo-hidráulico e também diversas formas de resoluções dos projetos de circuitos e exemplos resolvidos de aplicações.

No Capítulo 9, é apresentado um breve histórico cronológico dos controladores de processo. São destacadas as tecnologias baseadas em Controladores Lógicos Programáveis normalizadas pela IEC 61131, bem como SDCD (Sistema Digital de Controle Distribuído), safe PLC (CLP de segurança) e suas aplicações mais usuais.

No Capítulo 10 são apresentados, de maneira sequencial, um panorama em microcontroladores para automação industrial e o contexto atual da aplicação do microcontrolador 8051 nesse ambiente, de maneira a constituir uma relação sequencial com o Capítulo 11. Após, o funcionamento do 8051 de maneira resumida é demonstrado, bem como diversas técnicas de interfaceamento. Finalmente, são propostos e demonstrados projetos básicos em automação industrial.

O Capítulo 11 apresenta um estudo de caso comparativo de aplicação da tecnologia da pneumática, CLP e microprocessador. Nesse estudo, será implementado e analisado um processo de automação de um sistema de furação de peças metálicas. Esse sistema pode ser comumente encontrado na indústria, sendo realizado de maneira simples e manual, o que vai na contramão da modernização necessária para a competitividade industrial. A sequência de apresentação começa com a apresentação da situação problema e, então, são feitas uma proposição do sistema automatizado e uma seleção dos elementos de controle; por fim, são elaboradas uma análise dos resultados e as conclusões da seleção.

CONTEÚDO

CAPÍTULO 1

Breve histórico evolutivo das tecnologias da automação

Neste capítulo, serão apresentados um breve histórico das tecnologias da automação e a mecanização, situando o leitor no tempo e quanto aos eventos que proporcionaram a automação atual dos sistemas de produtos e de serviços.

1.1 INTRODUÇÃO

No século XX, a necessidade de soluções mais eficientes e o mercado competitivo foram os fatores que impulsionaram a busca por novas tecnologias, como circuitos integrados, cibernética, computação, entre outros, que, por sua vez, permitiram o surgimento da automação dos sistemas fabris.

Em um sistema automatizado, há uma menor intervenção humana; logo, a produção não fica restrita à habilidade do artífice. Outra vantagem reside no fato de que os trabalhos repetitivos e monótonos fiquem a cargo de equipamentos automáticos. Sistemas fabris não automatizados são pouco competitivos, pois apresentam tempo de produção mais elevado. Desta forma, a utilização da tecnologia de automação é de extrema importância para uma organização ser competitiva e sobreviver no mercado atual.

A busca de soluções mais eficientes e otimizadas é sempre um fator de interesse para engenheiros e projetistas das mais diversas áreas. Em muitos casos, há um leque de opções para resolver o mesmo problema, porém a escolha da melhor solução deve se basear em estudos comparativos que possibilitem identificar a tecnologia da automação mais apropriada.

1.2 EVENTOS DO AVANÇO DA TECNOLOGIA

O avanço da ciência e da tecnologia na Europa, em 1770, propicia o surgimento da automação nos meios de transporte, com a máquina a vapor de James Watt (1769) (**Figura 1.1**), e fabris, com a máquina de tear a vapor de Cartwright (1792) e do descaroçador de algodão de Eli Whitney, nos Estados Unidos, em 1793, em meio à Revolução Industrial, que tivera início na Inglaterra em 1780, denominada "revolução do carvão e do ferro", seguida pela segunda Revolução Industrial, de 1860 a 1914, denominada "revolução do aço e da eletricidade".

Mais tarde, na primeira metade do século XX, surgiu o primeiro computador (a **Figura 1.1** mostra um computador dos anos 1980). Hoje, é muito comum a presença dos computadores na automação. O primeiro computador, que surgiu em 1946, era composto por válvulas (que, diga-se de passagem, aqueciam facilmente) e relés; a 2ª geração tinha computadores compostos por transistores (cem vezes menores que as válvulas) e realizavam um número maior de cálculos; na 3ª geração, eles eram de pastilhas de silício (material predominantemente utilizado na eletrônica) com 1 cm^2 de área, denominado "circuito integrado"; por fim, chegamos à 4ª geração, que é constituída pelo chip e realiza 50 mil cálculos por segundo, enquanto os computadores da 1ª geração processavam 300 cálculos por segundo. Na **Figura 1.1**, pode ser visto um microprocessador com visor de alerta.

Figura 1.1 Máquina a vapor, computador (1980-1989) e microprocessador com visor de alerta.

1.3 TECNOLOGIAS PARA AUTOMAÇÃO

Na **Figura 1.2**, é apresentado um organograma geral das tecnologias utilizadas para automação de processos que se subdivide basicamente em elementos de movimentação de carga e elementos de controle. Como elementos de movimentação de cargas, temos: sistemas hidráulicos; pneumáticos; e motores elétricos. Já os elementos de controle (lado direito da figura) contêm os sistemas de comandos elétricos (relés e congêneres) e os sistemas microprocessados, entre os quais se destacam os CAP (controladores de automação programável) e os CP (controladores de processo).

Os sistemas óleo-hidráulicos utilizam fluido pressurizado como energia para mover cargas por meio da aplicação de forças na faixa de 10.000 N a 100.000 N (**Figura 1.2**). Esse tipo de sistema trabalha com pressões elevadas, alta potência e precisões de paradas na casa dos centésimos de milímetros, mas, em contrapartida, com valores baixos de velocidade.

Já nos sistemas pneumáticos, o ar comprimido é utilizado para movimentação de cargas (**Figura 1.2**). Essa tecnologia permite aplicar forças na faixa de 10 N a 50.000 N, pois trabalha com pressões mais baixas (~15 bar) em relação a hidráulica (~300 bar). Suas vantagens estão relacionadas a maiores velocidades e flexibilidade dos sistemas de instalação.

Nos elementos de controle (**Figura 1.2**), temos os comandos elétricos, que são dispositivos utilizados para acionar motores, válvulas solenoides, alertas luminosos, entre outros. Eles são compostos de uma variedade de peças e elementos individuais como contatores, botões temporizadores, relés e fusíveis trabalhando em conjunto para obter o controle do sistema.

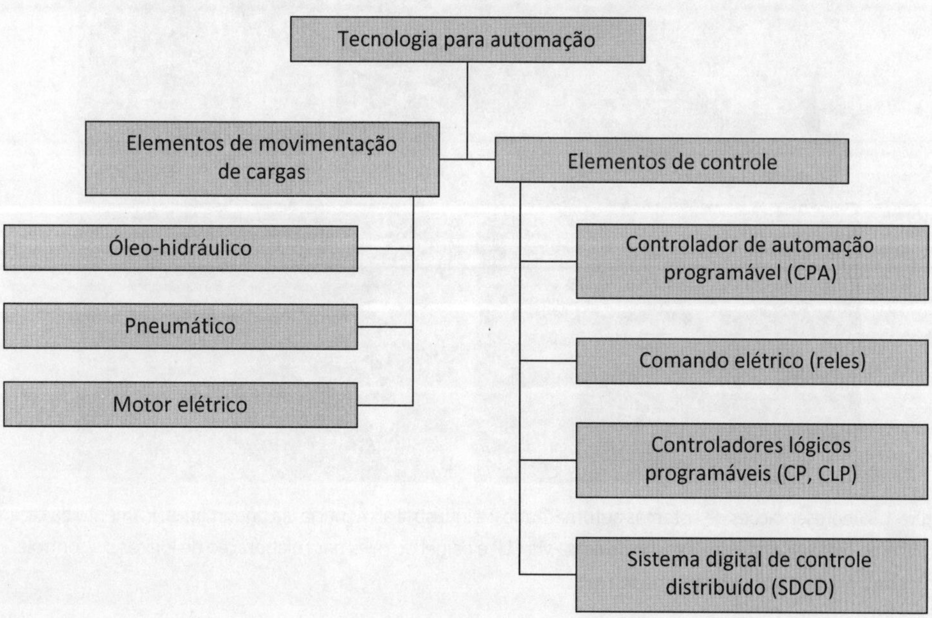

Figura 1.2 Organograma de tecnologias para automação.

Os diversos controladores de processo microprocessados, como os CP, CLP (controladores lógicos programáveis), CAP (controladores de automação programável) e SDCD (sistemas digitais de controle distribuído), têm a capacidade de armazenar em memória uma sequência de instruções lógicas binárias e outros comandos. Eles integram os diversos elementos de comandos elétricos (**Figura 1.3**) em um único componente programável virtual que tem como principais vantagens a facilidade de modificação, a expansão, a atualização e a simplificação das conexões elétricas, já que trabalham com sistema de inputs/outputs, muitas vezes distribuídos em grandes áreas físicas por meio do uso de sistemas de redes de dados.

A utilização da tecnologia de automação é de extrema importância para a segurança industrial e para que uma organização seja competitiva e sobreviva no mercado atual. Essas características possibilitaram adicionalmente a expansão da automação além das raízes em manufatura, contribuindo para as áreas da saúde, segurança, data centers, transporte agricultura e muitas outras aplicações.

Pelo organograma da **Figura 1.2**, há várias opções de aplicação de tecnologias da automação, porém a escolha da melhor solução deve se basear em estudos comparativos que possibilitem identificar a tecnologia de automação mais apropriada para cada caso. A busca por soluções otimizadas e, consequentemente, mais eficientes em automação é sempre um fator de interesse para engenheiros e projetistas das mais diversas áreas.

Figura 1.3 Representações de sistemas automatizados: a indústria alimentícia via pneumática, içamento da caçamba via óleo-hidráulica, movimentação de carga via CLP e painel de relés para elaboração de lógicas de controle. CLP: controladores lógicos programáveis.

CAPÍTULO 2

Tecnologia da pneumática e óleo-hidráulica

Neste capítulo, serão apresentados um breve histórico cronológico das tecnologias da pneumática e óleo-hidráulica, suas formas de acionamento, características básicas e, no fim, a proposição de exercícios cujas respostas estão no fim do livro.

2.1 HISTÓRICO CRONOLÓGICO DA PNEUMÁTICA E HIDRÁULICA[1]

A palavra "pneumática" designa a utilização de ar sob pressão. Já a palavra "hidráulica" se refere a aplicações práticas de líquidos em movimento.

Os dois processos descritos por essas palavras visam gerar pressão a ser utilizada como força de trabalho na aplicação em máquinas, equipamentos e dispositivos para a fabricação de objetos ou realização de trabalho.

Na Idade Média, a compressão do ar com esse objetivo era usada em foles de ferreiros para o fabrico de vários artefatos, que podem ser definidos como os primeiros dispositivos pneumáticos.

1 Hidráulica: refere-se ao uso de um fluido líquido.

No século XVII, um maior número de estudiosos empregava com regularidade o ar comprimido, como, em 1663, Blaise Pascal, que publicou seus experimentos acerca da alteração de pressão produzida em um fluido em equilíbrio se transmitir integralmente a todos os pontos do líquido e às paredes do recipiente, o que permitiu sua aplicação na tecnologia de ar comprimido. No mesmo século, o físico alemão Otto von Guericke inventou a bomba de vácuo. Esse dispositivo consistia em unir duas semiesferas, e, ao estarem bem vedadas, retirava-se delas o ar interno. Essas esferas eram tracionadas, por meio de força animal, e permaneciam unidas.

Já Denis Papin (físico e inventor francês), em 1667, estudou a possibilidade de transportar objetos através de tubos aproveitando-se da diferença de pressão em um tubo com o objeto no seu interior. Isso permitiu utilizar as elevadas velocidades geradas durante o deslocamento de ar para o transporte de objetos.

Os adventos das revoluções industriais (1ª e 2ª) (**Figura 2.1**) foram propícios para a aplicação da hidráulica, por meio da invenção da máquina de tecer, inventada por Richard Arkwright, na qual a fibra do algodão se transformava em fio. Por volta de 1711, essa máquina passou a ser acionada pela força-motriz de uma corrente de água que acionava as pás de uma roda. Em 1785, observou-se que essa energia (roda) poderia ser usada como energia hidráulica; assim, o inglês Joseph Bramah inventou a prensa hidráulica.

Adiante, no ano de 1829, John Dunlop inventou o pneu, que foi patenteado, em 1845, pelo escocês Robert William Thonsom, e, em 1848, foi inventada a locomotiva a vapor.

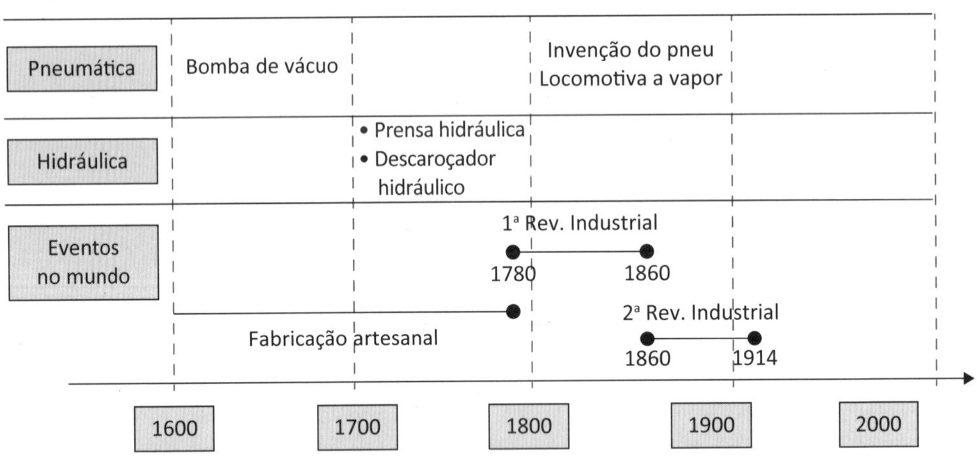

Figura 2.1 Histórico cronológico de aplicações da pneumática e hidráulica ao longo do tempo.

Nos anos 1930, dois americanos, Hamer Shaper e Bob Wagner, começaram a analisar o sistema óleo-hidraúlico[2] em motores de automóveis ao longo do desenvolvimento

2 Óleo-hidráulica: o fluido é um óleo industrial mineral ou sintético.

de carros e caminhões. Atualmente, a óleo-hidraúlica é muito utilizada em automóveis, barragens, elevadores, aviões, trens, máquinas. Essas aplicações são controladas via agregação de computadores e outros dispositivos.

Com o surgimento do computador, em 1946, e do CLP, na década de 1960, as máquinas e os dispositivos pneumáticos e óleo-hidráulicos, mais tarde, incorporariam esses inventos, permitindo maiores automação e controle das operações. De lá pará cá, ampliaram-se os campos para sua aplicação, como: petróleo e gás, manufatura; mineração e metalurgia; indústria portuária; construção civil; indústria automobilística, plástico e têxtil; robótica; máquinas agrícolas; entre outros.

Na **Figura 2.2**, podem ser vistos exemplos de aplicações da tecnologia pneumática (p. ex., dispositivo para furar peças, manipulador de peças e de tambor de líquidos) e de tecnologia óleo-hidráulica (p. ex., retroescavadeira, injetora para termoplástico e trem de pouso de aeronave). Ressalta-se que existem duas áreas de aplicações dos sistemas óleo-hidráulicos: óleo-hidráulica estacionária $\Rightarrow$ máquinas de uso industrial (p. ex., injetoras, prensas, guindastes, retificadoras, tornos etc.) e óleo-hidráulica móvel $\Rightarrow$ máquinas de construção, veículos e aviões.

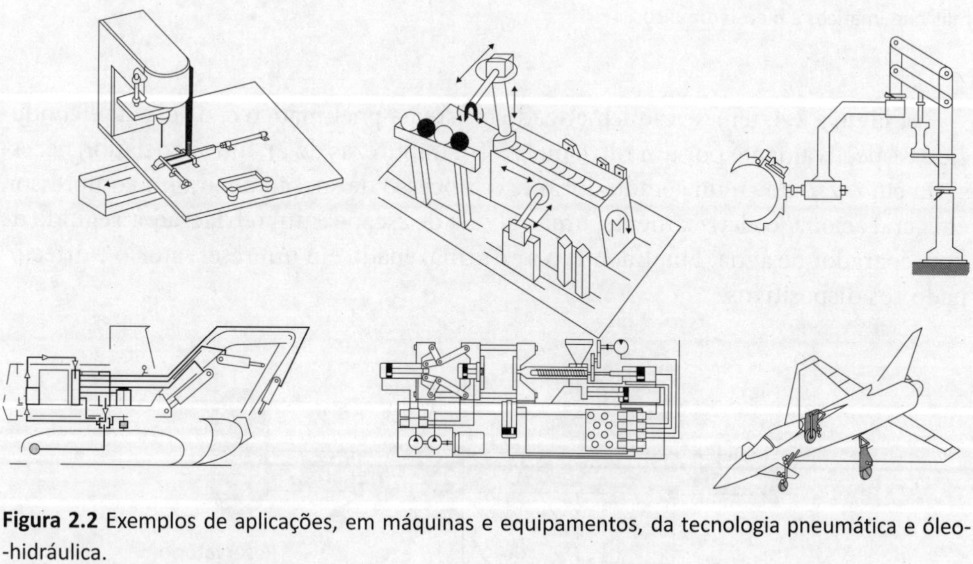

Figura 2.2 Exemplos de aplicações, em máquinas e equipamentos, da tecnologia pneumática e óleo-hidráulica.

2.2 FORMAS DE ACIONAMENTO NOS SISTEMAS PNEUMÁTICOS E ÓLEO-HIDRÁULICOS

Os sistemas óleo-hidráulicos e pneumáticos fornecem energia sob a forma de pressão, e isso é possível via distribuição e controle por meio de dutos, tubos e válvulas. Esses elementos são utilizados para o direcionamento do fluido.

Nos sistemas pneumáticos, como nos óleo-hidráulicos, a energia inicial fornecida provém de um motor elétrico (**Figura 2.3**) e este, por sua vez, transmite movimento, por meio de um eixo acoplado a um compressor pneumático ou a uma bomba óleo-hidráulica. O fluido, assim, é movimentado para restrições que geram energia hidráulica ou para reservatório para confinar o ar e obter-se energia pneumática.

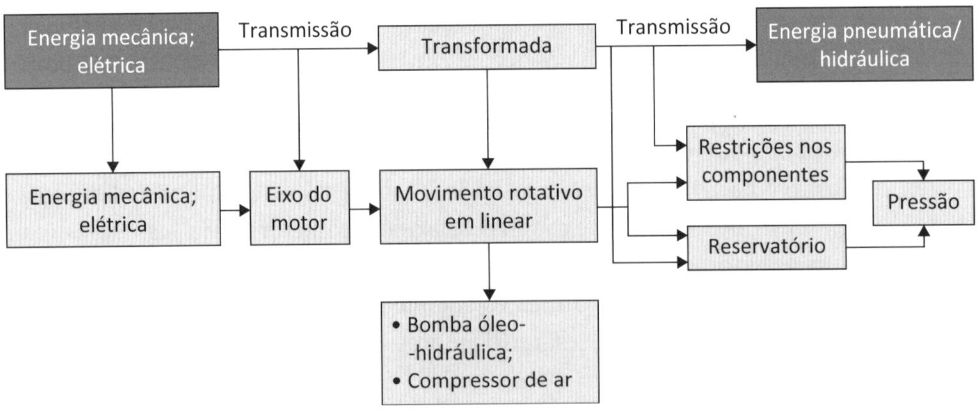

Figura 2.3 Representação esquemática das etapas de transmissão e transformação da energia nos sistemas pneumáticos e óleo-hidráulicos.

Na **Figura 2.4**, tem-se esquematizado o sistema pneumático e, nele, o ar é conduzido respectivamente por um filtro que retém impurezas do ar, um silenciador, necessário em razão do ruído gerado durante o processo de sucção do ar, um compressor, em geral acionado eletricamente, uma válvula de escape e um refrigerador seguido de um separador de água. Finalmente, o ar é armazenado em um reservatório e direcionado aos dispositivos.

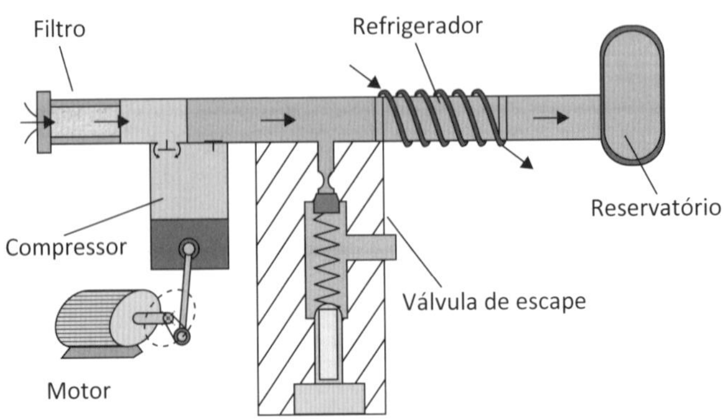

Figura 2.4 Representação simplificada de um sistema pneumático.

Os sistemas óleo-hidráulicos para a movimentação do óleo utilizam uma bomba (**Figura 2.5**) que tem a função de bombear o óleo para o sistema óleo-hidráulico; deve-se ter uma válvula de retenção, que impede o refluxo de óleo; pode-se utilizar, nesse sistema, um acumulador para a manutenção da pressão, e há em todo sistema óleo-hidráulico um reservatório que tem a função de receber e fornecer óleo ao circuito óleo-hidráulico.

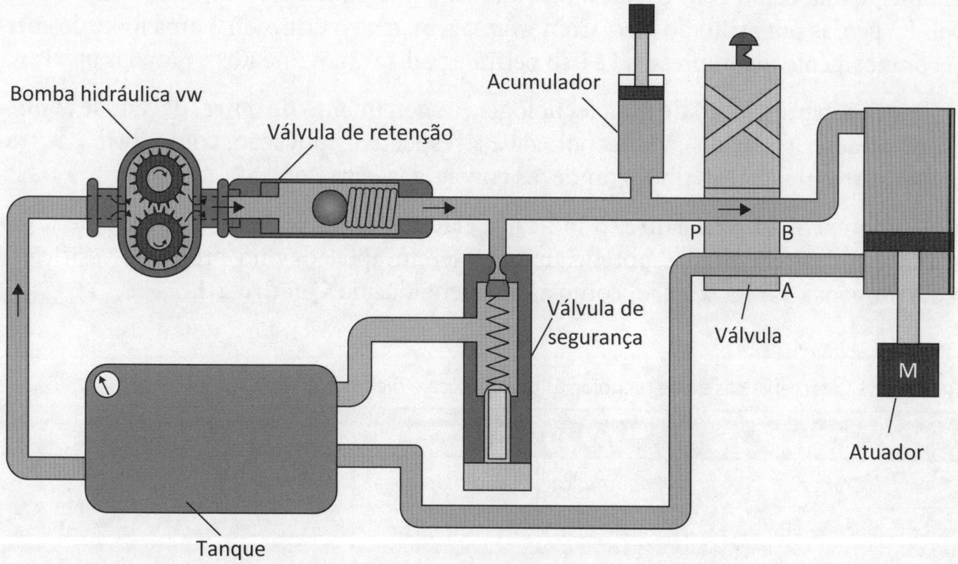

Figura 2.5 Sistema hidráulico simplificado.

2.3 CARACTERÍSTICAS BÁSICAS DAS TECNOLOGIAS DA PNEUMÁTICA E ÓLEO-HIDRÁULICA

A pneumática tem como características a facilidade de instalação e operação, robustez dos equipamentos, flexibilidade dos sistemas, baixo custo de instalação. Geralmente, opera a baixa pressão de trabalho (~7 bar), tem oscilações nos deslocamentos lineares (posições) e dificuldades nas paradas intermediárias. A umidade em sistemas pneumáticos é um dos maiores problemas. Os deslocamentos dos atuadores nos sistemas pneumáticos podem ser feitos com velocidades altas, como 2 m/s.

Os sistemas óleo-hidráulicos proporcionam movimentos não tão rápidos quanto os do sistema pneumático, mas apresentam maior precisão de posicionamento (**Quadro 2.1**); são indicados para trabalhar com cargas relativamente grandes, tanto para elevação como para a movimentação, movimentos e paradas uniformes, têm a capacidade de vencer a inércia de grandes cargas com operação suave e reversa, além de suas variáveis serem de fáceis controle e regulagem.

Por sua vez, a óleo-hidráulica polui o meio ambiente em caso de vazamento, apresenta o perigo resultante da pressão excessiva e é sensível à variação de temperatura, o que ocasiona alteração na viscosidade do óleo. Enseja risco de incêndio e é sensível à sujeira.

Nos sistemas óleo-hidráulicos, quando os elementos danificam, não é possível recuperá-los e somente substituir; portanto, é necessário haver um sistema de segurança nos circuitos para minimizar ou eliminar acidentes tanto com os elementos da máquina propriamente dita como com os que a operam; há ainda o problema do baixo rendimento, pois há perdas por atrito do óleo. Como vantagem, o óleo utilizado é uma fonte de energia praticamente incompressível e isso permite realizar movimentos e paradas precisos.

Por fim, para seleção de uma tecnologia em detrimento de outra, devem-se conhecer as características de cada tecnologia e a respectiva aplicação, como forma de trabalho, ambiente de trabalho, grandezas envolvidas, entre outras.

Como exemplo de análise, é indicado elaborar uma série de características das grandezas das tecnologias potenciais para serem aplicadas no projeto e verificar a mais propensa para a seleção, como as apresentadas no **Quadro 2.1**.

Quadro 2.1 Características entre tecnologias pneumática e óleo-hidráulica

	Tecnologia		Observação
Grandeza	Pneumática	Óleo-hidráulica	
Força	Limitada	Ótima	
Velocidade	Boa	baixa	Óleo-hidráulica: controle contínuo, é precisa e uniforme, embora lenta
Precisão de movimento	Limitada	Boa	Óleo-hidráulica: centésimos de mm
Energia a ser transmitida	Limitada	Limitada	
Distância econômica	1.000 m	100 m	
Velocidade de transmissão	2 m/s	~50 mm/s	
Rotação	50.000 rpm	limitada	
Proteção contra sobrecarga	Excelente	Excelente	

2.4 EXERCÍCIOS PROPOSTOS (aplicados em diversos concursos públicos)

Questão 2.4.1 Um dos motivos pelos quais os sistemas pneumáticos são largamente utilizados em processos automatizados é que o ar comprimido:

a) É um fluido seco e limpo.
b) Mantém a temperatura constante desde a captação pelo compressor até a descarga após sua utilização.
c) Permite velocidades lentas e constantes dos atuadores.
d) Permite alcançar altas velocidades de trabalho.

Questão 2.4.2 Leia as afirmações a seguir sobre a tecnologia da pneumática e assinale a resposta correta.

(I) A pneumática utiliza-se do ar comprimido como fonte de energia para realização de trabalho.

(II) Os sistemas pneumáticos estão cada vez mais presentes nos processos de automação industrial.

(III) Apresentando vantagens como facilidade de instalação e operação, robustez dos equipamentos, flexibilidade dos sistemas, baixo custo de instalação etc., atualmente a pneumática tem importância fundamental na automação industrial.

(IV) A utilização da pneumática tornou-se um meio barato e simples em virtude das propriedades do ar comprimido, que são: fácil obtenção; velocidade alta (2 m/s); facilidade de transporte; limpeza; baixo custo de manutenção, entre outros.

a) (I), (II), (IV)
b) (I), (III), (IV)
c) (II), (III), (IV)
d) Todas são corretas.
e) NDA (nenhuma das alternativas anteriores)

Questão 2.4.3 Analise as frases a seguir sobre as funções dos óleos hidráulicos e, na sequência, assinale a alternativa correta.

I. Transmite energia de pressão.
II. Lubrifica partes móveis das instalações.
III. Elimina partículas metálicas para um filtro apropriado.
IV. Não contribui para a vedação nas partes internas dos componentes.

a) Apenas a I e a II são corretas.
b) Apenas a I, a II e a III são corretas.
c) Apenas a II, a III e a IV são corretas.
d) Apenas a I, a II e a IV são corretas.
e) Apenas a I e a IV são corretas.

Questão 2.4.4 Com relação aos sistemas óleo-hidráulicos, assinale V (verdadeiro) e F (falso) para as seguintes afirmações:

( ) Fáceis instalação e operação.
( ) Controle contínuo e preciso de velocidades.
( ) Sistema autolubrificante.
( ) Sistema autorrefrigerante.
( ) Requer sistemas de segurança nos circuitos.
( ) A fonte de energia é praticamente incompressível.

CAPÍTULO 3

Simbologia da tecnologia da pneumática e óleo-hidráulica

Neste capítulo, serão apresentadas as simbologias e várias ilustrações de elementos da pneumática e óleo-hidráulica e exercícios propostos com respostas no final do livro.

3.1 SIMBOLOGIA DOS ELEMENTOS DA TECNOLOGIA PNEUMÁTICA

A simbologia dos elementos pneumáticos objetiva representar de forma simplificada a função de cada componente, e não a construção física do elemento. Essa forma de representação permite a compreensão do funcionamento do circuito pneumático e é regida pela norma DIN/ISO1219 (DIN: Deutschen Industrie Norm – Norma da Indústria Alemã; e ISO: International Organization for Stardardization – Organização Internacional de Padronização).

A **Figura 3.1** representa uma montagem simplificada de um circuito pneumático. Nela, estão representados: atuador pela letra A; válvula pela letra B; unidade de conservação com filtro, válvula de pressão e manômetro pela letra C; e compressor pela letra D. Na figura, à direita, veem-se os elementos representados de forma real.

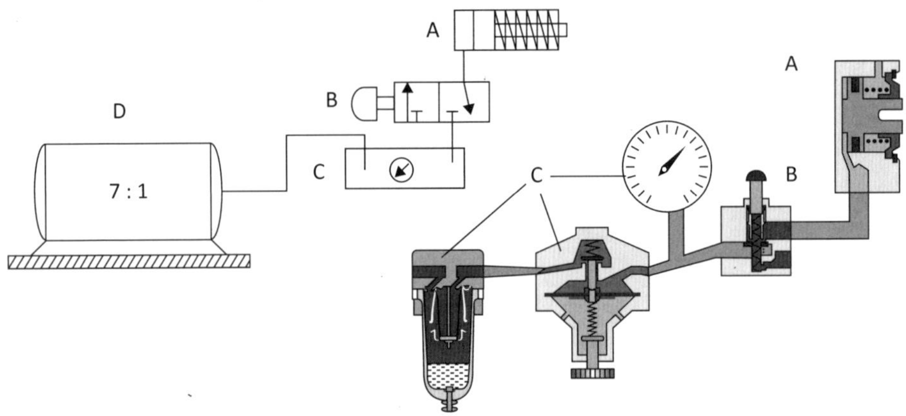

Figura 3.1 Croqui simplificado de um circuito pneumático: simbologia e físico.

O item D (**Figura 3.1**) tem como simbologia a primeira ilustração da **Figura 3.2**, que representa um compressor pneumático e, além dessa representação, há, ainda na **Figura 3.2**, as ilustrações de bombas óleo-hidráulicos.

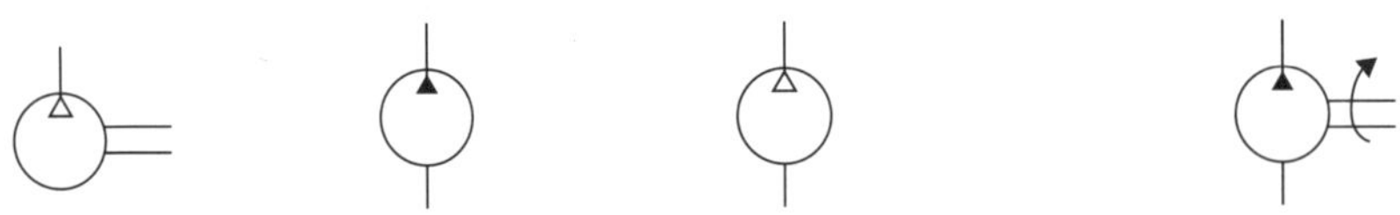

Figura 3.2 Simbologia de um compressor e bombas óleo-hidráulica, pneumática e óleo-hidráulica.

No item C da **Figura 3.1,** ocorre a preparação do ar comprimido, realizada por meio da unidade de conservação, cuja simbologia está representada na **Figura 3.3**.

Na **Figura 3.1**, o ar é captado pelo compressor e transportado para uma unidade de resfriamento; em seguida, é confinado em um reservatório para armazenar o ar comprimido, diminuindo, assim, a oscilação na pressão, e ainda condensa a umidade do ar no reservatório com o meio ambiente, pois, antes de usar o ar, ele deve estar seco e limpo.

Os componentes para preparação são os seguintes:

- Filtro (filtra o ar evitando partículas sólidas nos circuitos).
- Copo condensador de água.

- Regulador de pressão + manômetro (controla a pressão do circuito e a quantidade por meio do manômetro.
- Lubrificador (responsável pela lubrificação do ar comprimido a fim de reduzir o atrito das partes móveis dos elementos e evitar oxidação destas), para componentes que não tenham autolubrificação. Ressalta-se que a tendência é eliminar as lubrificações em virtude do ISO14000, segundo o qual os equipamentos mais novos (NO LUBI) vêm com uma graxa interna.

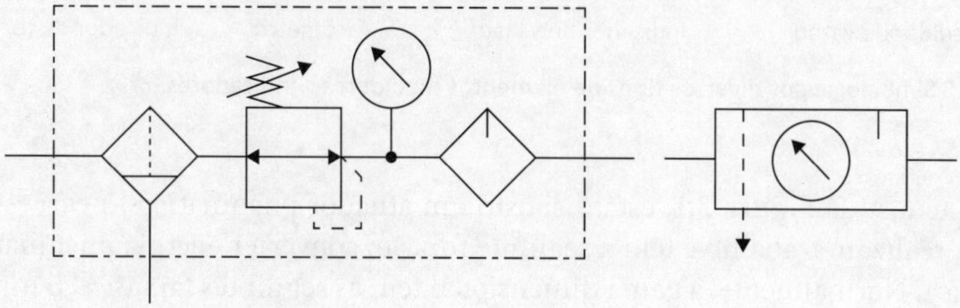

Figura 3.3 Simbologia da unidade de conservação: completo e simplificado.

O ar comprimido é succionado pelo compressor com várias impurezas e, assim, o ar deve ser tratado com vários componentes, como o lubrificador (**Figura 3.4**) que lubrifica o ar antes de ser fornecido ao sistema e o secador (**Figura 3.4**) usados em produtos químicos ou em sistemas com mudanças de temperaturas em curto prazo.

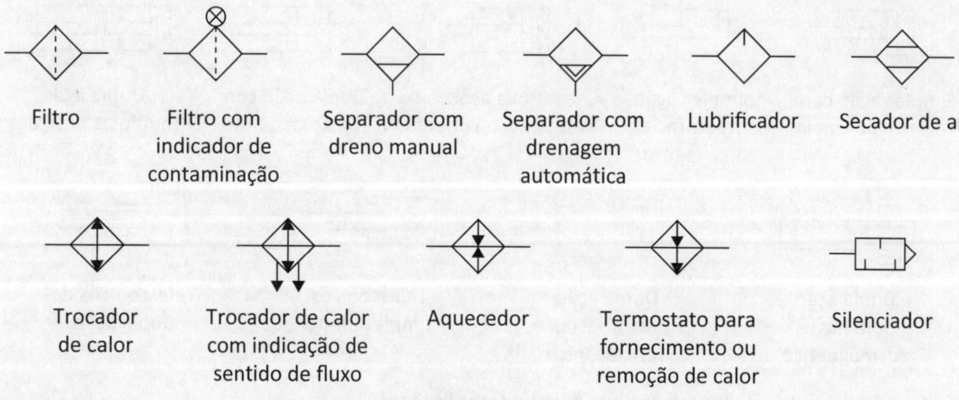

Figura 3.4 Simbologia dos diversos tipos de elementos de tratamento e condicionadores de ar comprimido.

Além do indicador de pressão (**Figura 3.1 – item C**), há outros indicadores (**Figura 3.5**), pois é necessário controlar e conhecer outras variáveis durante o processo.

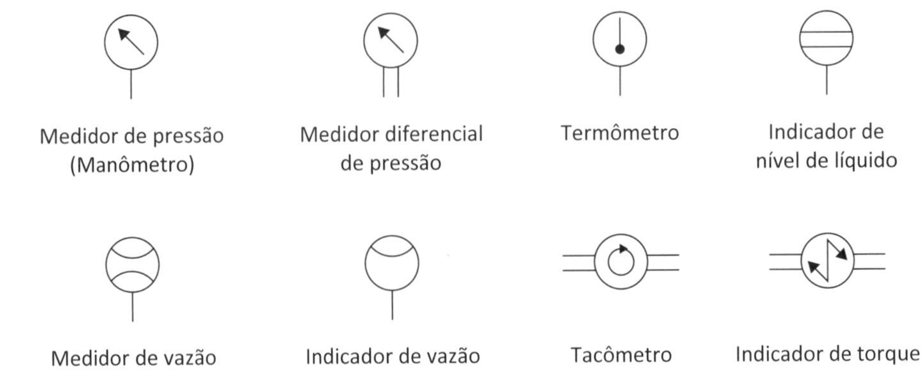

Figura 3.5 Simbologia dos diversos tipos de elementos medidores e indicadores.

No item A da **Figura 3.1**, está disposto um atuador pneumático linear; esses elementos realizam trabalho e têm a seguinte função: converter energia pneumática em mecânica. Normalmente, a gama dimensional tem as seguintes faixas: ∅ 6 mm a 320 mm; curso: 1 mm até 2 m; força: 2 newtons a 50.000 newtons; e velocidade de avanço: 0,02 m/min. a 1 m/min. Esses atuadores são elementos de simples manutenção e fixação e têm várias formas, tipos e formas construtivas (**Figuras 3.6** e **3.7**) e a maioria é normalizada.

São utilizados em diversas aplicações que necessitem fixar, expulsar, levantar e abaixar como ferramenta para usinagem pneumática e também na indústria automobilística.

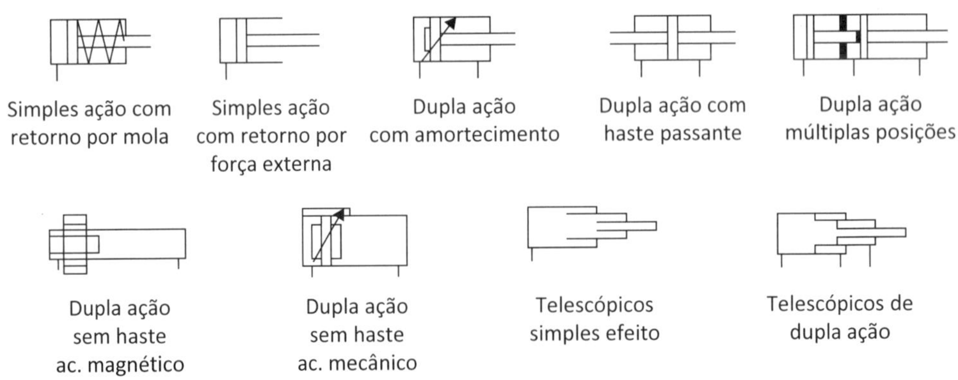

Figura 3.6 Simbologia dos diversos tipos de atuadores lineares.

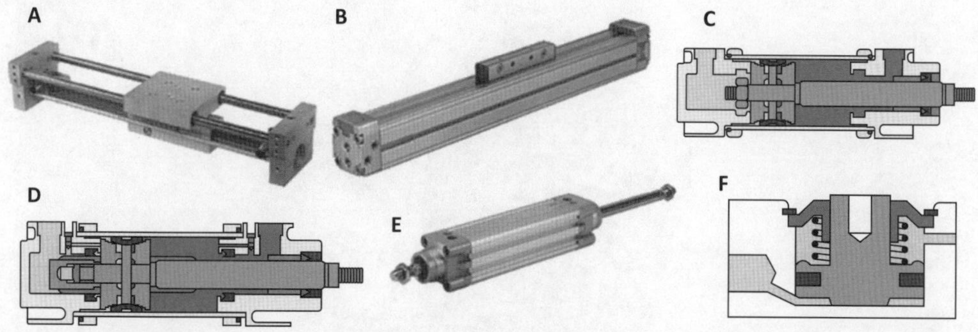

Figura 3.7 Fotografias e ilustrações dos lineares: A – dupla ação sem haste com acionamento magnético; B – dupla ação sem haste com acionamento mecânico; C – dupla ação; D – dupla ação com amortecimento; E – dupla ação com haste passante e F – simples ação.

Fonte: Festo, reprodução autorizada.

Os atuadores de simples ação têm retorno por mola ou por força externa (**Figura 3.6**). O material usado para a fabricação da camisa dos atuadores de simples ação é o latão ou o aço, este último para a série pesada até 17 bar, e é aplicado em fixação e expulsão de peças.

Atuadores de dupla ação com haste simples e passante usam material para a fabricação da camisa inox, diâmetro até 25 mm (até 10 bar), ou alumínio, diâmetro acima de 25 mm (até 10 bar). Esses atuadores são mais utilizados para fixação e na movimentação de peças.

Os atuadores telescópicos apresentam características que os tornam pouco utilizados em aplicações de automação pneumática, pois têm custo elevado em relação ao espaço ocupado e limitação para instalação e são vulneráveis a vazamento. Esses atuadores podem ser cilindros telescópios de simples ou dupla ação.

Além dos atuadores lineares, há os atuadores rotativos (**Figura 3.8**), cuja forma construtiva tem uma aleta girante (**Figura 3.9**); esses atuadores são utilizados como ferramentas e podem ter torque máximo 20 N.m (2 Kgf.m); são também utilizados para girar objetos, peças; são considerados motores rotativos (3000 rpm a 8000 rpm, 0,1 Kw a 19 Kw), podendo girar no sentido horário ou anti-horário. A seguir, existem algumas aplicações como furadeira (motor de palheta); braço oscilante; limpar para-brisa de máquina a CNC; indicado para ambientes com risco de explosão em substituição aos motores elétricos.

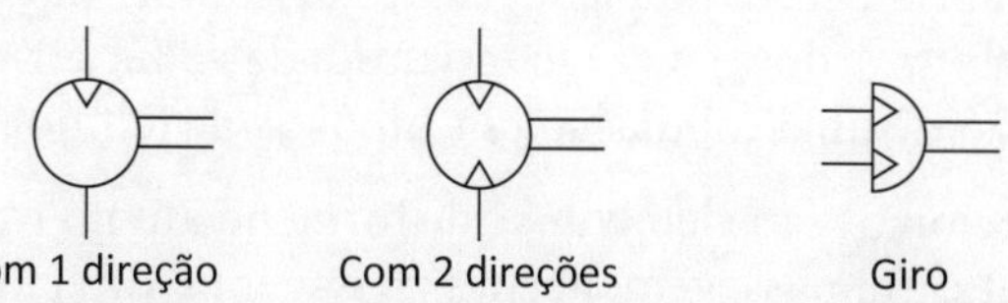

Figura 3.8 Simbologia dos diversos tipos de atuadores rotativos.

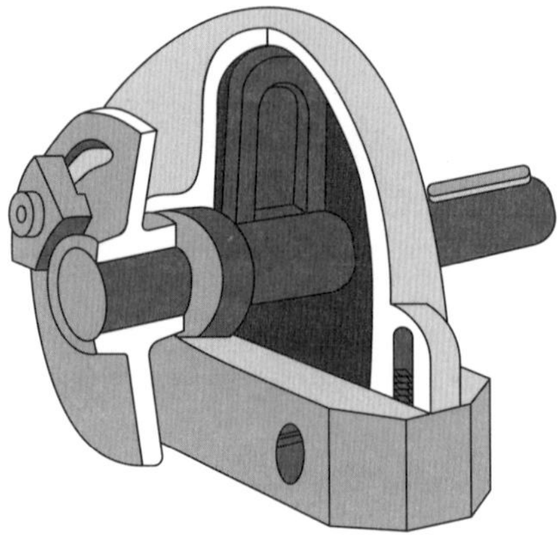

Figura 3.9 Ilustração de um atuador rotativo com giro limitado.

Fonte: Festo, reprodução autorizada.

Para a seleção de atuadores, deve-se considerar:

- curso do cilindro;
- força necessária no avanço e no recuo;
- velocidade de avanço e recuo.

Observação: força e velocidade estão relacionadas; com a mesma pressão e mesmo diâmetro do cilindro, a velocidade diminui com o aumento da carga.

Já para a especificação dos atuadores, os principais itens a serem considerados são:

- diâmetro do pistão (embolo) [mm ou polegada];
- curso [mm ou polegada];
- haste com proteção superficial, extremidade com rosca externa ou interna, proteção sanfonada etc.;
- tipo de fixação: flange traseira ou dianteira, pés etc.;
- amortecimento: traseiro e/ ou dianteiro;
- código do fabricante (Festo, Parker, Ardella, Micromecânica, Rexhot etc.);
- tipo de rosca nas conexões: BSP (paralela) ou NPT (cônica).

Ainda na **Figura 3.1**, no item A, tem-se a representação de uma válvula. Existem diversas formas de válvulas que, dependendo da forma construtiva, podem ter diversas funções, como abrir e fechar a passagem do ar comprimido; regular sua pressão; direcionar o fluxo do ar; e dosar a vazão (quantidade volumétrica de fluido que escoa através de uma seção de uma tubulação por unidade de tempo).

As válvulas direcionais são elementos que influenciam no trajeto do ar comprimido de forma a bloquear a passagem, abrir a passagem e direcionar o fluxo de ar. Na **Figura 3.10**, estão representadas as mais importantes válvulas direcionais e, na **Figura 3.11**, veem-se algumas ilustrações desse tipo de válvula.

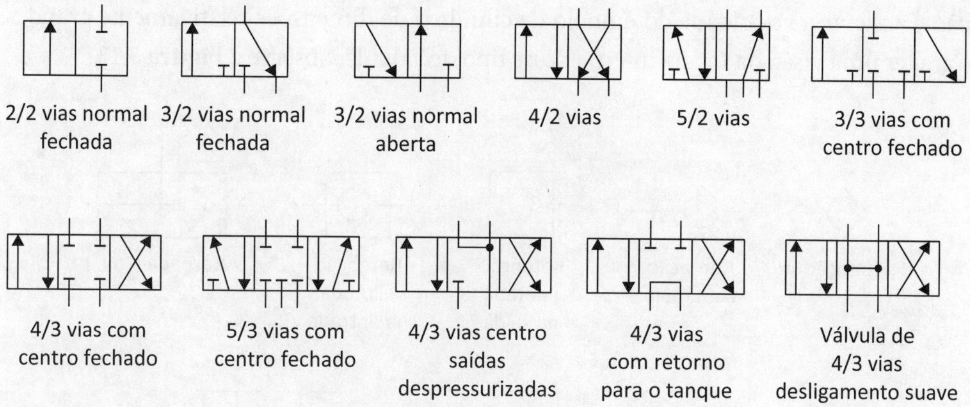

Figura 3.10 Simbologia dos diversos tipos de válvulas direcionais.

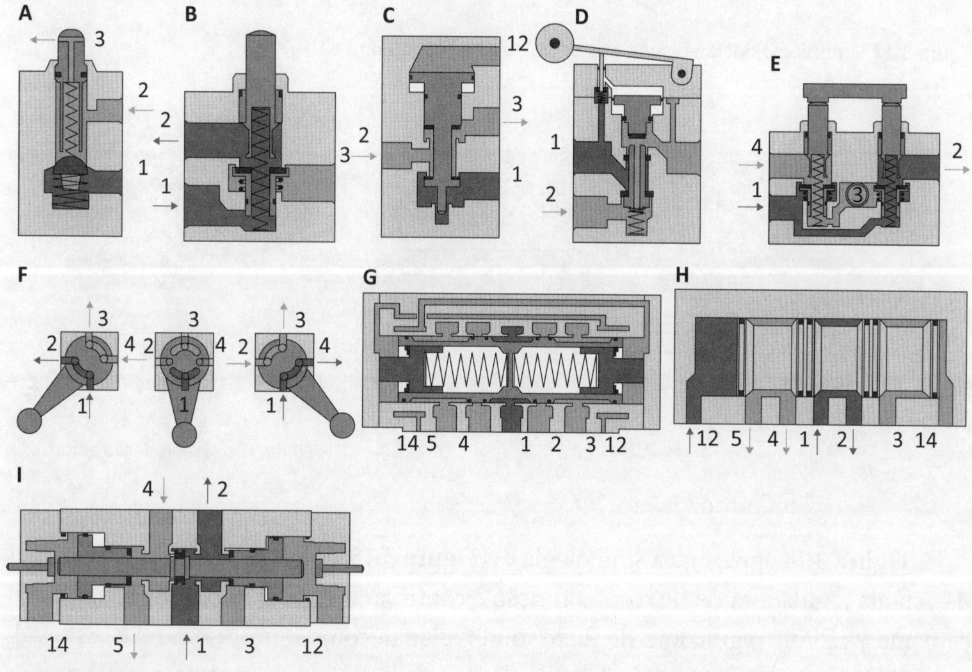

Figura 3.11 Ilustração de válvulas direcionais. A – 3/2 vias, assento esférico, normalmente fechada; B – 3/2 vias, assento de prato, normalmente aberta; C – 3/2 vias, simples piloto, normalmente fechada; D – 3/2 vias, piloto interno, normalmente fechada; E – 4/2 vias, assento de prato; F – 4/2 vias, centro fechado; G – 5/3 vias, centro fechado; centragem por mola; H – 5/2 vias, duplo piloto; I – 5/2 vias, duplo piloto ou muscular geral.

Fonte: Festo, reprodução autorizada.

Outro tipo de válvula é a de bloqueio (**Figura 3.12**), cuja função é permitir a passagem do ar em um sentido, impedindo que este retorne. São conhecidas como válvulas de retenção e têm as seguintes funções: válvula E; válvula OU; válvula de escape rápido, cuja função é acelerar a velocidade do êmbolo de cilindros de dimensões relativamente grandes. Para ter uma visão da forma interna desse tipo de válvula, observe a **Figura 3.13**.

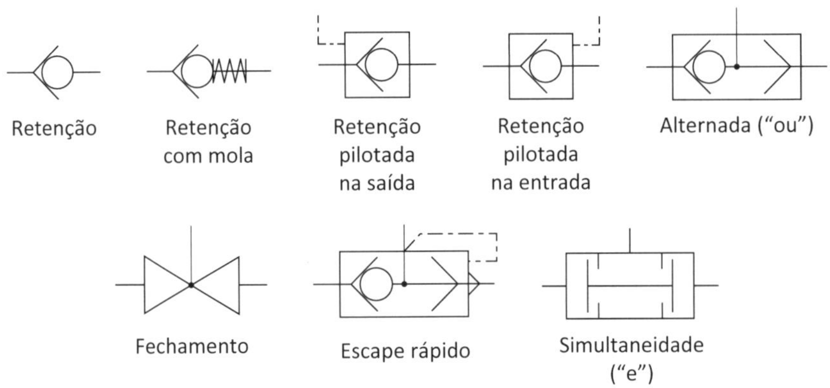

Figura 3.12 Simbologia dos diversos tipos de válvulas de bloqueio.

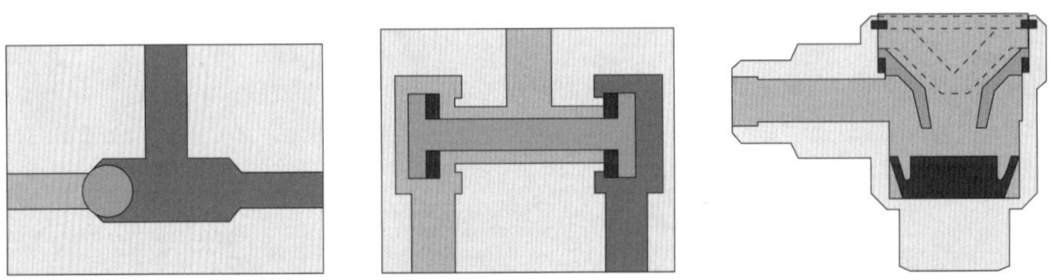

Figura 3.13 Ilustração de várias válvulas de bloqueio: A – alternada (OU); B – simultaneidade (E); C – escape rápido.

Fonte: Festo, reprodução autorizada.

A **Figura 3.14** apresenta a simbologia e a **Figura 3.15**, a ilustração dos diversos tipos de válvula reguladora de fluxo cuja função é controlar a velocidade e o fluxo, especificamente a válvula reguladora de fluxo unidirecional, como o próprio no diz. Essa válvula controla o ar em apenas um sentido do fluxo, sendo que, no sentido oposto, permite a passagem livre do ar. Se ela controla a vazão, logo controla a velocidade.

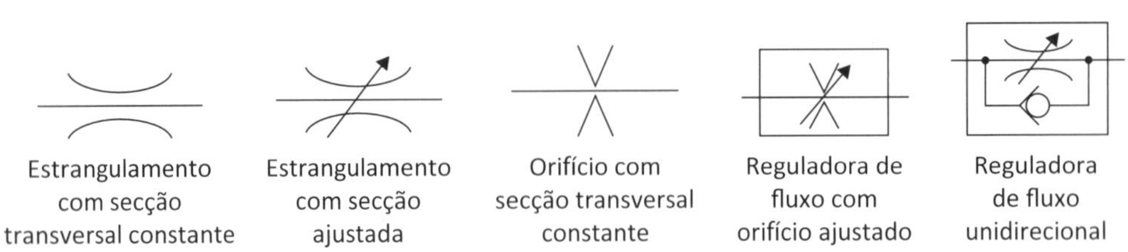

Figura 3.14 Simbologia dos diversos tipos de elementos e de válvulas reguladoras de fluxo.

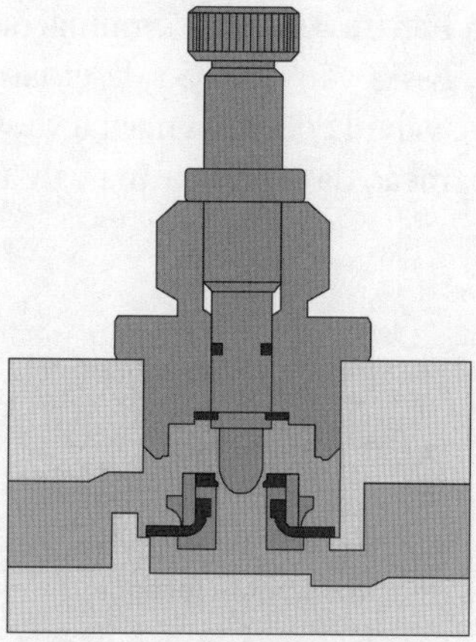

Figura 3.15 Ilustração da válvula reguladora de fluxo unidirecional.

Fonte: Festo, reprodução autorizada.

As válvulas de pressão (**Figuras 3.16** e **3.17**) têm como função alterar a pressão, ora limitando-a, ora reduzindo-a, ou seja, ajustando a pressão do ar na rede.

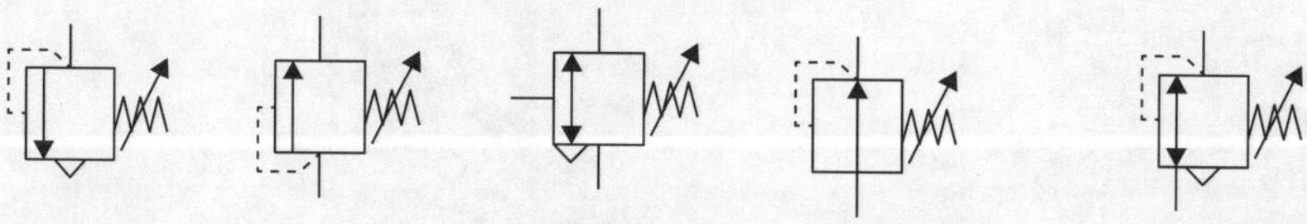

Figura 3.16 Simbologia dos diversos tipos de válvulas de pressão.

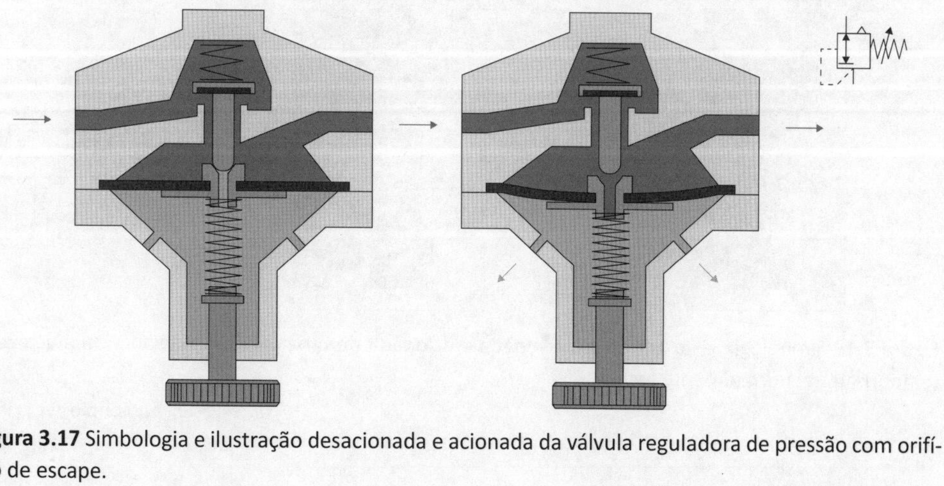

Figura 3.17 Simbologia e ilustração desacionada e acionada da válvula reguladora de pressão com orifício de escape.

Fonte: Festo, reprodução autorizada.

As válvulas apresentadas na **Figura 3.18** são combinações de funções de diferentes válvulas em uma mesma válvula. Essas válvulas são designadas "válvulas combinadas", das quais há basicamente dois tipos: válvula de sequência; e válvula temporizadora. Na **Figura 3.19**, está representada uma ilustração das vias de uma válvula de sequência ajustável.

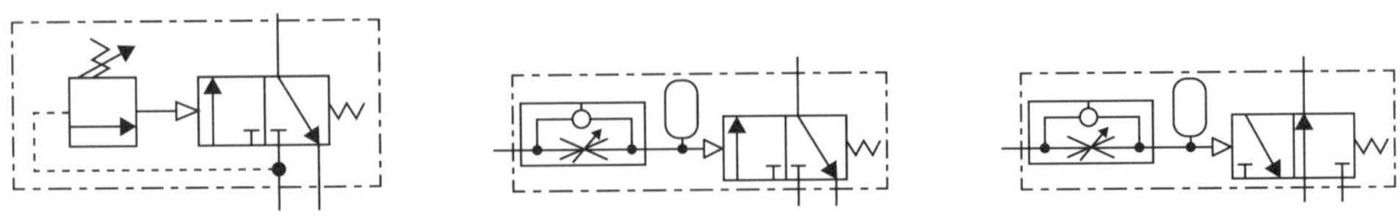

Sequência 3/2 vias normalmente fechada — Temporizadora 3/2 vias normalmente fechada — Temporizadora 3/2 vias normalmente aberta

Figura 3.18 Simbologia dos diversos tipos de válvulas combinadas.

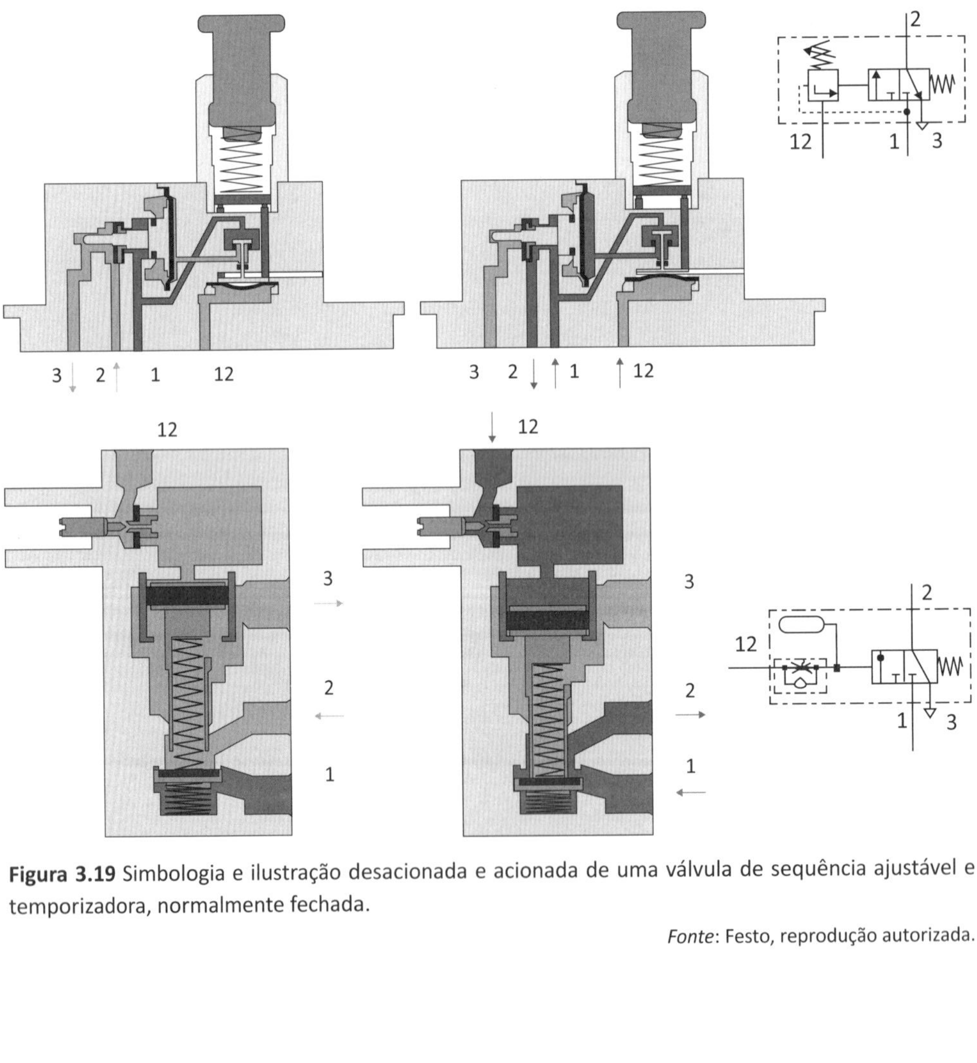

Figura 3.19 Simbologia e ilustração desacionada e acionada de uma válvula de sequência ajustável e temporizadora, normalmente fechada.

Fonte: Festo, reprodução autorizada.

As válvulas são acionadas (**Figura 3.20**) por estratégias diversas, como acionamento muscular, ou seja, ação de uma pessoa, que pode usar a mão ou os pés, e isso depende do projeto da máquina ou do dispositivo.

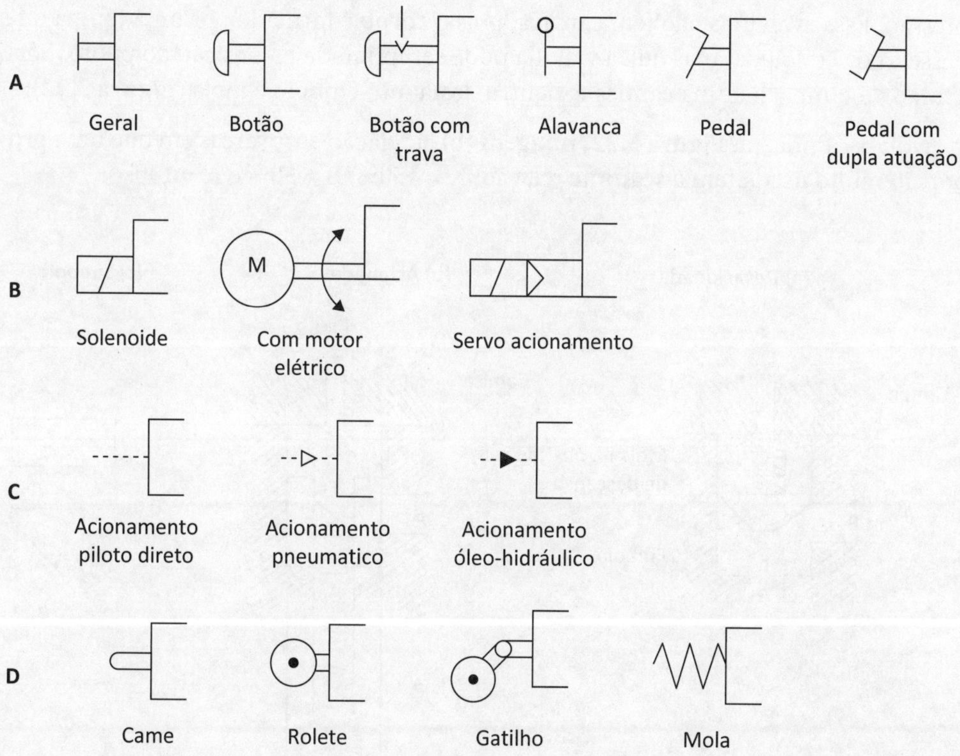

Figura 3.20 Simbologia dos diversos tipos de acionamentos: A – musculares; B – elétricos; C – pilotados; e D – mecânicos.

Por fim, tem-se a simbologia (**Figura 3.21**) dos elementos que visam reservar, acumular ar comprimido e óleo-hidráulico.

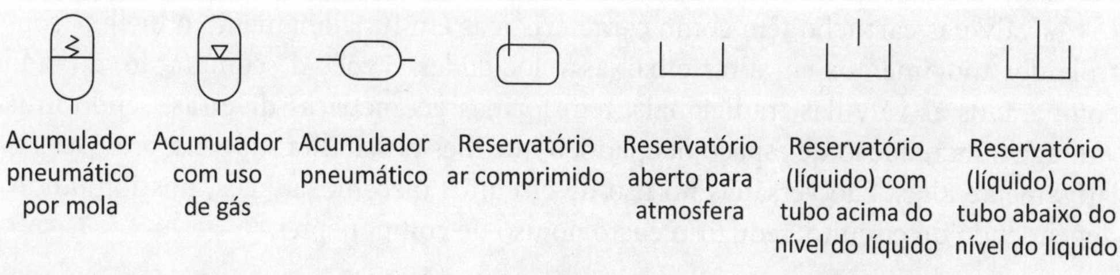

Figura 3.21 Simbologia dos acumuladores e reservatórios de ar comprimido e óleo-hidráulico.

3.1.1 SIMBOLOGIA DOS ELEMENTOS DA TECNOLOGIA PNEUMÁTICA: VÁLVULA CARTUCHO

As válvulas cartucho ou válvulas de elementos lógicos assumem diversas funções das válvulas tradicionais, como direcionar o óleo-hidráulico e limitar e ou reduzir a pressão. Essas válvulas não têm carcaça, pois o corpo é formado por uma tampa que, nesse tipo, é pilotada, mas outra válvula pode ser montada na posição do piloto. Logo abaixo da tampa, há uma camisa e, dentro desta, um êmbolo e mola (**Figura 3.22**).

Nota-se ainda, na **Figura 3.22, imagem (b)**, a relação entre áreas em que uma proporção muito usada tem a seguinte relação: X = 150%, B = 50% e A = 100.

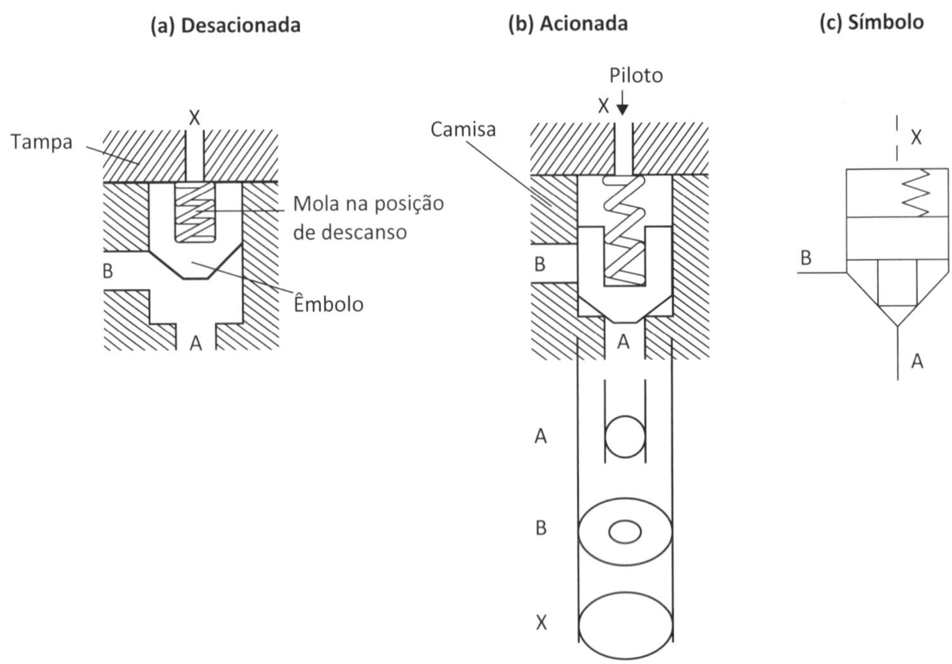

Figura 3.22 Válvula cartucho: acionamento em X, vias A e B, representação do símbolo lógico (C).

As válvulas cartucho têm como características em funcionamento o melhor controle dos movimentos em altas e baixas velocidades/vazões de comutação, quando comparados às válvulas tradicionais, têm formas geométricas diversas, sendo uma vantagem na redução de espaço ocupado, o que lhes possibilita suportar pressões relativamente altas. São versáteis no uso de circuitos óleo-hidraúlicos, possibilitando, dependendo do circuito, reduzir o custo no uso de componentes.

No **Quadro 3.1**, descrevem-se a designação, a simbologia, a função e o croqui com comentários sobre algumas válvulas cartucho. Lembrar que os croquis representam tão somente as vias e os elementos constituintes das válvulas cartucho, mas não necessariamente a realidade física do elemento.

Quadro 3.1 Alguns tipos de válvula cartucho

Designação	Simbologia	Função	Croqui	Comentários
Retenção simples	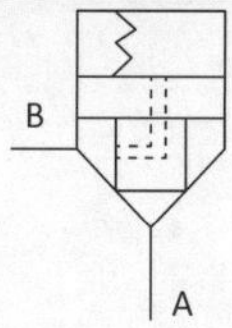	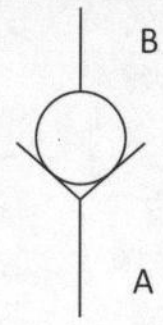	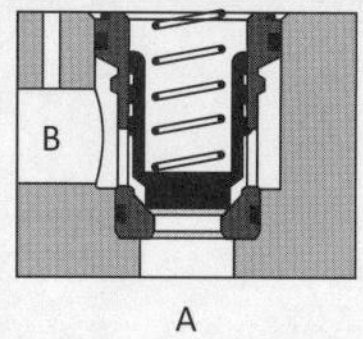	No croqui ao lado, observa-se que há um canal interno no êmbolo que, ao receber óleo, via B, atua de forma a pressionar o êmbolo sobre A, fechando sua passagem. Ao receber óleo em A, o êmbolo é pressionado abrindo passagem para o óleo via B.
Retenção com piloto (B → A)	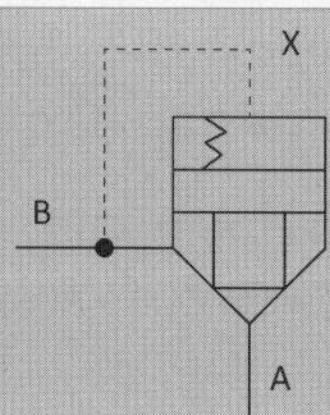	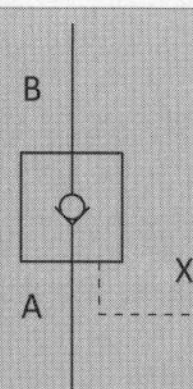	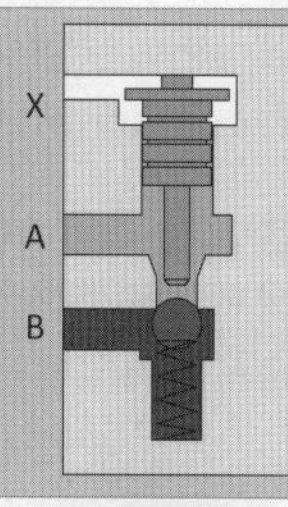	Sem a pilotagem da via X, o óleo circula livremente de A para B, mas de B para A só é possível ao pilotar X.
Retenção com piloto (A → B)	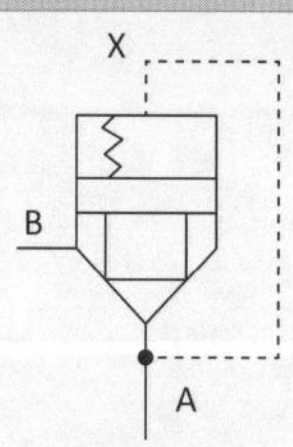	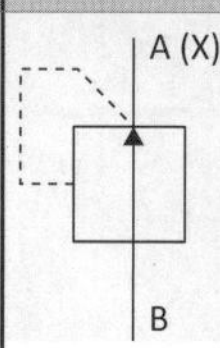	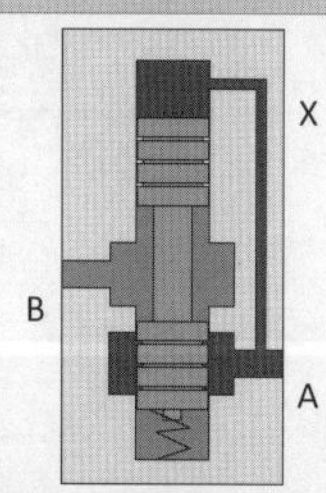	A via A, que está conectada em X, sob pressão, mantém fechada a passagem para B. Ao cessar a pressão em A, a mola desloca o êmbolo liberando a passagem para B.
Regulagem da passagem de óleo	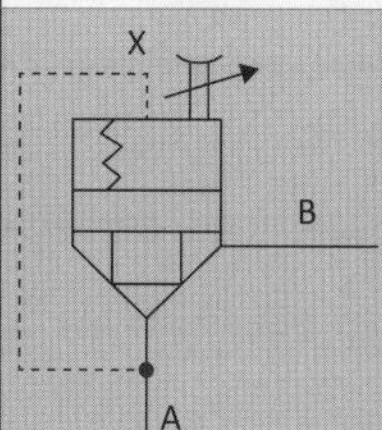	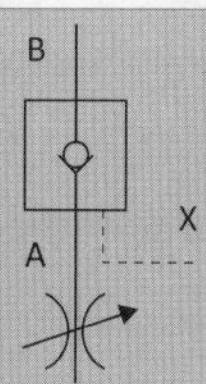	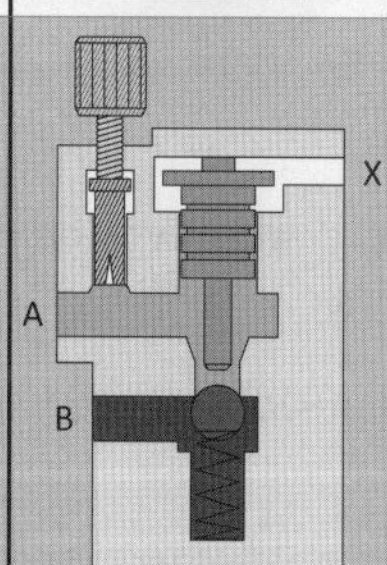	O óleo é bloqueado pela via B para A. Já no sentido inverso, permite o fluxo de óleo que pode ser controlado por meio do parafuso, que restringe a passagem do óleo.

3.2 EXERCÍCIOS PROPOSTOS (aplicados em diversos concursos públicos)

Questão 3.2.1 A alternativa mais apropriada que descreve os componentes de uma unidade de conservação de ar comprimido é:

a) ( ) dreno, filtro e lubrificador.

b) ( ) secador, resfriador e filtro.

c) ( ) filtro, regulador de pressão e lubrificador.

d) ( ) reservatório e manômetro.

e) ( ) filtro, copo condensador de água, regulador de pressão, manômetro e lubrificador.

Questão 3.2.2 A pneumática se utiliza de diversos símbolos normatizados para definir componentes. O símbolo ao lado se refere a qual componente?

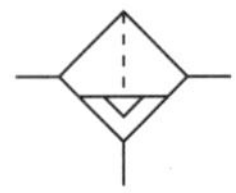

Simbologia

a) Filtro.
b) Filtro com separador de água e dreno manual.
c) Secador de ar.
d) Separador de água com dreno manual.
e) Separador de água com dreno automático.
f) Filtro de ar comprimido com separador de água com dreno automático.

Questão 3.2.3 Analise a figura ao lado e assinale a alternativa que corresponde ao símbolo que tenha a mesma função e que possa ser substituído pela letra A, satisfazendo a igualdade.

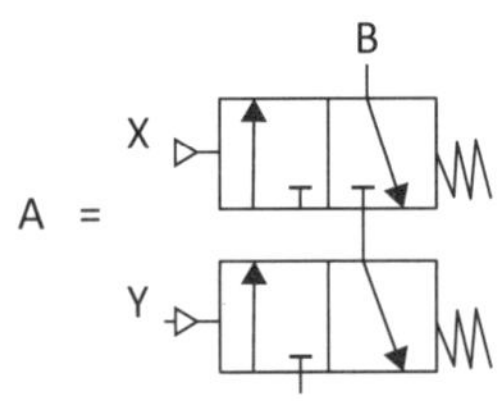

a) Elemento E.
b) Elemento OU.
c) Elemento duplo piloto.
d) Elemento pilotado na saída.
e) Nenhuma das anteriores.

Questão 3.2.4 Em relação aos dispositivos de comando de elétricos, correlacione o símbolo com o respectivo dispositivo.

1.  ( ) Compressor de deslocamento fixo

2. 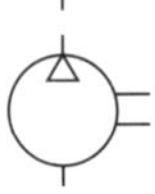 ( ) Motor pneumático com duas direções de fluxo

3. 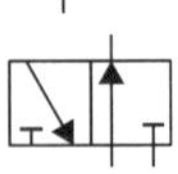 ( ) Válvula de controle direcional

4.  ( ) Válvula de controle de fluxo variável

A sequência correta é:

a) 2; 1; 3; 4.
b) 1; 2; 3; 4.
c) 1; 2; 4; 3.
d) 1; 3; 4; 2.
e) 3; 4; 1; 2.

Questão 3.2.5 A figura a seguir representa um circuito pneumático constituído por elementos que se encontram enumerados. Escolha a alternativa que descreve corretamente esses elementos.

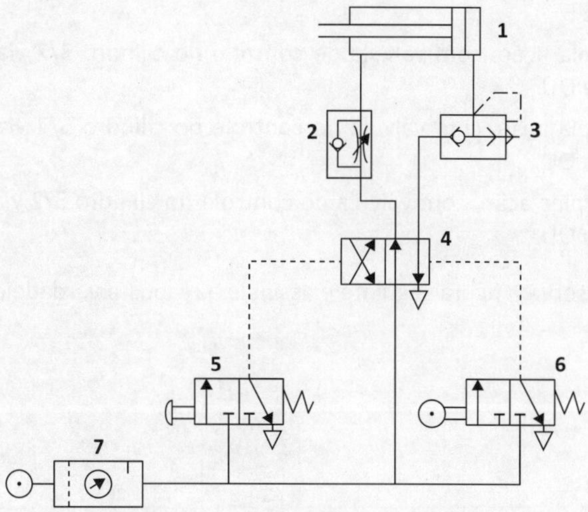

a) (1) cilindro de simples efeito; (2) válvula de escape rápido; (3) válvula reguladora de fluxo; (4) válvula direcional de 4/2 vias com acionamento por solenoide; (5) e (6) válvulas direcionais de 3/2 vias com acionamento mecânico; e (7) manômetro.

b) (1) cilindro de duplo efeito; (2) válvula reguladora de fluxo; (3) válvula de escape rápido; (4) válvula direcional de 4/2 vias com acionamento pneumático; (5) e (6) válvulas direcionais de 3/2 vias com acionamento mecânico; e (7) unidade de manutenção.

c) (1) cilindro de simples efeito; (2) válvula alternadora; (3) válvula de escape rápido; (4) válvula direcional de 4/2 vias com acionamento pneumático; (5) e (6) válvulas direcionais de 5/2 vias com acionamento pneumático; e (7) manômetro.

d) (1) cilindro de duplo efeito; (2) válvula alternadora; (3) válvula reguladora de fluxo; (4) válvula direcional de 4/2 vias com acionamento mecânico; (5) e (6) válvulas direcionais de 3/2 vias com acionamento mecânico; e (7) unidade de manutenção.

e) Nenhuma das alternativas anteriores.

Questão 3.2.6 Assinalar a alternativa que representa a correta descrição de cada componente do circuito pneumático a seguir:

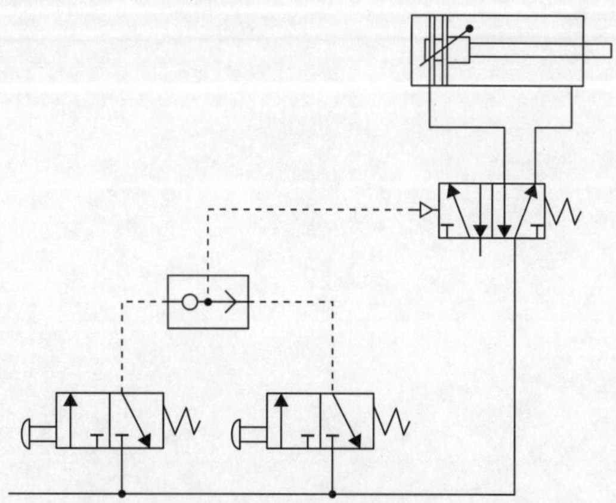

a) Cilindro de dupla ação, com válvula de controle do cilindro 5/2 vias e comando por condição lógica E.
b) Cilindro de simples ação, com válvula de controle do cilindro 3/2 vias e comando por condição lógica E.
c) Cilindro de dupla ação, com válvula de controle do cilindro 3/2 vias e comando por condição lógica OU.
d) Cilindro de dupla ação, com válvula de controle do cilindro 5/2 vias e comando por condição lógica OU.
e) Cilindro de simples ação, com válvula de controle do cilindro 3/2 vias e comando por condição lógica OU.

Questão 3.2.7 Observe a figura seguinte e assinale a resposta verdadeira.

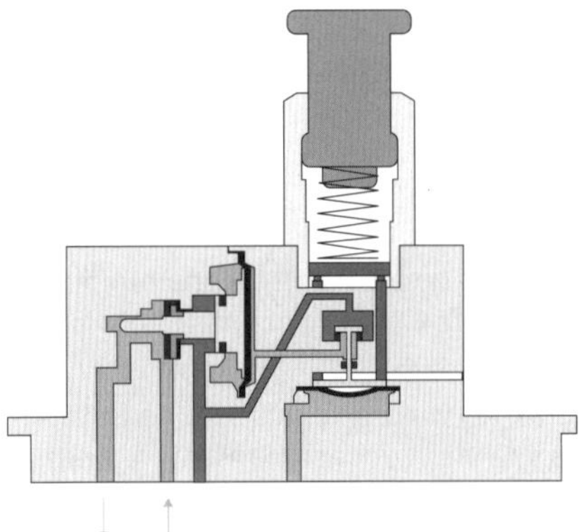

(A)

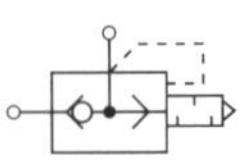

(B)

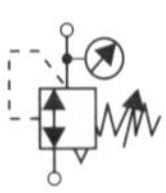

(C)

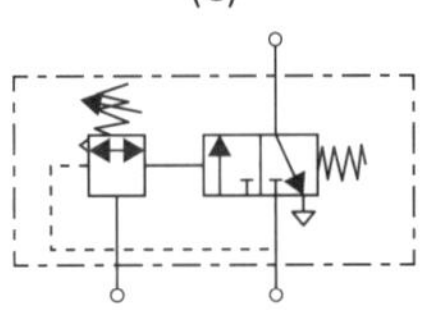

(D)

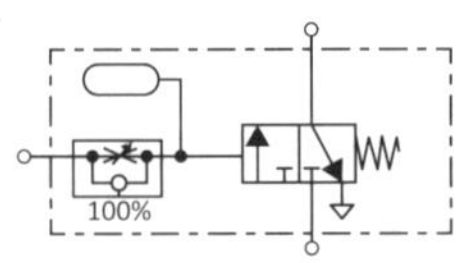

(E)

Nenhuma das anteriores

CAPÍTULO 4

Elementos de entrada e saída de sinais

Neste capítulo, são apresentados os símbolos elétricos mais utilizados nos circuitos elétricos de comandos e um exercício proposto com resposta no final do livro.

4.1 SÍMBOLOS ELÉTRICOS

Na automação via tecnologia da pneumática e óleo-hidráulico, muitos circuitos são feitos pelo uso de eletroválvulas, cuja elaboração do circuito de comando é feita por comandos, contatos elétricos e sensores elétricos. Assim, devem-se conhecer esses elementos e sua simbologia.

A **Figura 4.1** apresenta os contatos usados para entrada de sinais; esses elementos são usados para a comutação via acionamento manual (itens A, B, C, D, E e F) e apresentam duas posições de comutação. Cada um deles permanece na sua posição após o acionamento.

O contato fim de curso (**Figura 4.1** – letra J) é um elemento de comutação de acionamento mecânico e atua nos circuitos com funções bastante diversificadas, como acionar relés e solenoides de válvulas e sinalizar a posição de um elemento.

No contato tipo reed, indicado pela letra K (**Figura 4.1**), há dois terminais que, ao serem unidos por meio de um ímã, acionam um mecanismo de desligar/ligar um dispositivo, como os motores de porta de *shopping center* ou de nível de algum sistema de reservatório de água.

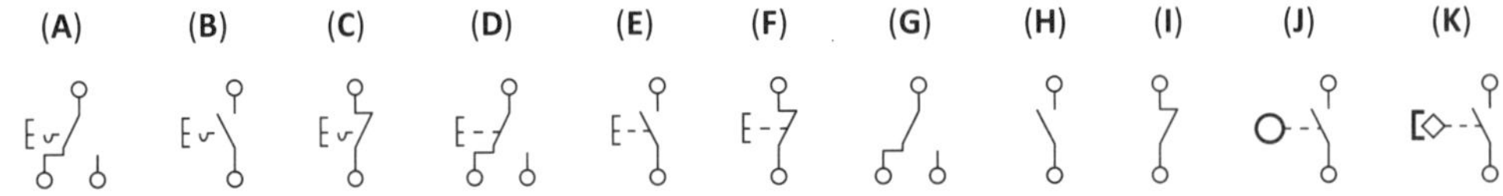

Figura 4.1 Representação simbólica dos contatos elétricos: A – botão com trava (comutador); B – botão com trava (normalmente aberto); C – botão com trava (normalmente fechado); D – botão de acionamento (comutador); E – botão de acionamento (normalmente aberto); F – botão de acionamento (normalmente fechado); G – comutador; H – contato (normalmente aberto), I – contato (normalmente fechado); J – contato acionado por rolete (normalmente aberto); e K – contato tipo reed.

Fonte: Festo, reprodução autorizada.

Na **Figura 4.2**, estão representados os circuitos de comando elétrico de relés e cada um tem aplicação específica, como o relé contador pneumático, que tem aplicação de contagem de peças em ambientes não indicados para relés com acionamento elétrico, pois poderá ocorrer alguma ignição com o faiscamento do acionamento elétrico desse relé.

Os relés temporizadores (**Figura 4.2** - letras E e F) são elementos de comutação com retardo de fechamento ou abertura e o tempo pode ser regulado, por exemplo, de 0 a 15 segundos, chegando até a 30 horas.

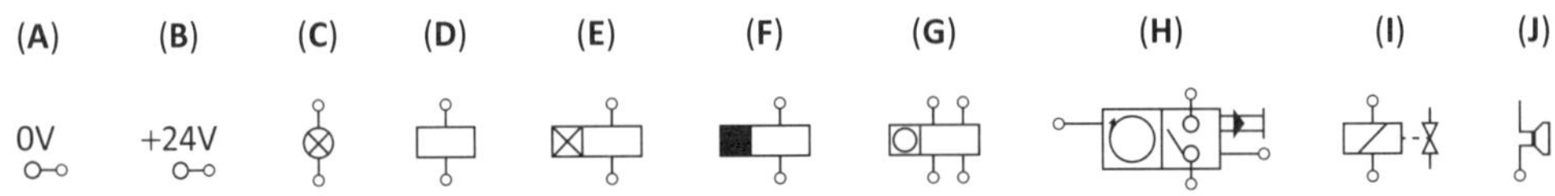

Figura 4.2 Representação simbólica da fonte de energia elétrica, alarme e de vários tipos de relés: A e B – conexões elétricas; C – lâmpada de indicação; D – relé; E – relé com retardo na ativação; F – relé com retardo na desativação; G – relé contador; H – contador pneumático; I – solenoide de válvula; e J – alarme sonoro.

Fonte: Festo, reprodução autorizada.

O solenoide é um elemento de saída de sinais (**Figura 4.3**) e é acionado via bobina eletromagnética, que, ao ser energizada, forma um campo magnético concentrado no núcleo fixo e atrai o núcleo móvel. Dessa maneira, o movimento do núcleo móvel pode acionar direta ou indiretamente o êmbolo de comutação de uma válvula.

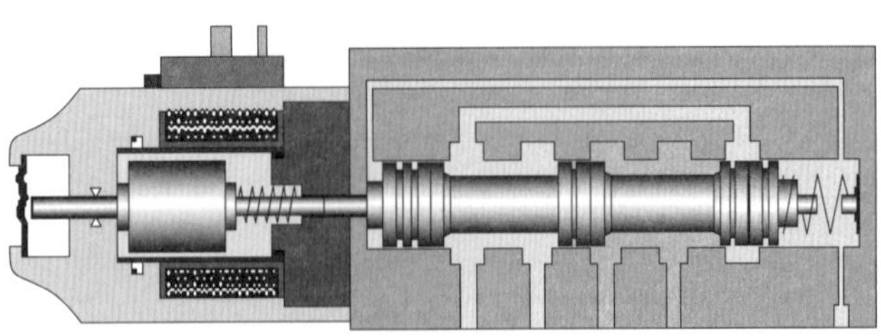

Figura 4.3 Representação do acionamento de um solenoide de uma eletroválvula para sistema óleo-hidráulico.

Fonte: Festo, reprodução autorizada.

Muitos comandos elétricos de circuitos pneumáticos usam relés e a **Figura 4.4** representa esquematicamente um relé com uma bobina, os terminais elétricos (A e B) e seus contatores e, ao lado, a simbologia correspondente.

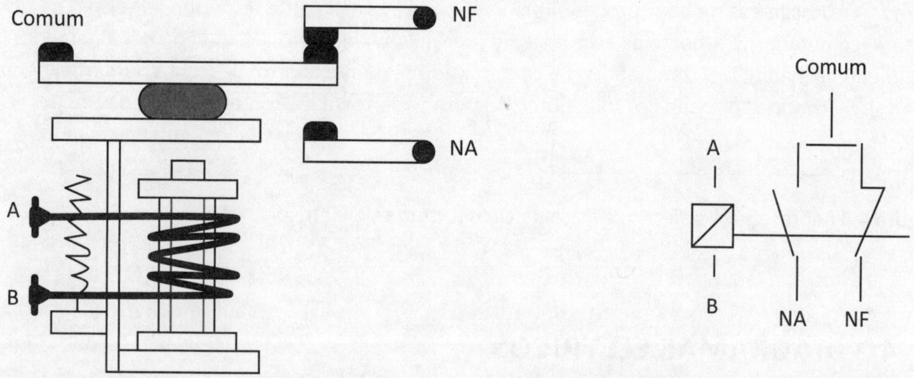

Figura 4.4 Representação esquematizada de um relé e sua simbologia correspondente.

Os relés podem ser utilizados como contator auxiliar ou principal de um circuito, pois, como auxiliar, é utilizado para fazer a lógica do sinal, já que passa pequena corrente (**Figura 4.5**) e, como principal, é utilizado para ligar a máquina.

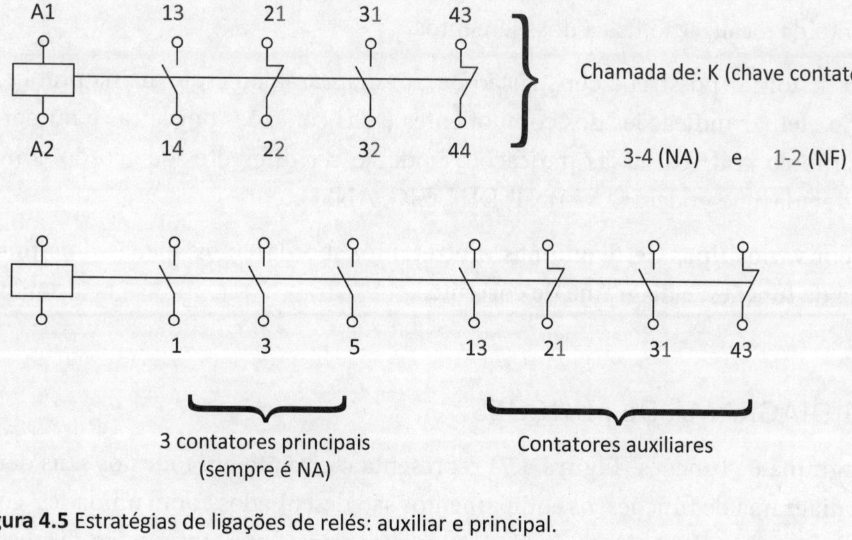

Figura 4.5 Estratégias de ligações de relés: auxiliar e principal.

Na **Figura 4.6**, está representada a montagem elétrica de um circuito com autorretenção elétrica (selo elétrico) cujos botões de comando são sempre pulsantes; quando cessa a pressão sobre eles, retornam à posição inicial.

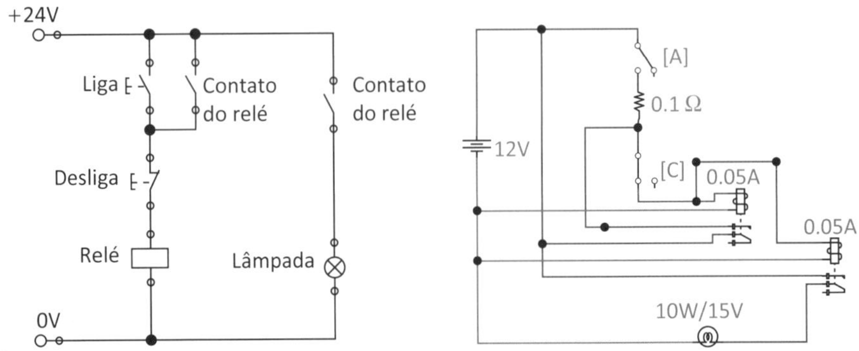

Figura 4.6 Representação elétrica e física do circuito com selo elétrico.

4.2 DIAGRAMAS ELÉTRICOS

Os diagramas elétricos têm por finalidade representar claramente os circuitos elétricos sob vários aspectos, de acordo com os seguintes objetivos:

- funcionamento sequencial dos circuitos;
- representação dos elementos, suas funções e interligações conforme normas estabelecidas;
- visão analítica das partes ou do conjunto;
- rápida localização física dos elementos.

A fim de tornar possível a construção de um diagrama ou esquema na prática, é necessário efetuar indicações dos componentes e das conexões por letras e números ou por símbolo gráficos. Essas indicações poderão ser diferentes de acordo com a norma adotada, que poderá ser ABNT, DIN, EIC, ANSI etc.

Existem vários tipos de diagramas. Entretanto, abordaremos apenas dois tipos: diagrama de funções; e diagrama de corrente.

4.2.1 DIAGRAMA DE FUNÇÕES

O diagrama de funções (**Figura 4.7**) representa o circuito em todos os seus detalhes. No diagrama de funções, os equipamentos são desenhados como unidades, com sistema de acionamento e contatos. Esses equipamentos, entretanto, estão dispostos no esquema sem se considerar sua posição física real.

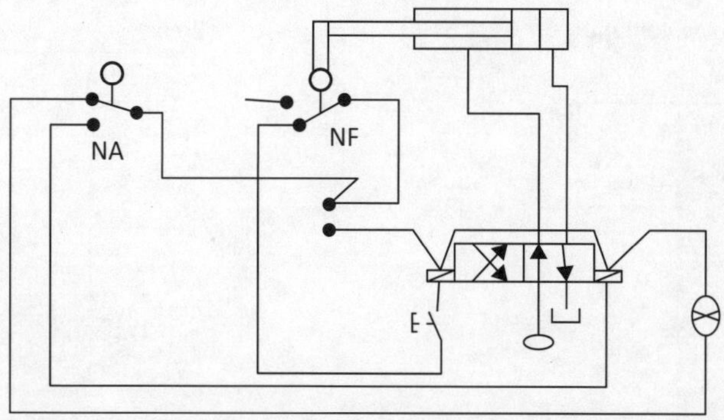

Figura 4.7 Representação elétrica de um diagrama de função aplicado a um sistema óleo-hidráulico.

4.2.2 DIAGRAMA DE CORRENTE

O diagrama de corrente (**Figura 4.8**) representa o circuito em todos os seus detalhes, mas sem considerar a constituição mecânica e a posição física dos equipamentos. Assim, contrariamente ao diagrama de funções, o diagrama de corrente representa os circuitos de modo separado: o circuito principal; e o circuito de comando.

As vantagens do diagrama de corrente são:

- Facilidade de supervisão em relação ao funcionamento do circuito e à construção simples e clara dos diferentes trajetos de corrente, os quais facilitam, também, numa etapa posterior, uma eventual procura de defeitos.

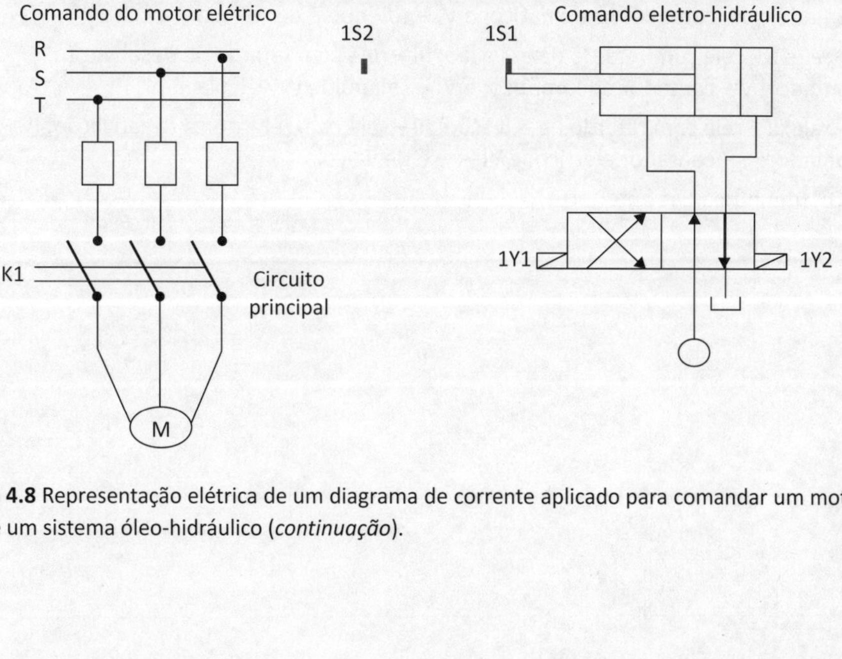

Figura 4.8 Representação elétrica de um diagrama de corrente aplicado para comandar um motor elétrico e um sistema óleo-hidráulico (*continuação*).

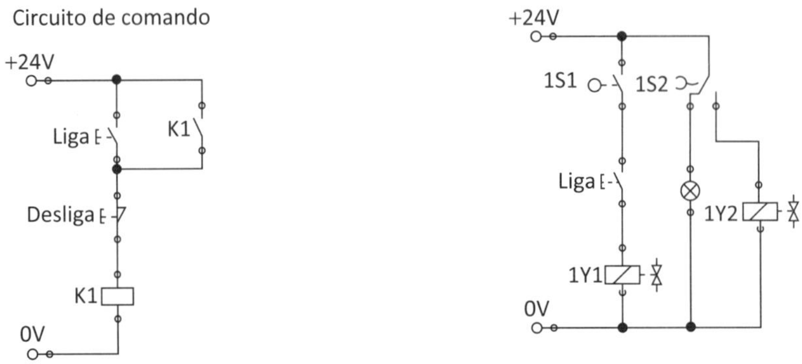

Figura 4.8 Representação elétrica de um diagrama de corrente aplicado para comandar um motor elétrico e um sistema óleo-hidráulico (*continuação*).

4.3 EXERCÍCIO PROPOSTO (aplicado em concurso público)

Questão 4.3.1 Analise os símbolos seguintes e selecione a alternativa correta.

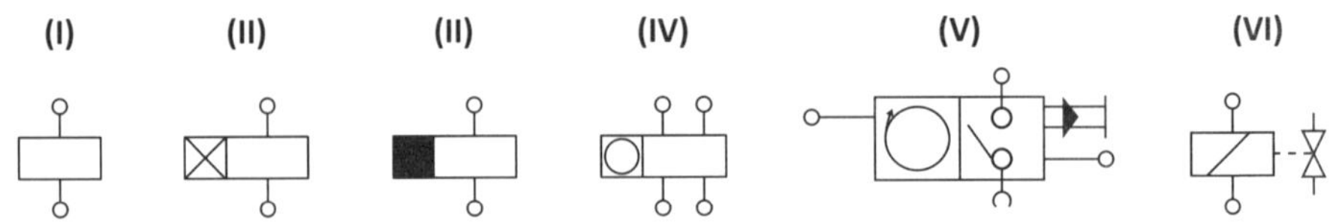

a) I – relé; II – relé com retardo na ativação; III – relé com retardo na desativação; IV – relé contador; V – selecionar pneumático; e VI – solenoide de válvula.

b) I – relé; II – relé com retardo na desativação; III – relé com retardo na ativação; IV – relé contador; V – contador pneumático; e VI – solenoide de válvula.

c) I – relé; II – relé com retardo na ativação; III – relé com retardo na desativação; IV – relé contador; V – contador pneumático; e VI – solenoide de válvula.

d) I – relé; II – relé com retardo na ativação; III – relé com retardo na desativação; IV – relé contador; V – contador elétrico; e VI – relé de válvula.

e) NDA (nenhuma das anteriores).

CAPÍTULO 5

Transdutores e sensores

Neste capítulo, serão apresentados vários tipos de transdutores e sensores, suas simbologias, aplicações e, por fim, serão propostos exercícios com respostas no final do livro.

5.1 TRANSDUTORES E SENSORES

São dispositivos que têm a função de mandar um sinal da situação que está ocorrendo na máquina, no ambiente ou equipamento durante a realização do processo; com isso, permite o controle requerido.

Esses dispositivos convertem o sinal de qualquer espécie em outro sinal que pode ser transmitido ao elemento indicador. Todos os elementos sensores são denominados "transdutores" porque o transdutor é um dispositivo que recebe o sinal de entrada (**Figura 5.1**) em forma de uma grandeza física que fornece uma resposta de saída que pode ser de mesma espécie de grandeza física ou de outra. A maioria das respostas dos transdutores é em forma de sinais elétricos que indicam uma grandeza física, como o sinal elétrico indicado nos medidores que aparecem no painel do carro.

Definições:

- **Sensor**: elemento que produz um sinal relacionado a uma grandeza a ser medida.

- **Transdutor**: elemento que "capta" a energia do sistema no qual está medindo o fenômeno físico e fornece um sinal correspondente à grandeza a ser medida.

Exemplos: controle de temperatura nos seres humanos e controle de temperatura de um meio por intermédio da medição (mudança) de resistência, tensão e corrente elétrica.

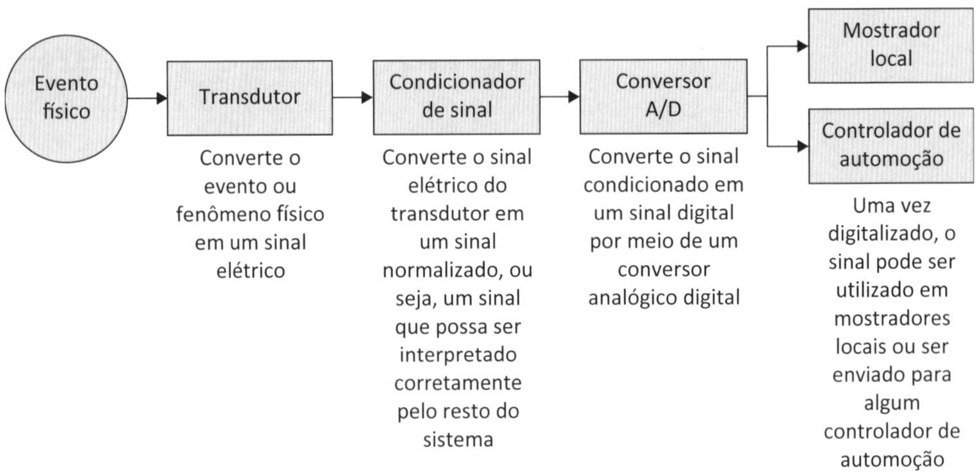

Figura 5.1 Fluxo de informações de um sistema com transdutor ou sensor.

É digna de nota a grande variedade de sinais que os transdutores geram; cada metodologia de medição precisa de um condicionador de sinal específico, que, na maioria das vezes, filtra, amplifica e lineariza o sinal recebido do transdutor.

5.2 CLASSIFICAÇÃO DOS SENSORES E TIPOS DE MEDIÇÕES

Conforme a grandeza (princípio):

- Mecânica (posição, força etc.)
- Elétrica (voltagem, corrente, resistência)
- Magnética (campo magnético, fluxo)
- Térmica (temperatura, condutividade)
- Outros (acústica, óptica, ultrassom)

Tipos de medições mecânicas

- Dimensional, velocidade, aceleração, massa, força, outras (dureza)

Outras classificações:

- Passivos e ativos
- Simples ou compostos
- Analógicos ou digitais
- "Invasivos" (recebem agressividade do meio) ou "não invasivos" (não recebem agressividade do meio)

5.3 EXEMPLOS DE ALGUNS TIPOS DE SENSORES

a) Sensor indutivo

O sensor indutivo (**Figura 5.2**) detecta todo tipo de material que conduza corrente elétrica. Tem como característica range de detecção de 5 mm a 8 mm sem regulagem.

A detecção é feita por meio do campo, que, por sua vez, foi gerado por um oscilador interno, e todo material que passar por esse campo "rouba-lhe" uma parcela; a diferença de intensidade desse campo é aproveitada para ser usada como sinal de saída para acionar algum dispositivo.

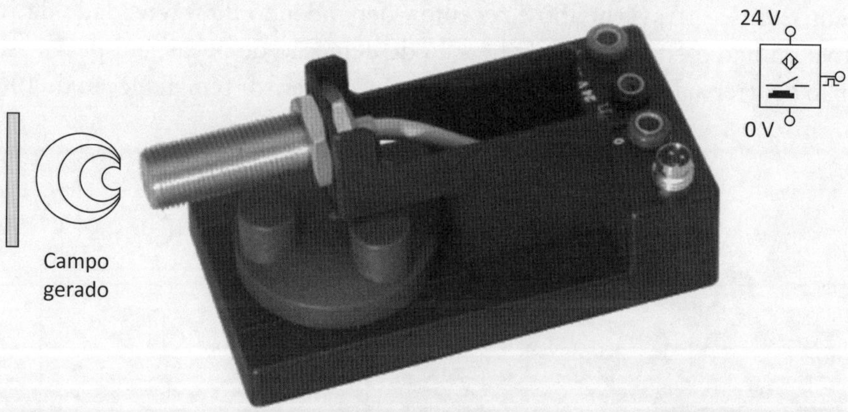

Figura 5.2 Sensor indutivo de proximidade.

Fonte: Festo, reprodução autorizada.

b) Sensor capacitivo

O sensor de posição capacitivo (**Figura 5.3**) é utilizado para medida de posição de até alguns milímetros e bastante utilizado em medida de vibrações relativas.

O material, ao passar pelo campo dielétrico, altera a constante dielétrica, que é percebida por um oscilador, que, por sua vez, envia um sinal para o transistor, que o amplifica. Tem como característica range de detecção de 10 mm a 15 mm.

Figura 5.3 Sensor capacitivo de proximidade.

Fonte: Festo, reprodução autorizada.

c) Sensor óptico

Sensor de radiação (**Figura 5.4**) que responde a essa radiação no intervalo que compreende desde o infravermelho até o ultravioleta.

O emissor de infravermelho é receptor, dependendo da intensidade da recepção ativa ou não o circuito. Na aplicação de detecção de peças, em peças escuras pode não ocorrer a detecção. O range desse tipo de sensor tem detecção de 100 mm a 200 mm.

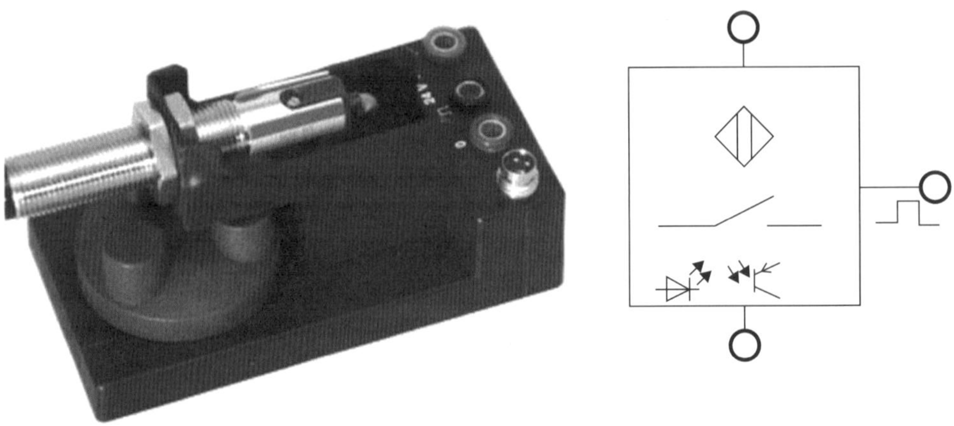

Figura 5.4 Sensor óptico de proximidade.

Fonte: Festo, reprodução autorizada.

d) Sensor magnético de proximidade ou *reed-switch*

Os sensores de proximidade magnéticos detectam um campo magnético gerado por um ímã que pode ser um acionador magnético. Esses sensores são utilizados no monitoramento de válvulas lineares ou cilindros pneumáticos. A distância sensora (Ds) (**Figura 5.5**) depende do campo magnético, mas, de maneira geral, podem ter os campos de 9 mm até 36 mm. O campo magnético pode atravessar metais não ferrosos (alumínio, cobre, latão, entre outros).

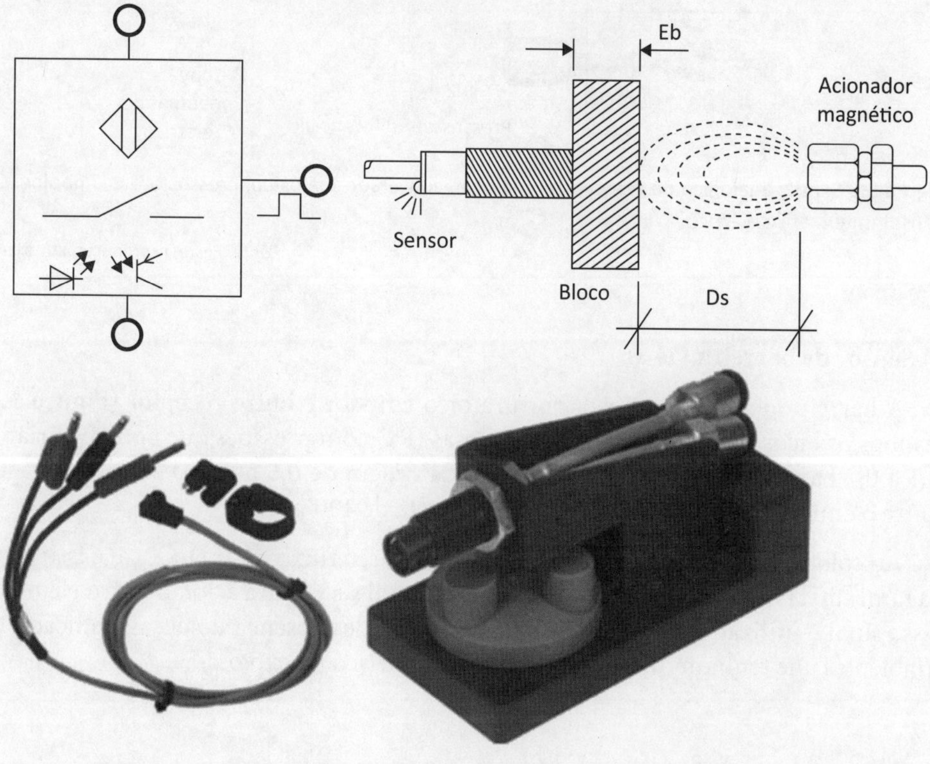

Figura 5.5 Sensor magnético de proximidade: simbologia, esquema para montagem, fotos do sensor.

Fonte: Festo, reprodução autorizada.

e) Analógico de pressão

Um conversor de sinal é composto de dois elementos com grandezas distintas, como ar sob pressão e energia elétrica (**Figura 5.6**). Um jato de ar (de 0,6 ou 10 bar), na entrada Z, move o êmbolo, que, por sua vez, aciona o pino dos contatos da parte elétrica do mecanismo. Esse mecanismo pode ser utilizado como pressostato ou como sensor pneumático elétrico (**Figura 5.6**).

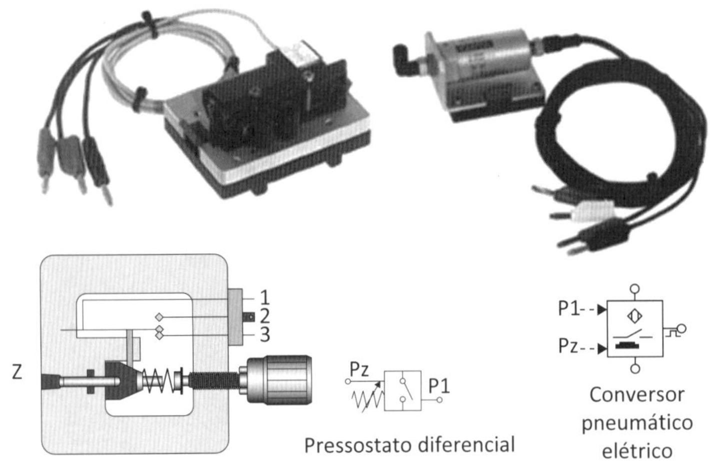

Figura 5.6 Sensor analógico de pressão: simbologia, conversor analógico, pressostato e simbologia de sensor pneumático elétrico.

Fonte: Festo, reprodução autorizada.

f) Sensor de barreira via ar

A barreira de ar é composta por um bico emissor e outro receptor (**Figura 5.7**). Ambos os bicos fornecem ar através das vias (Px) com pressões que podem variar de 0,1 a 0,2 bar e com consumo de ar baixo da ordem de 0,5 a 0,8 m^3/h. A montagem entre o emissor e o receptor deve estar por volta de 100 mm.

Ao colocar um objeto próximo do bico emissor, o fluxo de ar em X cai e isso resulta num sinal (x) com valor de 0,005 bar, e esse sinal serve para acionar outro elemento. Esse sinal é utilizado para contagem, verificação de presença de peças, indicado em ambientes que tenham instalação em áreas com risco de explosão.

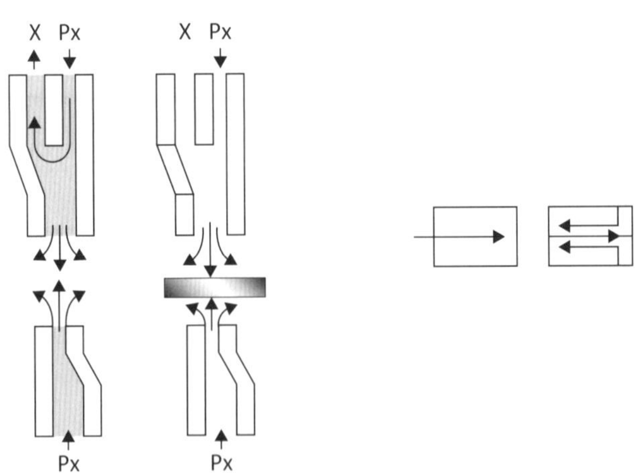

Figura 5.7 Ilustração e simbologia de sensor de barreira via ar.

g) Sensor de interrupção via jato de ar

Nesse sensor (**Figura 5.8**), o ar é injetado pela via Px (emissor), com pressões que variam de 0,1 a 0,8 bar, passa pelo receptor (X) e, se um objeto impede essa passagem de ar, o sinal é cancelado em X e isso pode ser usado com sinal para outro elemento, como aplicação: detecção de objetos com até 5 mm; contagem e verificação de objetos.

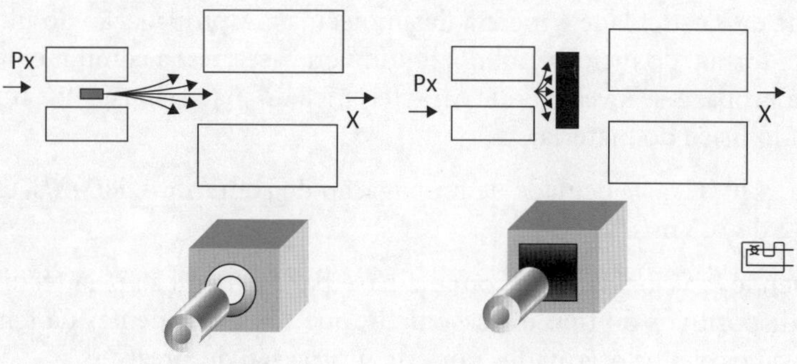

Figura 5.8 Ilustração e simbologia de sensor de interrupção via jato de ar.

h) Sensor por reflexão

O sensor por reflexão (**Figura 5.9**) tem uma via emissora (Px), passagem de ar entre 0,1 e 0,2 bar e outra receptora (X), e, ao colocar, entre 1 e 6 mm, um objeto, próximo a via emissora, isso faz o fluxo de ar entrar pela via receptora, gerando, assim, um sinal em X. Sem o objeto, o ar flui e gera vácuo na via receptora. Esse dispositivo tem vantagens no uso, por exemplo, não é afetado por ondas de choque decorrente de algum obstáculo (sujeira), funciona em ambientes escuros, objetos translúcidos e/ou antimagnéticos.

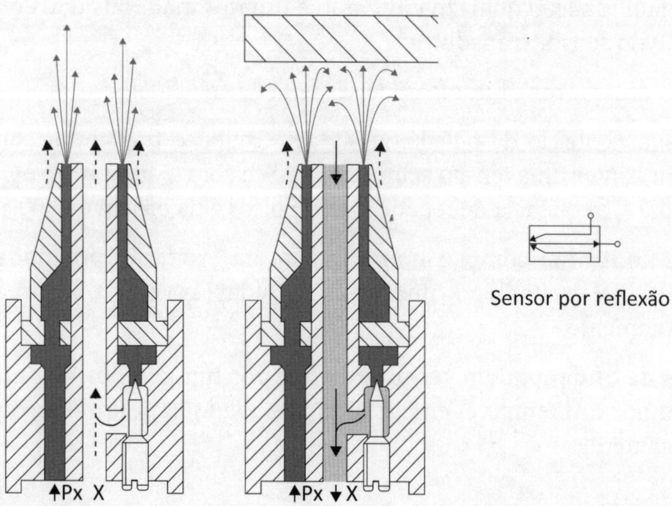

Figura 5.9 Ilustração e simbologia de sensor por reflexão.

i) Sensor por ultrassom

ii) Medidor de nível do tipo ultrassom

O ultrassom é uma onda sonora (mecânica), cuja frequência de oscilação é maior do que aquela sensível pelo ouvido humano, isto é, acima de 20 kHz.

A geração ocorre quando uma força externa excita as moléculas de um meio elástico. Essa excitação é transferida de molécula a molécula do meio com uma velocidade que depende da elasticidade e inércia das moléculas. A propagação do ultrassom depende, desta forma, do meio, se sólido, líquido ou gases, e sua componente longitudinal da onda propaga-se à velocidade característica do material, isto é, é função exclusiva do estado físico do material.

Na água, a 10 °C, a velocidade de propagação do som é de 1.440 m/s, enquanto no ar, a 20 °C, é de 343 m/s.

Assim sendo, a velocidade do som é a base para a medição pela técnica de ECO, usada nos dispositivos do tipo ultrassônicos, que são dependentes da temperatura e da pressão, cujos efeitos originados por esta última são desprezíveis.

iii) Geração do ultrassom

As ondas de ultrassom (**Figura 5.10**) são geradas pela excitação elétrica de materiais piezelétricos.

A característica marcante desses materiais é a produção de um deslocamento quando aplicamos a eles uma tensão. Assim, eles podem ser usados como geradores de ultrassom, compondo, portanto, os transmissores.

Inversamente, quando se aplica uma força em um material piezelétrico, resulta o aparecimento de uma tensão no seu terminal elétrico. Nessa modalidade, o material piezelétrico é usado como receptor de ultrassom.

Pela sua estabilidade, o quartzo cultivado é um dos materiais mais recomendados para fabricação do sensor transdutor.

A excitação desses transdutores pode ser feita de três maneiras:

a) **Pulso:** a excitação de pulso consiste em excitar o transdutor com pulsos que podem atingir uma tensão acima de 500 V e com a duração de alguns nanossegundos. A frequência de repetição dos pulsos é da ordem de 300 a 1000 kHz.

b) **Onda contínua:** como o nome indica, na excitação por onda contínua o transdutor é excitado por uma onda senoidal (às vezes, onda quadrada) ininterruptamente.

c) **Trens de onda:** podem ser produzidos por um gerador de ondas senoidais ligado por um tempo e, em seguida, desligado, repetindo-se o processo periodicamente.

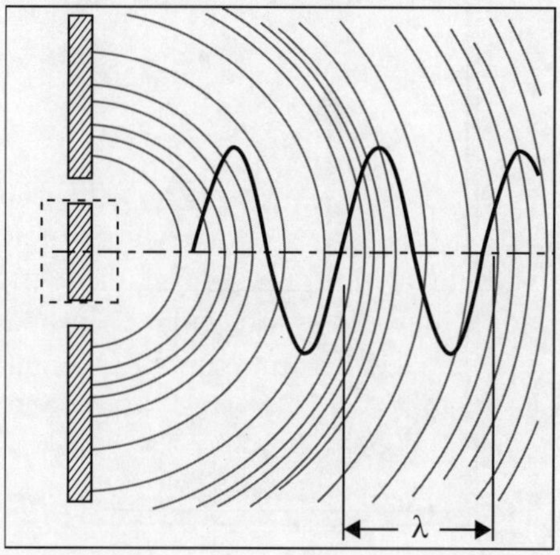

Figura 5.10 Geração de ultrassom.

O princípio de operação dos dispositivos ultrassônicos tem por base uma lei da ótica física segundo a qual o ângulo de incidência é igual ao ângulo de reflexão (**Figura 5.11**).

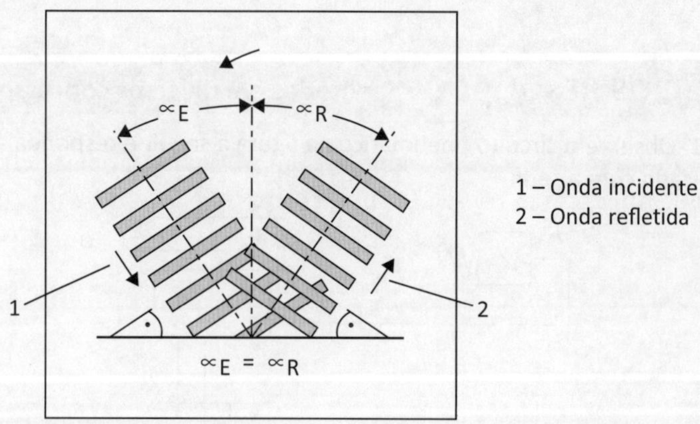

Figura 5.11 Incidência de geração de onda.

Quando uma onda ultrassônica, que se propaga em um meio, incide sobre a interface de duas substâncias de densidades diferentes, faz surgir duas ondas emergentes: uma onda ultrassônica proveniente da reflexão nessa interface (onda refletida) e outra proveniente da mudança de meio de propagação, denominada "onda refratada". Cada interface refletirá de forma diferente, conforme esquematizado na **Figura 5.12**.

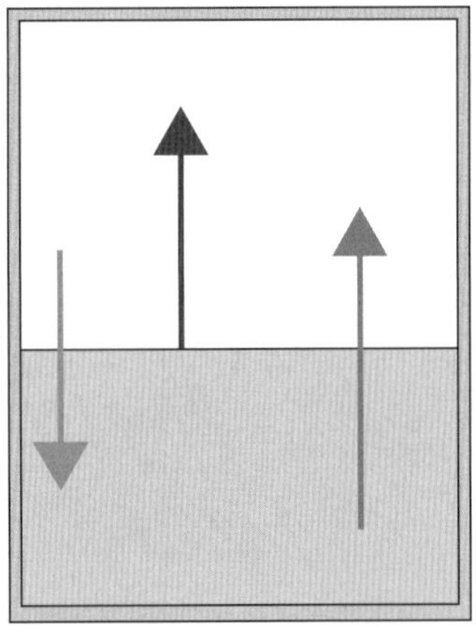

Figura 5.12 Reflexão de onda de ultrassom.

Os dispositivos do tipo ultrassônico utilizam-se da primeira, isto é, seu princípio de operação concentra-se na reflexão da onda gerada pelo transdutor, quando encontra a interface com o produto cujo nível desejamos medir ou, mais precisamente, no lapso de tempo gasto pela onda desde o instante que é gerada até o instante em que retorna àquele transdutor depois de refletir-se na interface.

5.4 EXERCÍCIOS RESOLVIDOS (aplicados em diversos concursos públicos)

Questão 5.4.1 Observe o circuito pneumático na figura a seguir e responda a função do elemento indicado com a seta.

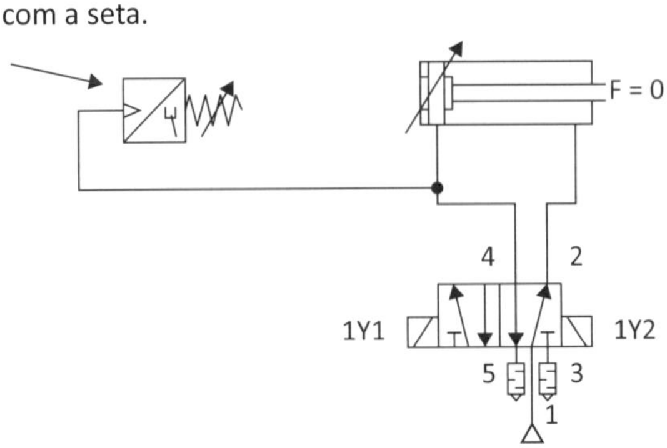

Figura 5.10 Ilustração de um circuito eletropneumático.

Questão 5.4.2 Assinale a alternativa que está errada no que tange aos usos dos sensores:

a) Os sensores controlam processos automatizados.

b) Os sensores indutivos podem detectar metais em esteiras.

c) Os sensores capacitivos podem detectar objetos plásticos em esteiras.

d) Os sensores indutivos não são adequados para detectar objetos plásticos.

e) Os sensores capacitivos podem detectar metais ou dielétricos.

Questão 5.4.3 Em uma esteira há ímãs presos para ajudar a medir sua velocidade. Qual sensor é o mais adequado para essa finalidade?

a) Sensores ultrassônicos.
b) Sensores indutivos.
c) Sensores ópticos.
d) Sensores tipo *reed switches*.
e) Sensores de contato.

Questão 5.4.4 Em uma esteira há um apagador de borracha e de plástico (leve) que precisa ser detectado. Qual sensor é o mais adequado?

a) Sensores capacitivos.
b) Sensores indutivos.
c) Sensores de contato.
d) Sensores ópticos.
e) Sensores tipo *reed switches*.

Questão 5.4.5 Em uma esteira, passam eixos de motor do tipo virabrequim, e, por causa do processo e do ambiente empoeirado, o sensor para detectá-los tem de ser montado a 2 m de distância. Qual sensor é o mais adequado para detectá-los?

a) Sensores ultrassônicos.
b) Sensores indutivos.
c) Sensores de contato.
d) Sensores ópticos.
e) Sensores tipo *reed switches*.

CAPÍTULO 6

Semelhanças das funções da elétrica, eletrônica digital e simbologia pneumática

Neste capítulo, serão apresentados circuitos elétricos básicos, elementos da eletrônica digital, pneumática e Ladder com correspondências entre si e, por fim, serão propostos exercícios.

6.1 ELETRÔNICA DIGITAL

A eletrônica digital ou eletrônica do dígito se baseia no sistema binário (0 e 1) para elaborar as soluções de circuitos eletrônicos e, para auxiliar essas soluções, o sistema lança mão de símbolos.

6.2 ÁLGEBRA LÓGICA

Para o processamento de informações no sistema dual, são usados circuitos lógicos formados por elementos lógicos que, ligados entre si, permitem, cálculos, decisões etc., e esses circuitos são regidos por leis da álgebra lógica ou álgebra de Boole, criada pelo pensador inglês George Boole, em 1854.

A seguir, é apresentada a correspondência entre circuitos elétricos e símbolos lógicos (representação pela ASA).

Função AND (E)

Circuito elétrico

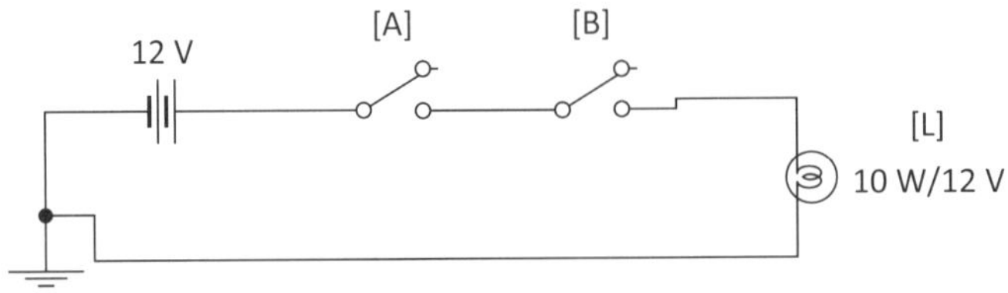

Tabela verdade

A	B	L
0	0	0
0	1	0
1	0	0
1	1	1

Símbolo lógico

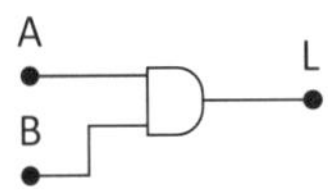

Equação

L = A • B

Função OR (OU)

Circuito

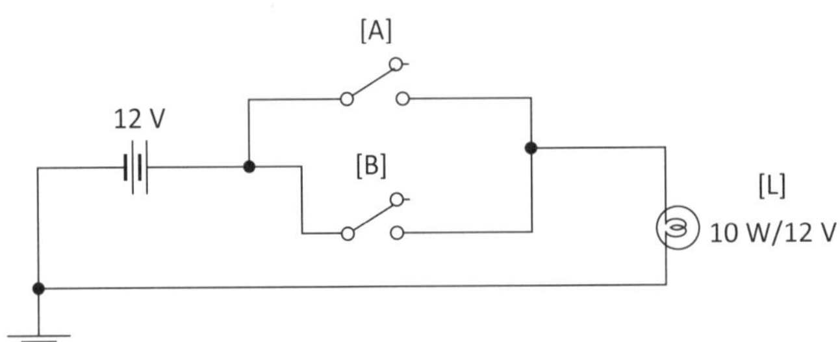

Tabela verdade

A	B	L
0	0	0
0	1	1
1	0	1
1	1	1

Símbolo lógico

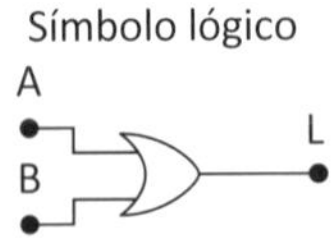

Equação

L = A + B

Função NOT (Inversor)

Circuito elétrico

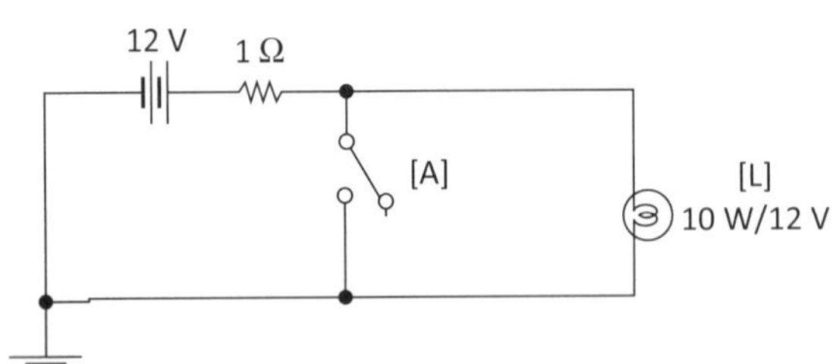

Tabela verdade

A	L
0	1
1	0

Símbolo Lógico

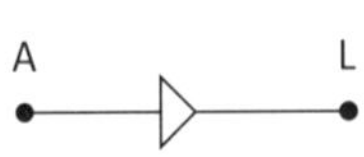

Função EXCLUSIVE-OR (OU-Exclusivo)

Essa função é usada para detecção de paridade, sincronismo, ao controle de sinais etc.

Circuito elétrico

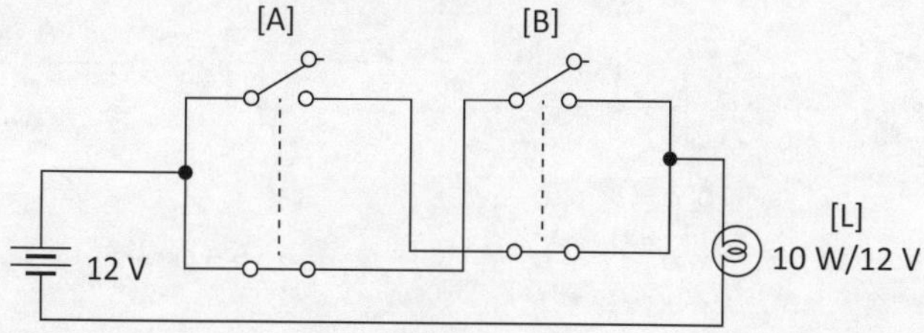

Tabela verdade

A	B	L
0	0	0
0	1	1
1	0	1
1	1	0

Símbolo lógico

Equação

$L = \bar{A} \bullet B + A \bullet \bar{B}$

6.3 RELAÇÃO ENTRE ELÉTRICA, DIGITAIS, PNEUMÁTICA E LADDER

Normalmente, é mais indicado utilizar um sinal elétrico ou eletrônico do que um sinal pneumático, pois este é mais caro e de manutenção mais frequente; em contrapartida, deve-se considerar o ambiente para instalação do sistema elétrico. Também estão indicados os equivalentes para a linguagem de programação de CLP Ladder, que tem suas origens nos diagramas elétricos.

A seguir, é apresentada a simbologia comparativa entre pneumática, elétrica, eletrônica e Ladder.

Elemento E

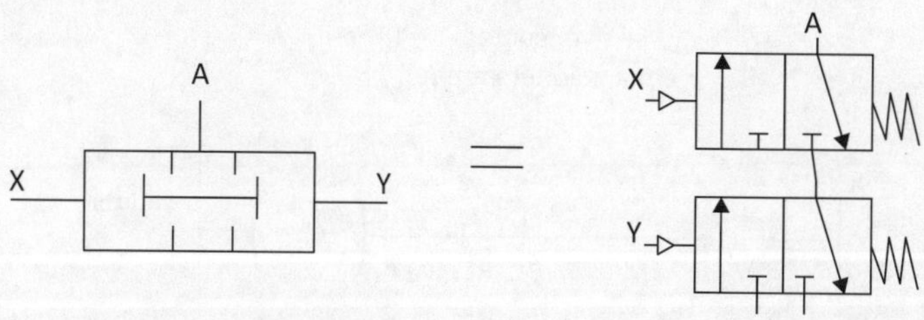

É necessário que tenha ar em X e Y simultaneamente para poder passar ar em A.

Circuito elétrico

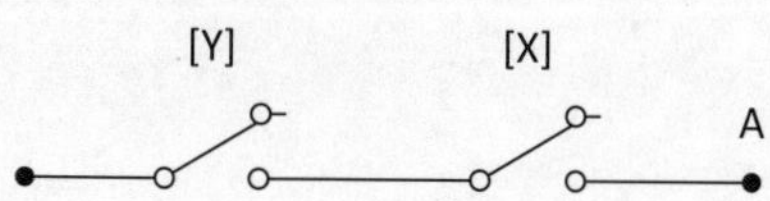

Símbolo lógico

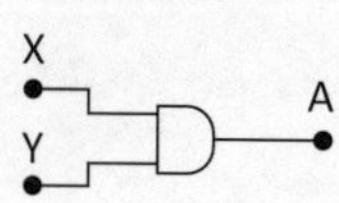

$A = X.Y$

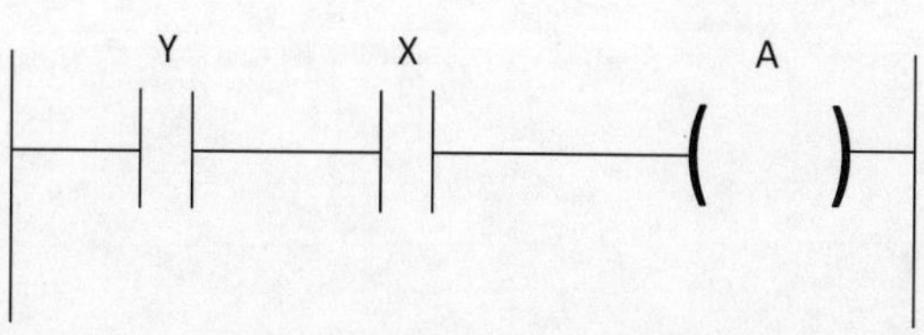

Ladder

Elemento "OU"

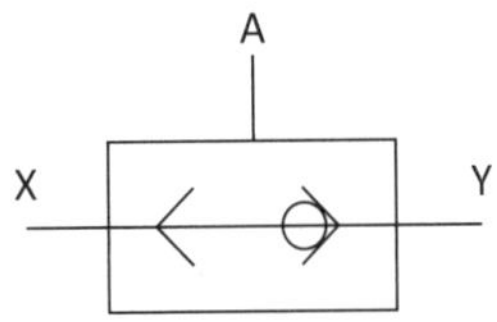

Circuito elétrico

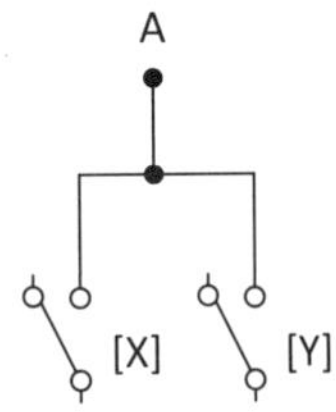

Símbolo lógico

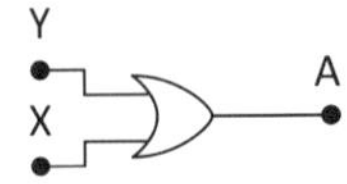

A = X + Y

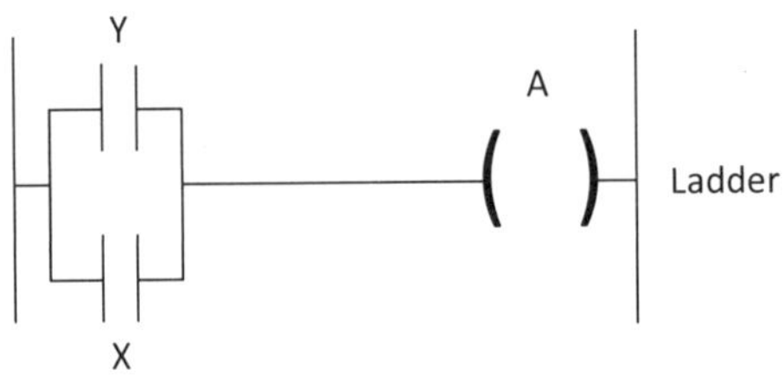

Elemento NÃO (inversor)

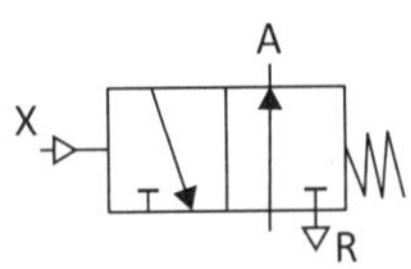

Equivalente elétrico

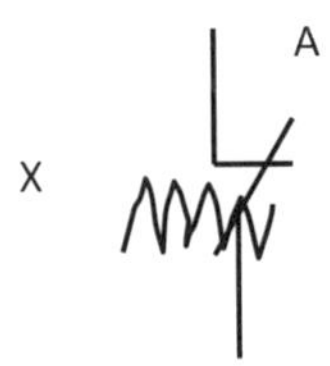

Se tiver contato em X, não terá em A

Símbolo lógico

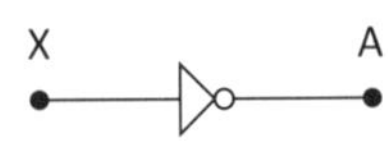

$A = \overline{X}$

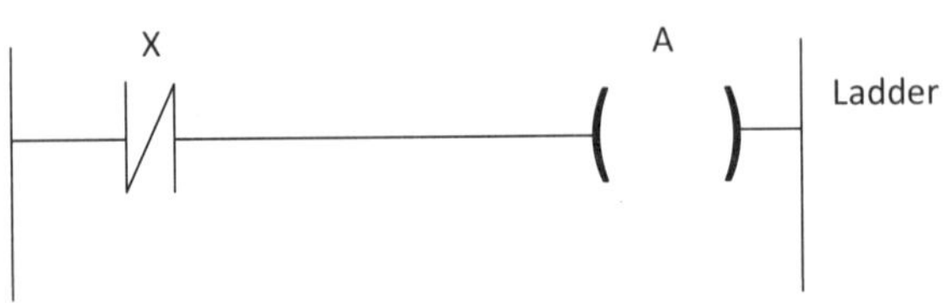

A **Tabela 6.1** apresenta a correspondência entre esquema elétrico, pneumático, tabela verdade, elemento lógico e Ladder.

Tabela 6.1 Correspondências entre esquema elétrico, pneumático, tabela verdade, elemento lógico e Ladder

Elétrico	Pneumático	Tabela verdade	Elemento lógico (ABNT)	Ladder
Função Sim				
	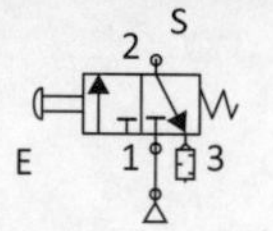	E S 0 0 1 1		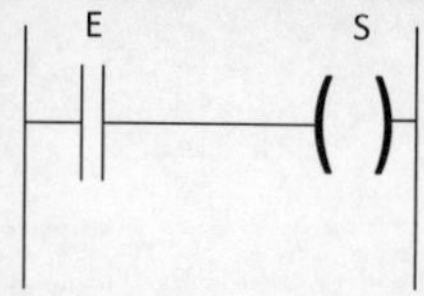
Função Não				
	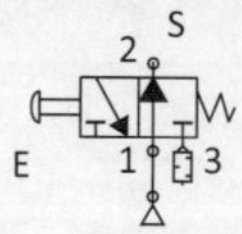	E S 0 1 1 0	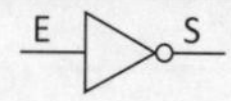	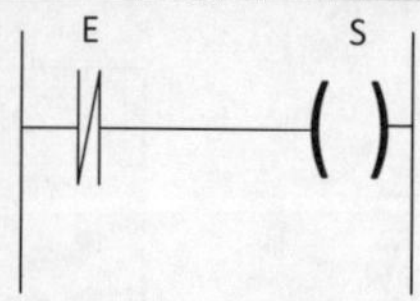
Função E				
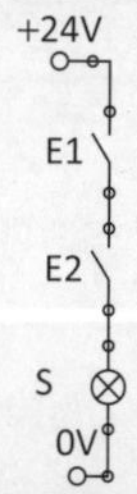	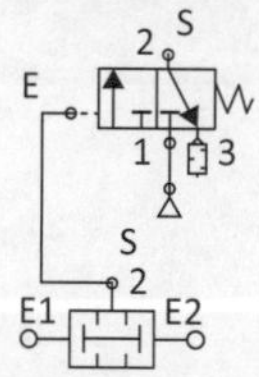	E1 E2 S 0 0 0 0 1 0 1 0 0 1 1 1	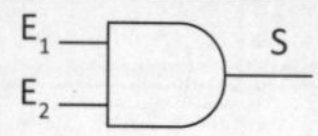	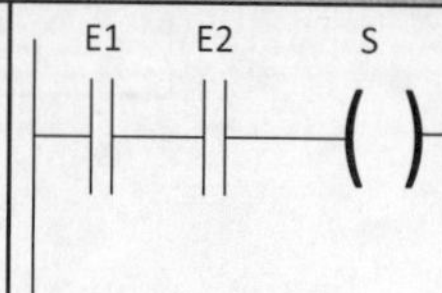
Função OU				
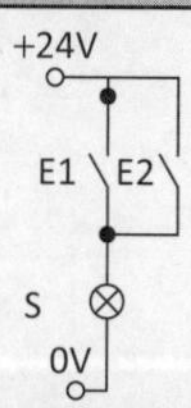	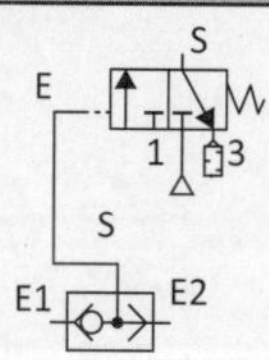	E1 E2 S 0 0 0 0 1 1 1 0 1 1 1 1	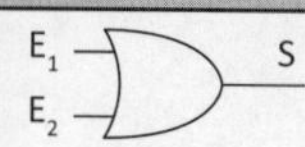	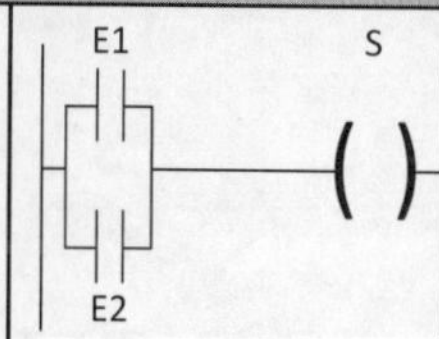
Função OU-Exclusivo				
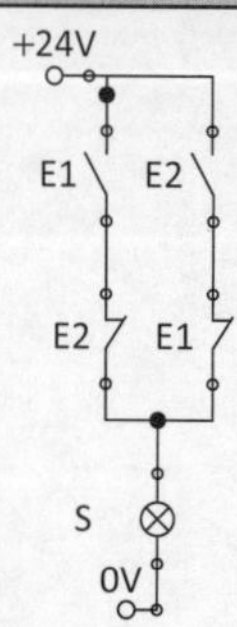	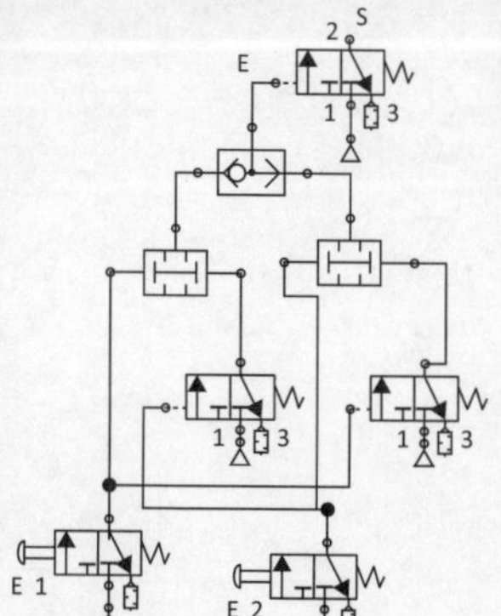	E1 E2 S 0 0 0 0 1 1 1 0 1 1 1 0	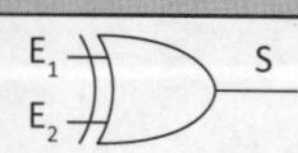	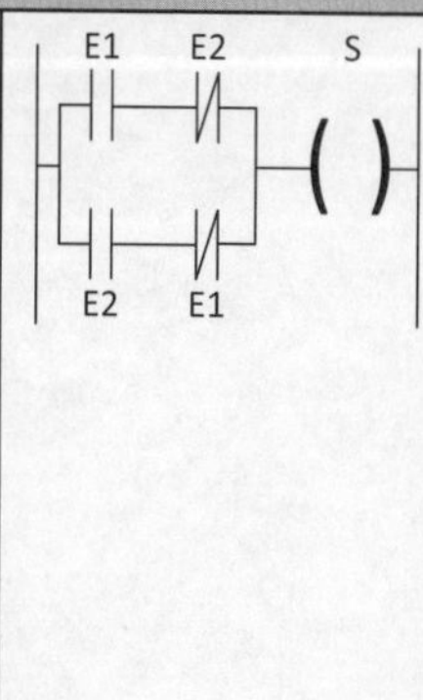

6.4 EXERCÍCIO PROPOSTO

Questão 6.4.1 Dada a montagem das portas lógicas (figura a seguir), elabore a tabela verdade e o correspondente Ladder.

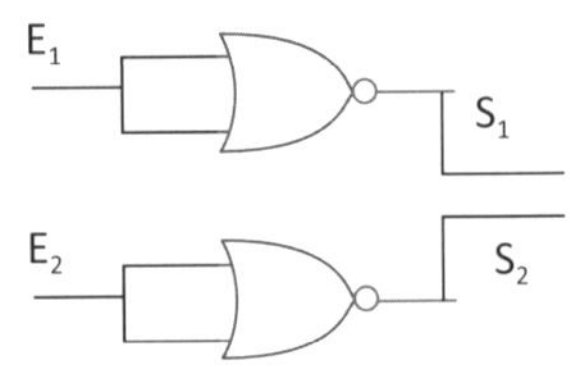

Questão 6.4.2 Dada a tabela verdade, elabore a montagem do Ladder.

E1	E2	S1	S2	S3
0	0	1	1	0
0	1	1	0	0
1	0	0	1	0
1	1	0	0	1

CAPÍTULO 7

Circuitos pneumáticos e eletropneumáticos

Neste capítulo, serão apresentados tipos de representações de circuitos pneumáticos, formas de resoluções dos projetos de circuitos pneumáticos e exemplos resolvidos de aplicações.

7.1 TIPOS DE REPRESENTAÇÕES DE CIRCUITOS PNEUMÁTICOS

A apresentação de projetos, em se tratando de disposição dos elementos, pode ser realizada de duas formas: por comando de posição; e por comando de sistema.

Na **Figura 7.1**, é apresentada uma situação de montagem de um dispositivo pneumático para fixar peça e, na **Figura 7.2**, estão montados dois atuadores de duplo efeito: um para ficar a peça; e outro para mover a mesa. Ainda na **Figura 7.2**, veem-se essas duas representações para a montagem dos circuitos pneumáticos. Cabe esclarecer que a representação por comando de posição indica a disposição real de cada elemento montado fisicamente na máquina ou dispositivo; em contrapartida, a interpretação do funcionamento fica comprometida sobretudo para circuitos com um número relativamente grande de componentes, ao passo que os circuitos dispostos via comando de sistema têm melhor interpretação.

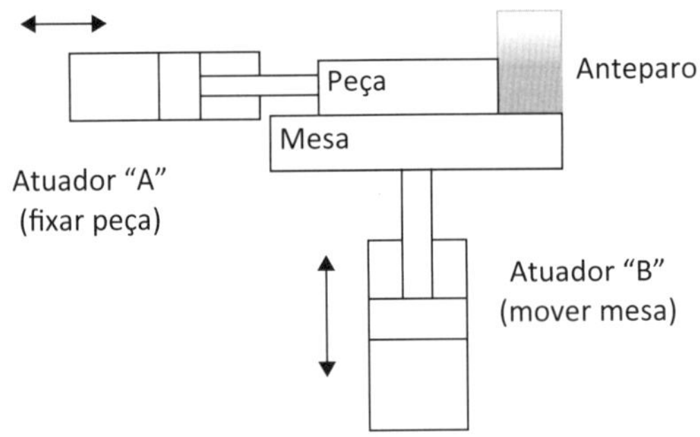

Figura 7.1 Croqui de um sistema para fixar e mover peça.

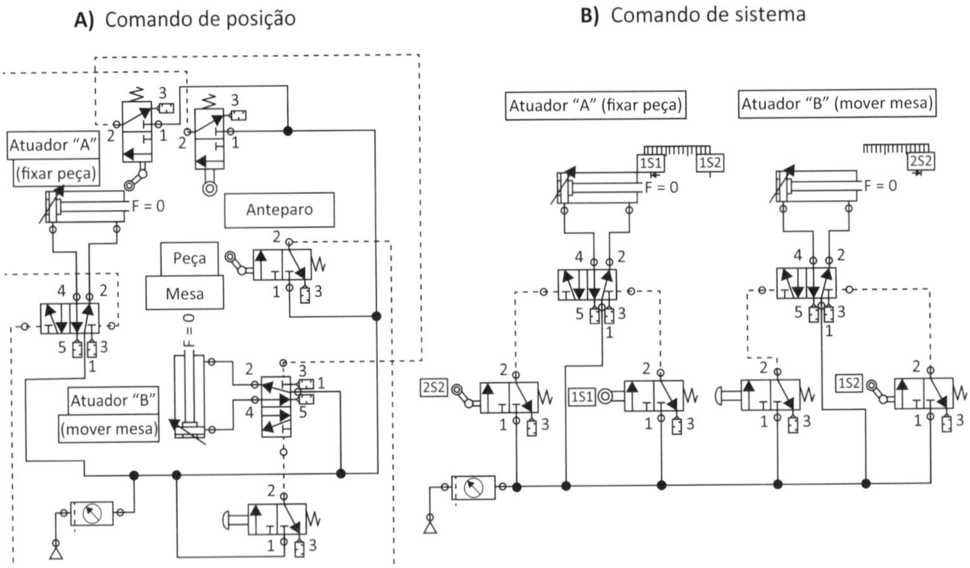

Figura 7.2 Representações dos circuitos pneumáticos: A) comandos de posição; e B) comandos de sistema.

Fonte: Reprodução feita no software *Fluidsim* com publicação autorizada pela Festo.

A denominação dos elementos pode ser feita por meio de números, conforme a Norma DIN (Deutsches Institut für Normung – Normas da Indústria Alemã) ou por meio de letras, conforme a Norma ISO (International Organization for Standardization – Organização Internacional para Padronização). Cabe informar que, neste livro, usaremos a denominação dos elementos em forma de letras.

Todos os elementos pneumáticos devem ser representados no esquema na posição inicial de comando. Se na posição inicial a válvula já está acionada, isso deve ser indicado no esquema da **Figura 7.3**.

a) Elemento de trabalho (atuador).

b) Elemento de controle.

c) Elemento de comando.

d) Elemento de processamento de sinais.

e) Elemento de sinais.

f) Unidade de conservação e fonte de ar comprimido.

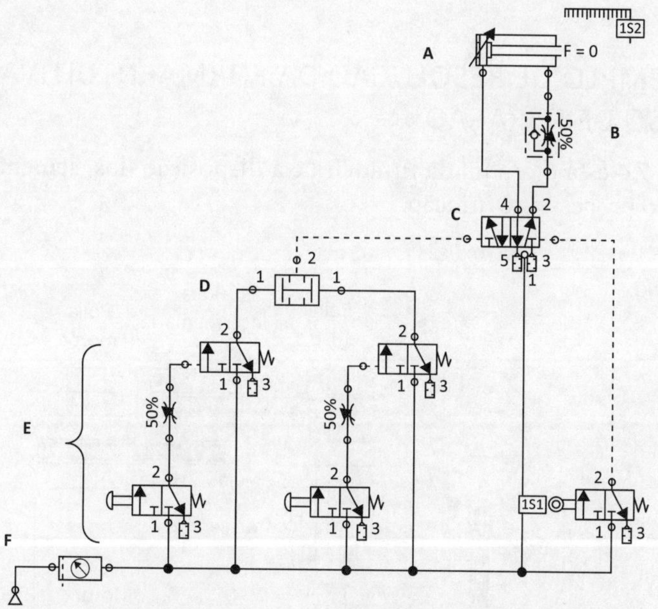

Figura 7.3 Representações dos elementos constituintes dos circuitos pneumáticos.

Fonte: Reprodução feita no software *Fluidsim* com publicação autorizada pela Festo.

7.2 FORMAS DE RESOLUÇÕES DOS PROJETOS DE CIRCUITOS PNEUMÁTICOS

Existem algumas formas para a resolução de circuitos pneumáticos, como intuitivo, cascata, passo a passo, cadeia estacionária, entre outras. A seguir, são descritas algumas delas para resolver circuitos pneumáticos.

7.2.1 FORMA INTUITIVA

Como o próprio nome diz, é a forma que considera a intuição do profissional para a resolução do circuito, ou seja, essa forma não está calcada em nenhuma técnica ou regra a ser aplicada na resolução do circuito pneumático, mas sim em uma descrição da sequência dos movimentos, na elaboração básica de um diagrama de movimentos e no uso da intuição do profissional para elaborar o circuito. É interessante utilizá-la em circuitos com poucos elementos de atuação e em circuitos com sequência direta. Deve-se redobrar a atenção na elaboração de circuitos com sobreposição de sinais, pois essa forma não é indicada para a resolução de circuitos compostos, uma vez que o único recurso de resolução que ela oferece reside na experiência e na visualização do profissional, que, para essa situação, precisará de ampla visualização para identificar os movimentos dos atuadores e os contrassinais dos elementos de acionamentos.

A seguir, será exposto um exemplo de resolução de circuitos pneumático pela forma intuitiva de resolução.

7.2.2 EXEMPLO DE RESOLUÇÃO DA FORMA INTUITIVA: PROCESSO DE FURAÇÃO

Na **Figura 7.4** está o croqui da furadeira e a disposição dos elementos de atuação pneumático do processo de furação.

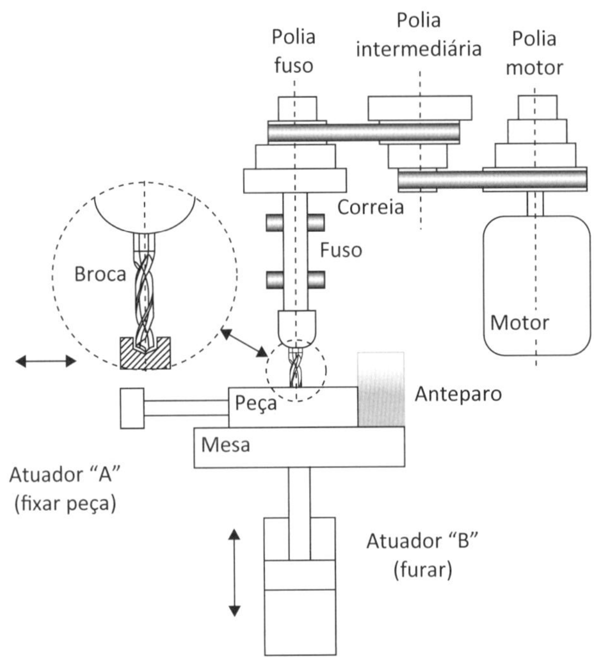

Figura 7.4 Croqui da furadeira e dos elementos de atuação do processo de furação.

Sequência de resolução:

a) Descrição textual dos movimentos

- O atuador A avança para fixar a peça e o atuador B permanece recuado.
- O motor da furadeira é acionado fazendo a broca (ferramenta de furação) girar.
- O atuador B avança para realizar a usinagem do furo e o atuador A permanece avançado.

- O atuador B recua e o atuador A permanece avançado.
- O atuador A recua, para e solta a peça e o atuador B permanece recuado.

b) Diagrama trajeto-passo

O diagrama trajeto-passo proporciona uma visualização dos movimentos dos atuadores como segue:

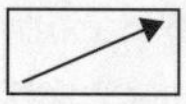 : representa que o atuador avança;

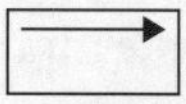 : representa que o atuador permanece avançado;

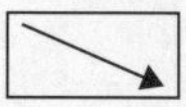 : representa que o atuador recua;

 : representa que o atuador permanece recuado.

Com as disposições dos elementos supradescritos do diagrama, é só retirar as informações descritas no item anterior (item **a**) e construir o diagrama ilustrado na **Tabela 7.1**.

Tabela 7.1 Representação, via diagrama trajeto-passo, dos elementos de atuação do processo de furação

	Movimentos			
Atuadores	**1º**	**2º**	**3º**	**4º**
A	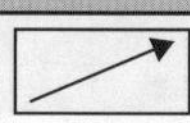			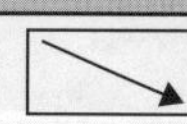
B	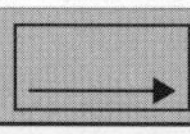	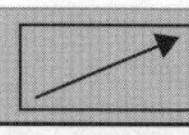	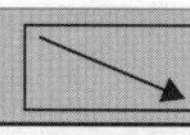	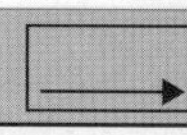

c) Construção do circuito pneumático

O croqui do processo (**Figura 7.4**) não representa por inteiro todas as características do processo. Assim, o projetista do circuito deve, além de realizar o croqui básico do processo, obter informações das características de funcionamento do processo, como:

- A instalação de um elemento para controlar o avanço do atuador B, pois o processo de furação leva em consideração o avanço da broca.
- Analisar a necessidade de:
  - ▷ optar por uma solução puramente pneumática ou elétrica;
  - ▷ utilizar um atuador de simples efeito ou duplo efeito;
  - ▷ instalar um temporizador para que a broca permaneça no fim de curso avançado para homogeneizar o furo;
  - ▷ instalar um sensor para verificar se há peças na posição;
  - ▷ instalar um contador para contar o número de peças.

Na **Figura 7.5**, descreve-se uma solução do circuito pneumático no qual se utilizou um atuador de duplo efeito para realizar a fixação da peça e um atuador de simples efeito para realizar o içamento da mesa e, consequentemente, a furação. Cabe comentar ainda que o uso de atuador de simples efeito foi selecionado, pois pode ocorrer uma falta de energia elétrica, impedindo que o sistema seja acionado, e com o uso desse atuador o retorno é automático, o que permite que a broca não pare de girar dentro da peça, o que, por sua vez, poderia danificar tanto a broca como a própria peça.

Com essa solução, foi instalada, no atuador de simples efeito, uma válvula reguladora de fluxo unidirecional com abertura de 30% para regular a velocidade de avanço do atuador A, pois o processo de furação leva em consideração o avanço da broca. Estão previstos posicionadores (S1, S2, S3 e S4) de fim de curso que podem ser sensores ou chaves fins de curso com acionamento mecânicos. No circuito, existe ainda a unidade de conservação, que é instalada em todos os circuitos pneumáticos.

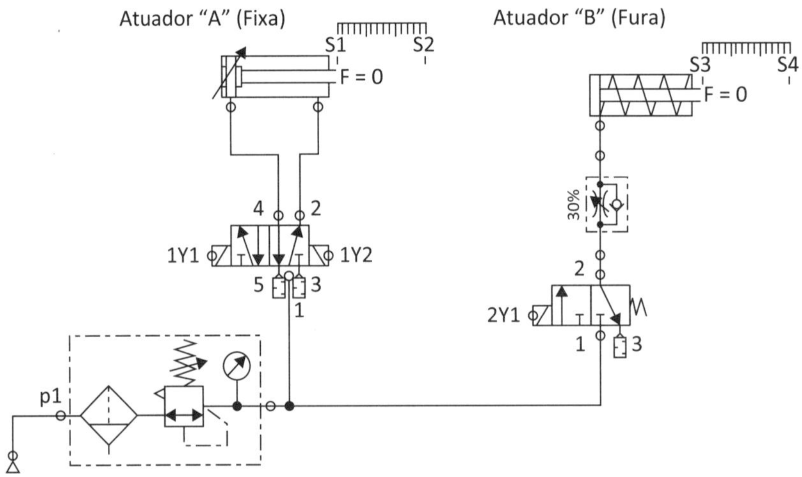

Figura 7.5 Montagem do circuito pneumático: forma intuitiva.

Fonte: Reprodução feita no software *Fluidsim* com publicação autorizada pela Festo.

d) Construção do circuito eletropneumático

A solução apresentada na **Figura 7.6** é via eletropneumática, pois a grande maioria das aplicações práticas da tecnologia pneumática usa acionamentos elétricos e, como comentado no item "c", o projetista analisou o processo e considera a solução eletropneumática, para esse caso, a melhor solução, pois o processo é repetitivo e o ambiente é isento de solvente ou de outros elementos que podem ocasionar ignição com a faísca dos elementos elétricos.

O circuito S0 (**Figura 7.6**) representa um sensor de presença (indutivo de proximidade) que aciona um relé (K2) e tem um contato aberto (K2) em paralelo ao contato aberto (K1). Assim, o solenoide (1Y1) será acionado se ocorrer o acionamento do botão (Start) e houver peça.

Sendo acionado o solenoide (1Y1), o atuador A avança, fixa a peça e aciona o sensor S2 (indutivo de proximidade) que aciona o relé (K3) e, consequentemente, fecha o contato (K3), o que aciona o solenoide (2Y1), o atuador B avança e a mesa se move, realizando, assim, a furação da peça.

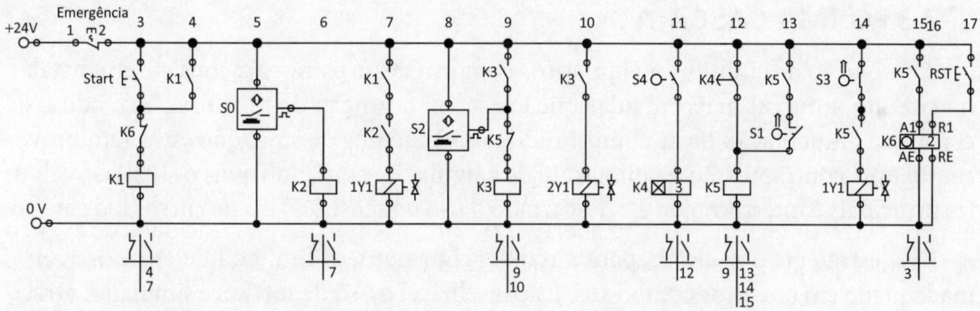

Figura 7.6 Montagem do circuito eletropneumático.

Fonte: Reprodução feita no software *Fluidsim* com publicação autorizada pela Festo.

O atuador B, ao chegar no final de curso (S4), aciona o relé temporizador na ativação (K4) para que o atuador permaneça no final de curso por 3 segundos para homogeneizar o furo. Após esse período, o relé temporizador (K4) é ativado e aciona o contato (K4), ativando e selando o relé (K5), e o seu contato (K5) é ativado, o que desabilita a bobina do solenoide (2Y1) de modo a recuar o atuador B. Ao retornar, o atuador B ativa a chave de final de curso (S3), que, por sua vez, aciona a bobina do solenoide (1Y2) de modo a recuar o atuador A.

A contagem de peças é realizada pelo relé contador (K6) ativado pelo contato (K5), e foi instalada uma chave de emergência no início do circuito.

Outra opção de resolução, como apresentada na **Figura** 7.7, é utilizar acionamentos, contador, temporizador e chaves fins de curso puramente pneumáticos. Essa solução é interessante, principalmente em processos que são realizados em ambientes com solventes ou com outros produtos que apresentam algum perigo de explosão,

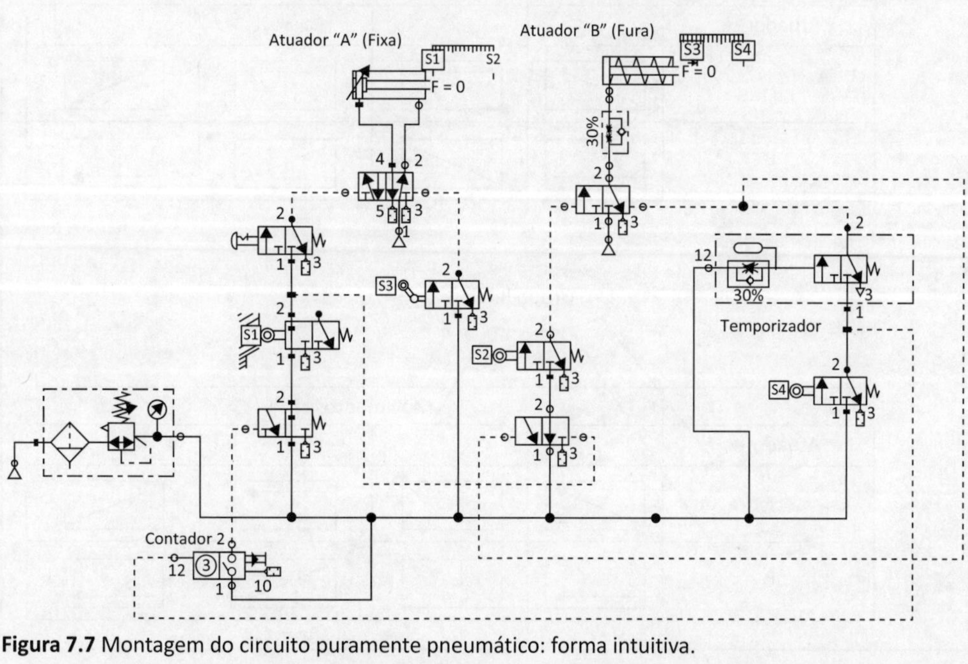

Figura 7.7 Montagem do circuito puramente pneumático: forma intuitiva.

Fonte: Reprodução feita no software *Fluidsim* com publicação autorizada pela Festo.

7.3 FORMA CASCATA

A resolução de circuitos pneumáticos com uso dessa estratégia consiste em instalar, no circuito, uma ou mais válvulas que executem a função de memória. Fazendo isso, corta-se a alimentação de ar comprimido dos elementos de sinal que estiverem provocando uma contrapressão na pilotagem de válvulas de comando, pois o sinal nas válvulas principais é interrompido e é descartado o uso de sensores fins de curso tipo gatilho.

Essa estratégia é indicada para circuitos com número limitado de atuadores, mas inadequado em circuitos compostos. É aconselhável o uso de software simulador atrelado à boa percepção do profissional para se certificar da operacionalidade do circuito.

Para implementar a solução via estratégia de cascatas, existem algumas etapas descritas a seguir:

Etapa I: consultar o diagrama trajeto-passo (**Tabela 7.1**) e dividir os movimentos em dois grupos (**Tabela 7.2**).

Grupo I: atuadores A e B avançam e podem ser denotados com A+ e B+. Grupo II: atuadores A e B recuam e podem ser denotados com A- e B-.

Tabela 7.2 Representação da divisão em grupos, via diagrama trajeto-passo, dos elementos de atuação do processo de furação

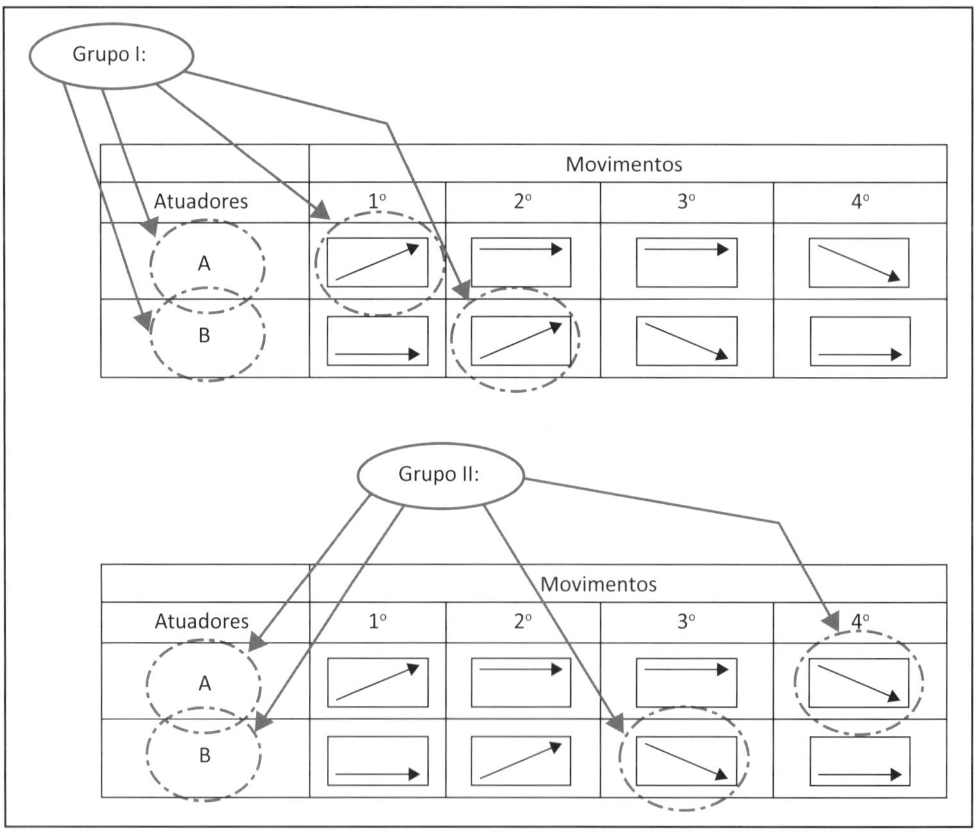

Etapa II: com o número de grupos definido, deve-se estabelecer o número de válvulas de memória. Para tanto, basta chegar ao mesmo número de grupos menos um, ou seja; nº de válvulas de memória = grupos – 1. Para o caso em estudo, tem-se: nº válvulas de memória = 2 – 1 = 1. Na **Figura 7.8**, tem-se a simbologia de uma válvula que execute essa função.

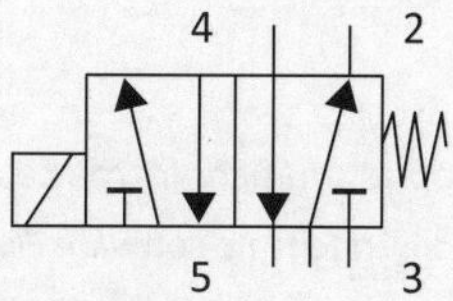

Figura 7.8 Simbologia de uma válvula direcional 5/2 vias com acionamento simples solenoide com retorno por mola usada como memória.

Etapa III: dispor os atuadores A e B em linha, prever duas linhas de pressão (I e II) e, por fim, a válvula de memória (**Figura 7.9**).

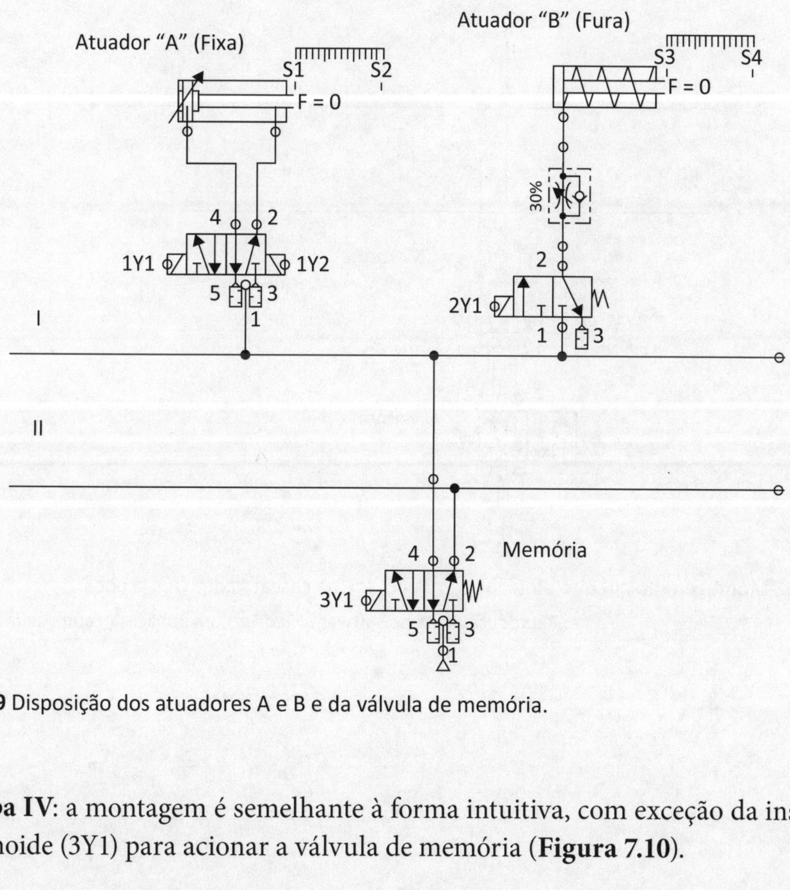

Figura 7.9 Disposição dos atuadores A e B e da válvula de memória.

Etapa IV: a montagem é semelhante à forma intuitiva, com exceção da instalação da solenoide (3Y1) para acionar a válvula de memória (**Figura 7.10**).

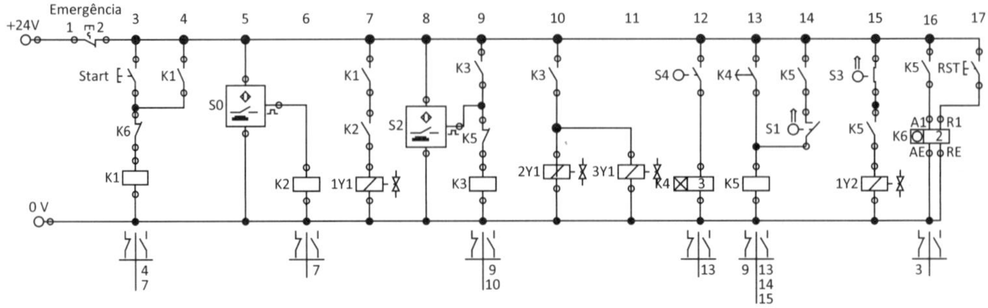

Figura 7.10 Montagem do circuito eletropneumático: forma cascata.

Fonte: Reprodução feita no software *Fluidsim* com publicação autorizada pela Festo.

Para circuitos com três grupos, segue-se o exemplo de instalação das válvulas de memória:

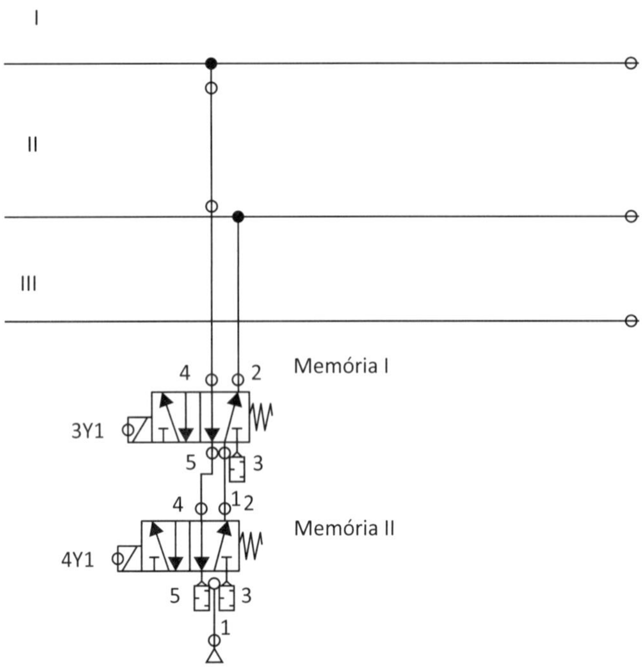

Figura 7.11 Montagem do circuito eletropneumático: forma cascata com três grupos.

Fonte: Reprodução feita no software *Fluidsim* com publicação autorizada pela Festo.

Nessa forma cascata, outra resolução, como apresentada na **Figura 7.12**, utiliza elementos puramente pneumáticos.

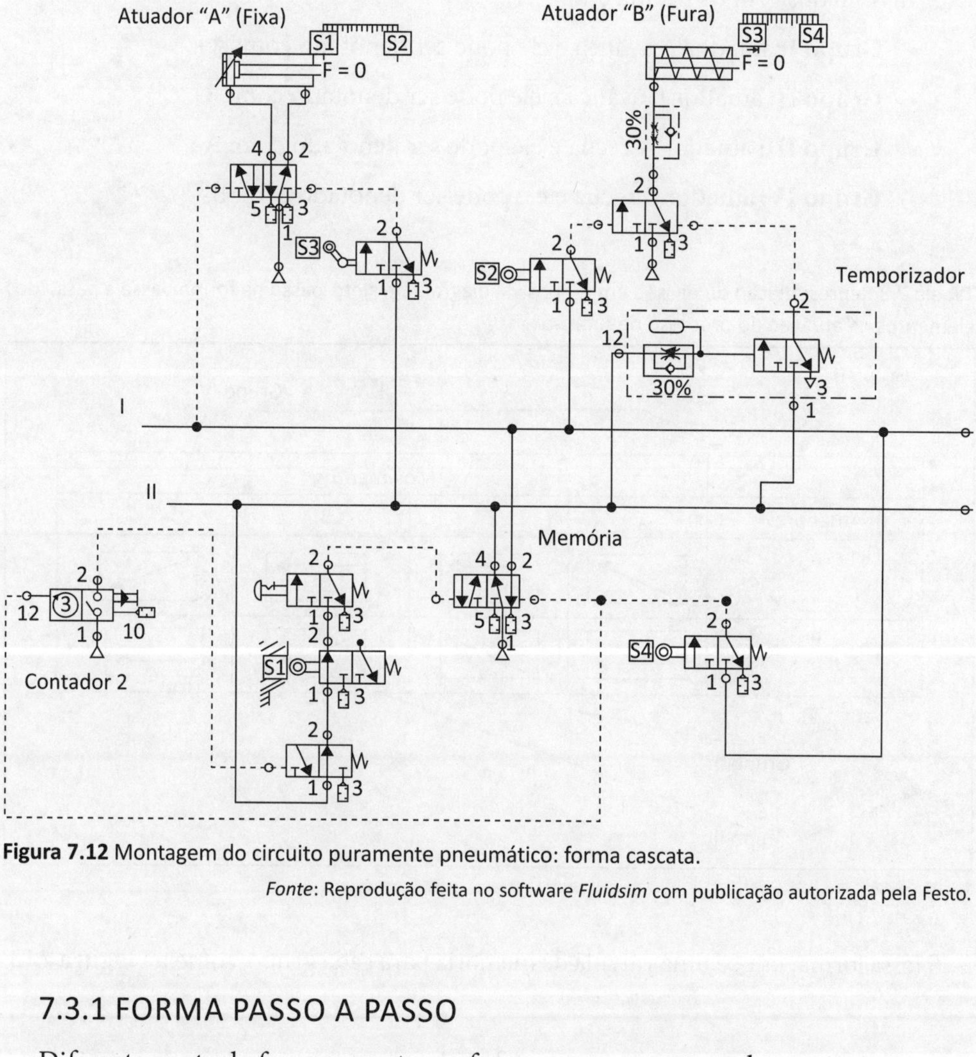

Figura 7.12 Montagem do circuito puramente pneumático: forma cascata.

Fonte: Reprodução feita no software *Fluidsim* com publicação autorizada pela Festo.

7.3.1 FORMA PASSO A PASSO

Diferentemente da forma cascata, na forma passo a passo, cada movimento, conforme o diagrama trajeto, representa um grupo (**Tabela 7.3**:); com isso, cada movimento, seja individual, seja simultâneo, tem um comando de uma saída, que, uma vez acionada pelo passo anterior, emite o sinal de um sensor ou chave fim de curso.

Essa forma de resolução usará mais elementos e assim será mais cara que as formas intuitiva e cascata, pois usará mais válvulas. Sua vantagem reside em propiciar soluções de circuitos mais complexos em virtude de sua facilidade de resolução.

A divisão dos grupos resulta em:

- **Grupo I:** atuador A avança e ele pode ser denotado com: A+.
- **Grupo II:** atuador B avança e ele pode ser denotado com: B+.
- **Grupo III:** atuador A recua e ele pode ser denotado com: A-
- **Grupo IV:** atuador B recua e ele pode ser denotado com: B-.

Tabela 7.3 Representação da divisão em grupos via diagrama trajeto-passo na forma passo a passo dos elementos de atuação do processo de furação

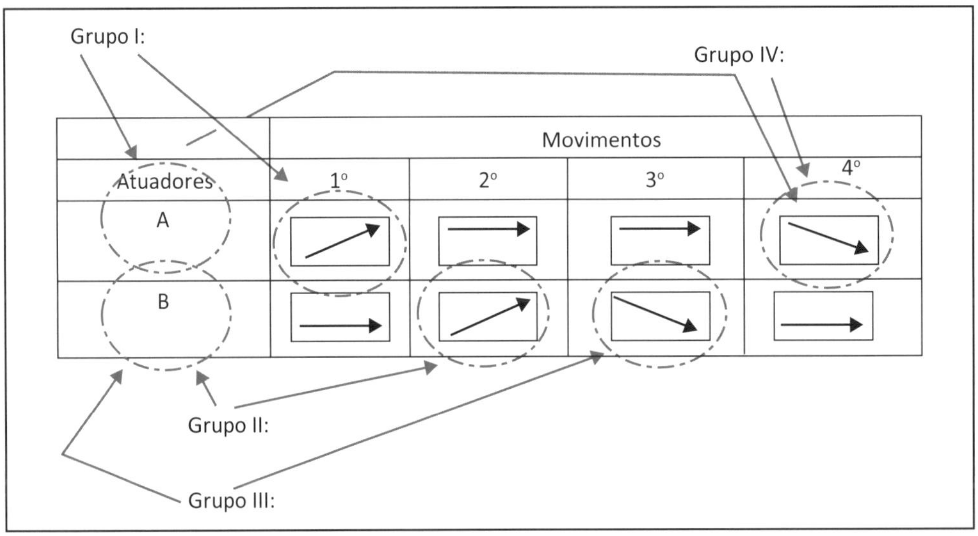

Nessa forma, usa-se uma válvula de memória para cada grupo, como na **Figura 7.13**.

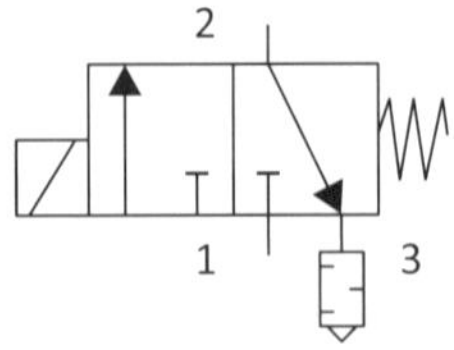

Figura 7.13 Simbologia de uma válvula direcional 3/2 vias com acionamento simples solenoide com retorno por mola usada como memória.

Como se pode observar na **Figura 7.14**, o passo a passo utiliza mais válvulas e também sensores e elementos de sinais (**Figura 7.15**), e isso encarece o projeto comparado às formas intuitiva e cascata.

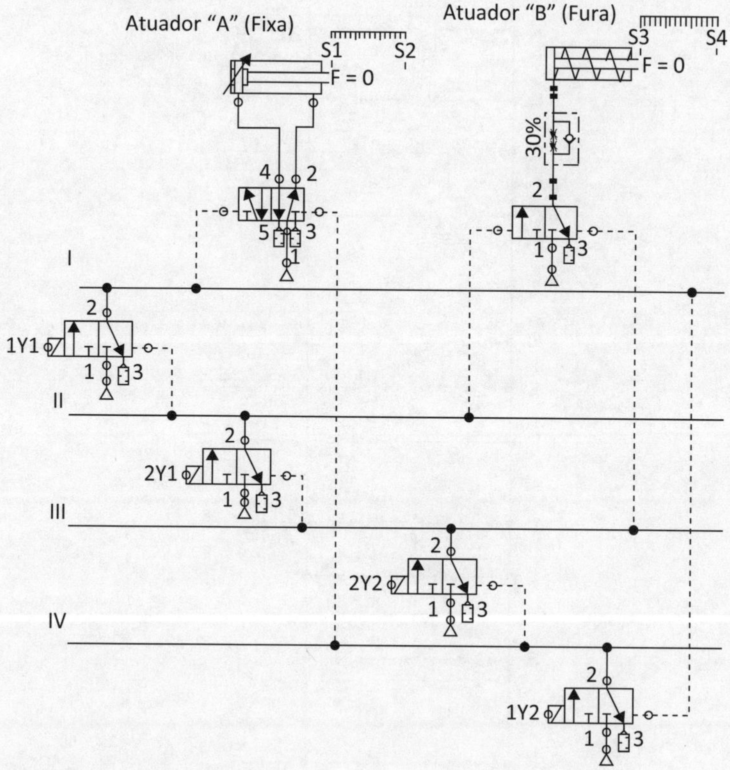

Figura 7.14 Montagem do circuito pneumático: forma passo a passo.

Fonte: Reprodução feita no software *Fluidsim* com publicação autorizada pela Festo.

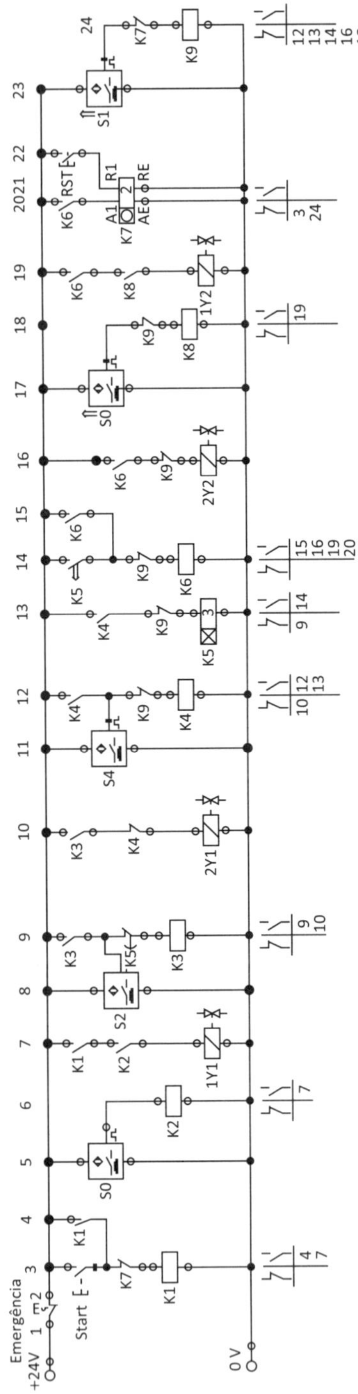

Figura 7.15 Montagem do circuito eletropneumático: forma passo a passo.

Fonte: Reprodução feita no software *Fluidsim* com publicação autorizada pela Festo.

Na **Figura 7.16,** apresenta-se uma solução com acionamentos, contador, temporizador e chaves fins de curso puramente pneumáticos. Nessa solução, também é maior o número de válvulas.

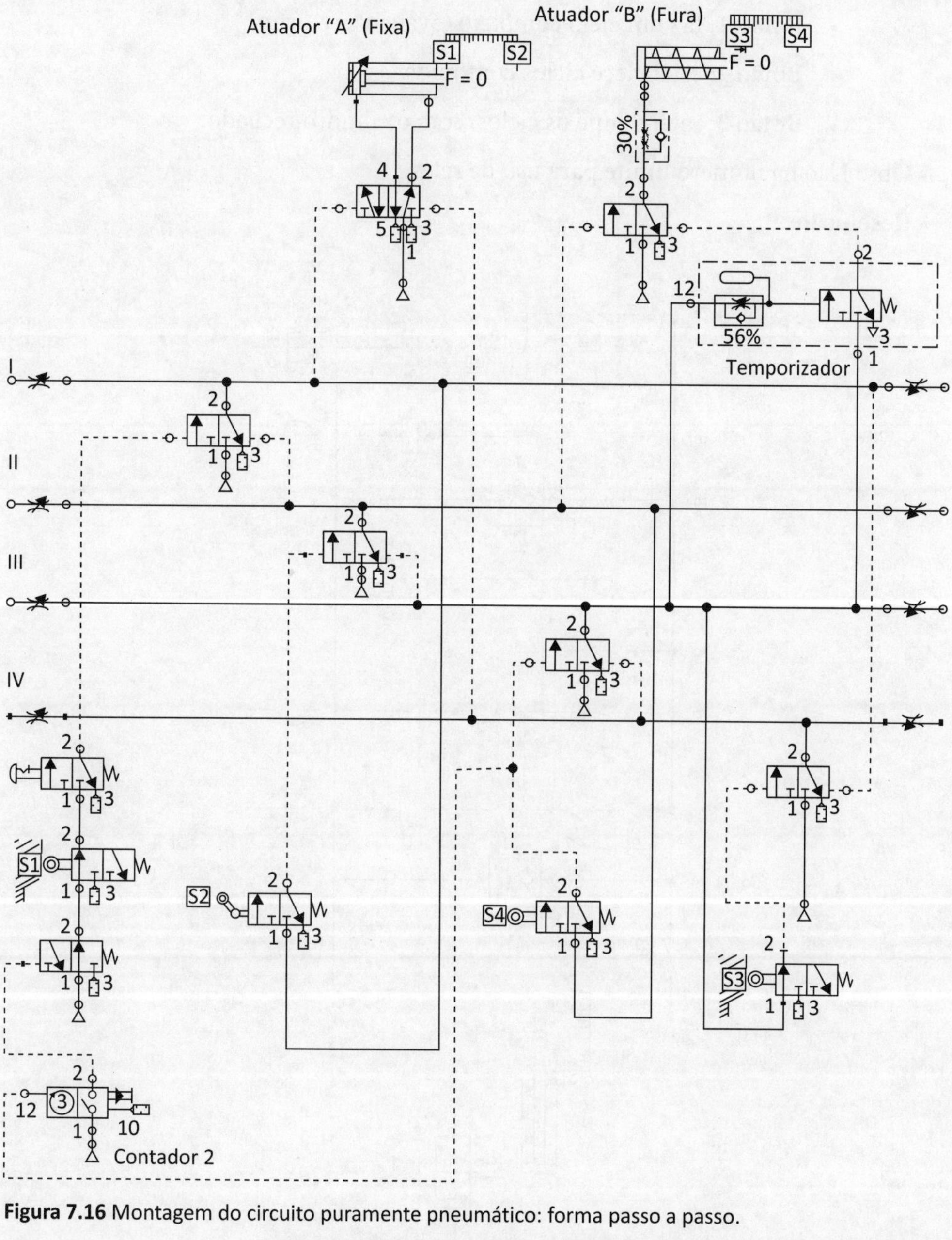

Figura 7.16 Montagem do circuito puramente pneumático: forma passo a passo.

Fonte: Reprodução feita no software *Fluidsim* com publicação autorizada pela Festo.

7.4 EXEMPLOS DE APLICAÇÕES (RESOLVIDOS)

1) Montar o circuito eletropneumático, via diagrama unifilar, utilizando um cilindro de simples ação e uma válvula de 3/2 vias com simples solenoide. O circuito deve operar da seguinte forma:

- **Botão 1:** faz um ciclo completo (avanço e retorno).
- **Botão 2:** estabelece ciclos contínuos.
- **Botão 3:** interrompe os ciclos, com o cilindro recuado.

Obs.: Não há número limite para uso de relés.

Resolução:

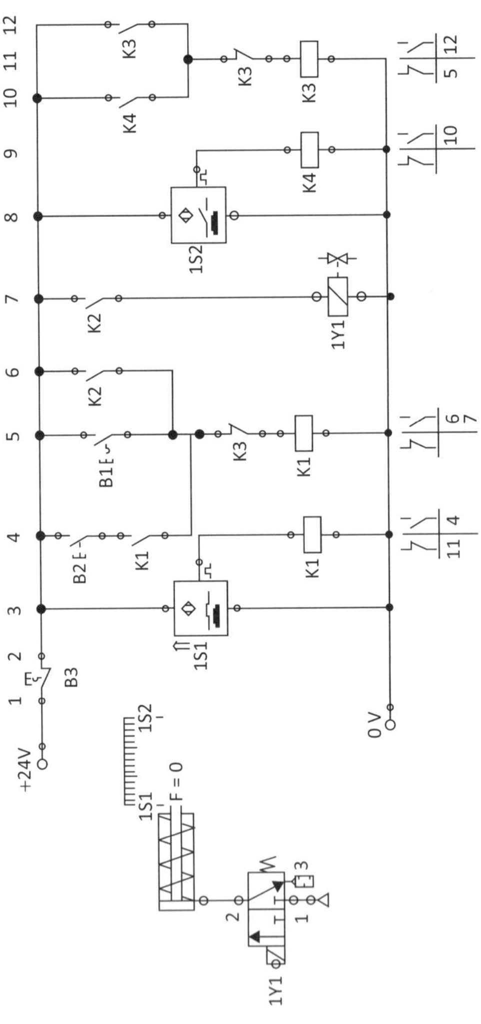

Figura 7.17 Resolução do circuito pneumático e eletropneumático proposto em 1.

Fonte: Reprodução feita no software *Fluidsim* com publicação autorizada pela Festo.

2) A função "OU-Exclusivo", cuja simbologia e tabela verdade estão representadas na **Figura 7.18**, é usada para detecção de paridade, sincronismo, ao controle de sinais etc. Pede-se elaborar o circuito pneumático para representar essa função.

Símbolo lógico

Equação

$$L = \overline{A} \bullet B + A \bullet \overline{B}$$

Tabela verdade

A	B	L
0	0	0
0	1	1
1	0	1
1	1	0

Figura 7.18 Simbologia e tabela verdade da função "OU-Exclusivo".

Resolução:

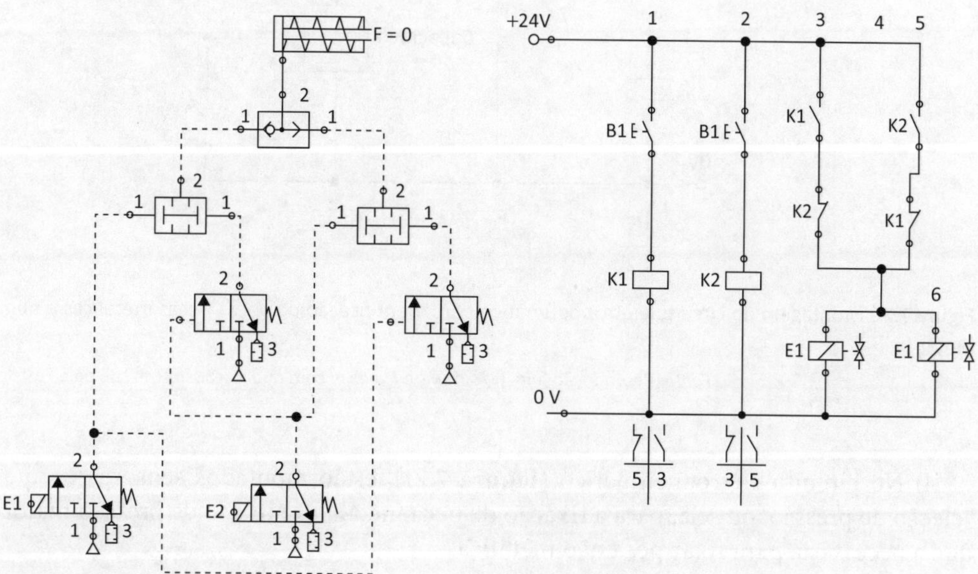

Figura 7.19 Resolução do circuito pneumático proposto em 2.

Fonte: Reprodução feita no software *Fluidsim* com publicação autorizada pela Festo.

3) No circuito elétropneumático (**Figura 7.20**), estão montados sensores para a identificação simultânea de peças metálicas e não metálicas. A identificação de peças metálicas é feita com uso de um sensor indutivo e, para peças não metálicas, o sensor capacitivo as identifica. Mas essas identificações são feitas somente se a chave de *start* do circuito estiver ativada.

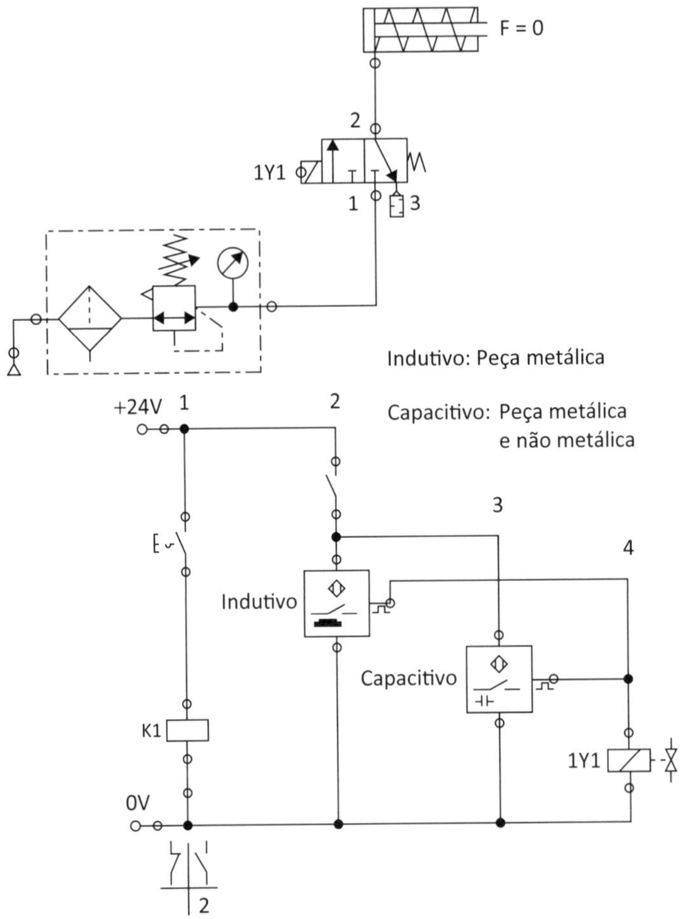

Figura 7.20 Montagem do circuito eletropneumático para identificação de peças peças metálicas e não metálica.

Fonte: Reprodução feita no software *Fluidsim* com publicação autorizada pela Festo.

4) No circuito elétropneumático (**Figura 7.21**), estão montados sensores para a seleção de pressão, ou seja, para a fixação de peça metálica com uso de pressão maior que a necessária para fixar peça não metálica.

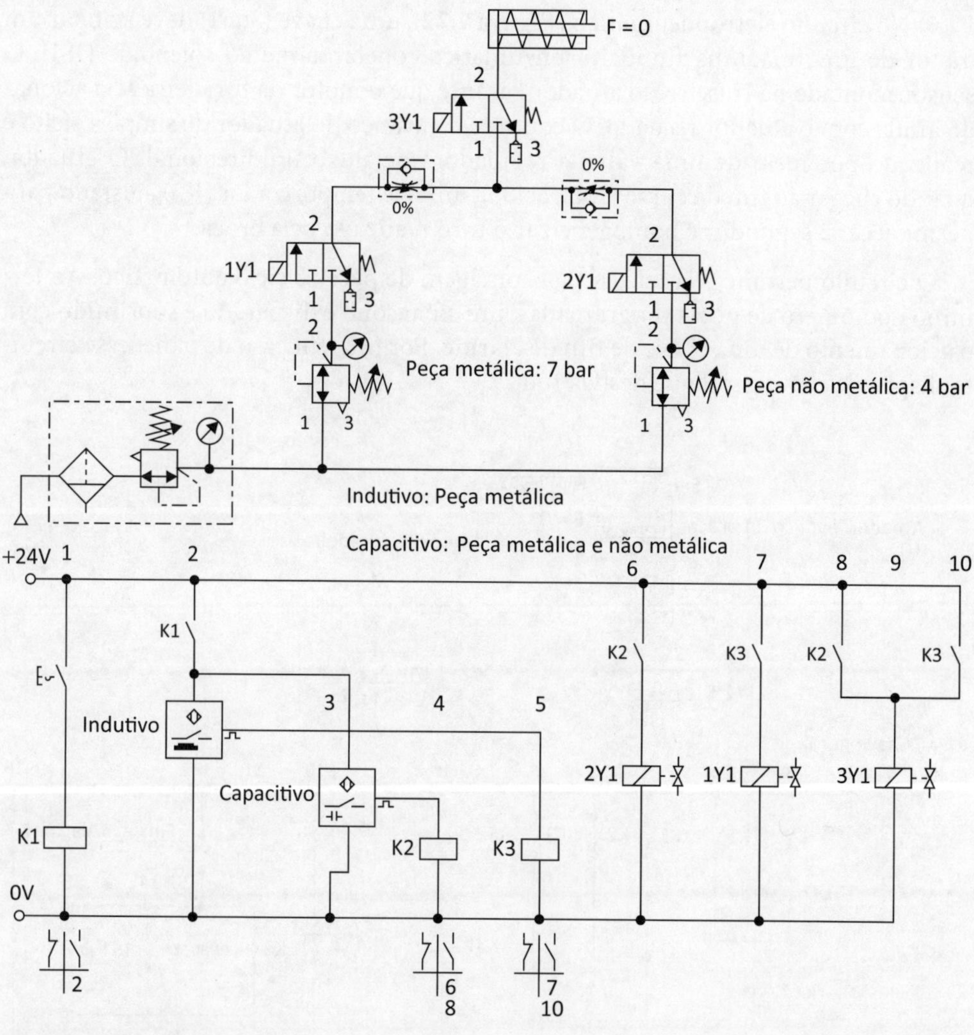

Figura 7.21 Montagem do circuito eletropneumático para seleção de pressão de acordo com peças metálicas e não metálicas.

Fonte: Reprodução feita no software *Fluidsim* com publicação autorizada pela Festo.

5) No circuito eletropneumático (**Figura 7.22**), uma chave (Start) deve acionar um motor de uma máquina furadeira pneumática concomitante ao solenoide (1S1). O sensor montado na traseira do atuador garante que o motor da furadeira seja acionado ainda com o atuador recuado. O controle do avanço do atuador de simples efeito é realizado por meio de uma válvula reguladora de fluxo unidirecional. O atuador, quando chegar ao fim de curso (1S2), aciona um relé temporizador (K3) ajustado para permanecer 3 segundos e homogeneizar o furo realizado pela broca.

O circuito permite, via relé (K4), a contagem de peças e ciclo automático. Ao término do número de peças programadas, um sinal sono é disparado e suprimido com o acionamento de uma chave de fim de alarme. Por fim, em caso de pane, esse circuito dispõe de chave geral que desliga tudo.

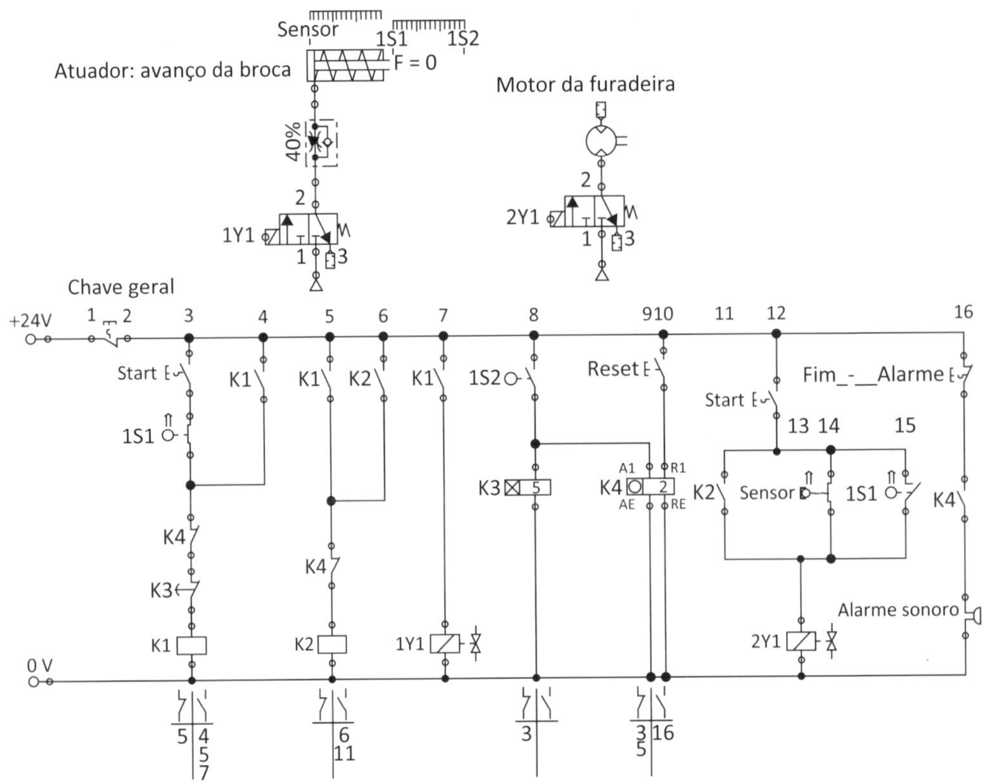

Figura 7.22 Montagem do circuito eletropneumático para acionar o motor pneumático e realizar furação de peças.

Fonte: Reprodução feita no software *Fluidsim* com publicação autorizada pela Festo.

6) A estação automatizada para movimentação e furação (**Figura 7.23)** realiza o furo em peças de dois diferentes materiais (peças metálicas e peças de plástico).

Desenvolva um circuito eletropneumático, com ciclo contínuo, para comandar os atuadores. Para tanto, considere os seguintes aspectos:

- O cilindro C avança apenas quando o botão B1 for pressionado e houver a presença de peça.
- O sistema deverá permitir, no cilindro A, a seleção automática da pressão em função do material da peça, como segue: caso a peça seja metálica, a morsa deverá fixá-la com uma pressão de 10 bar, enquanto, para fixar a peça de plástico, a morsa emprega uma pressão de 5 bar.
- O cilindro B deve ter aproximação lenta para efetuar o furo. Esse cilindro deve permanecer 3 segundos, na posição de avanço, antes de retornar. Nessa etapa, o motor da furadeira deve ser acionado.
- O sistema deverá ter um botão de emergência, caso haja imprevistos (p. ex., quebra de broca), e abortar o ciclo, como segue: desligar o motor da furadeira e comandar o retorno do cilindro B antes do cilindro A.
- O sistema deverá permiter a programação de contagem de peças.

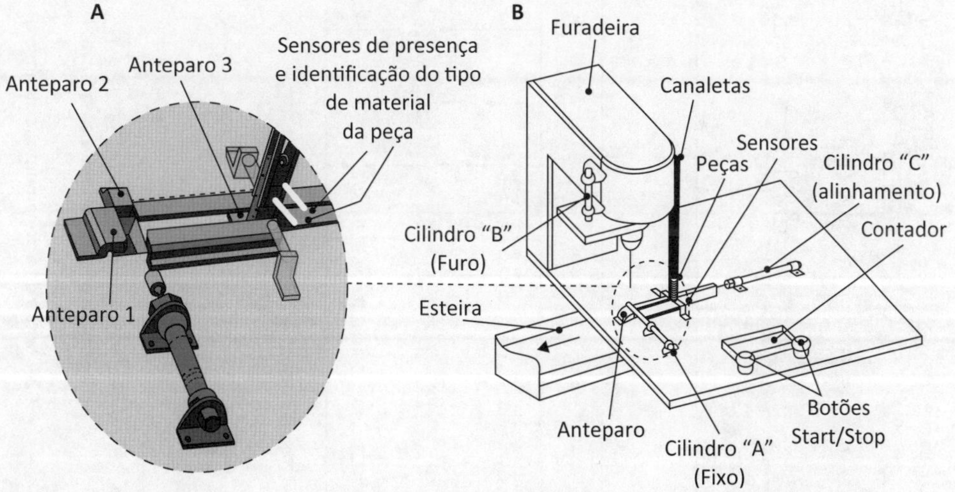

Figura 7.23 Estação de movimentação e furação de peças.

Resolução: método passo a passo

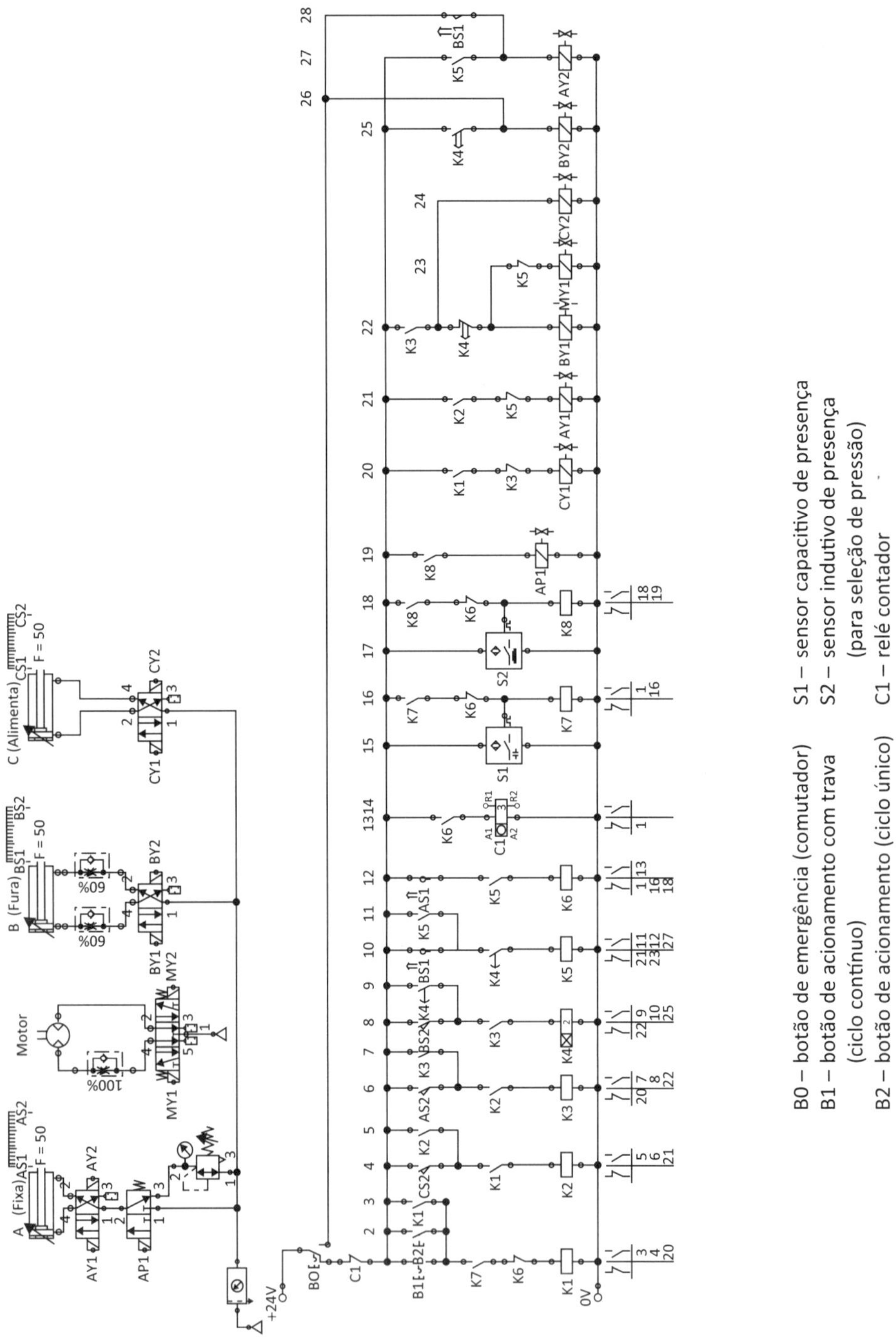

Figura 7.24 Resolução do circuito pneumático e eletropneumático da estação de movimentação e furação de peças.

Fonte: Reprodução feita no software *Fluidsim* com publicação autorizada pela Festo.

7) A tampografia é amplamente utilizada para impressão em diversos tipos de superfícies; côncavas, convexas ou lisas. Para um entendimento desse processo, a **Figura 7.25** apresenta os elementos constituintes do equipamento que visa realizar a transferência de tinta de um recipiente em baixo relevo, denominado "clichê", para a superfície desejada por meio de um tampão feito de material flexível como borracha de silicone.

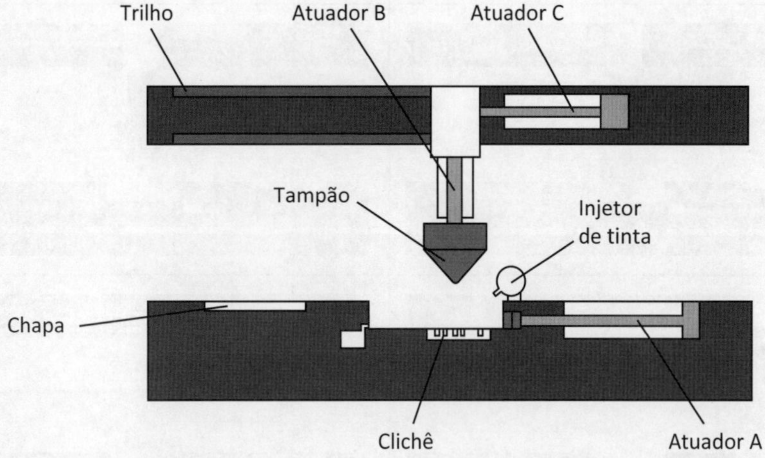

Figura 7.25 Sistema de tampografia.

Na **Figura 7.26**, é possível verificar as etapas do processo que se inicia com o lançamento de uma quantidade predefinida de tinta sobre o clichê pelo injetor (etapa I). Em seguida, o atuador A avança até o fim de curso (etapa II) para remover o excesso de tinta, retornando à posição inicial logo em seguida. Recuado o atuador A, o atuador B (etapa III) avança e pressiona o tampão contra o clichê e, depois, recua à posição inicial (etapa IV).

Na etapa V, o atuador C avança e move o conjunto do atuador B posicionando-o sobre a superfície de impressão. Em seguida, na etapa VI, o atuador B avança e pressiona o tampão contra a superfície, transferindo a tinta do tampão para a chapa, e recua na etapa VII. O processo é concluído com o recuo do atuador C (etapa VIII).

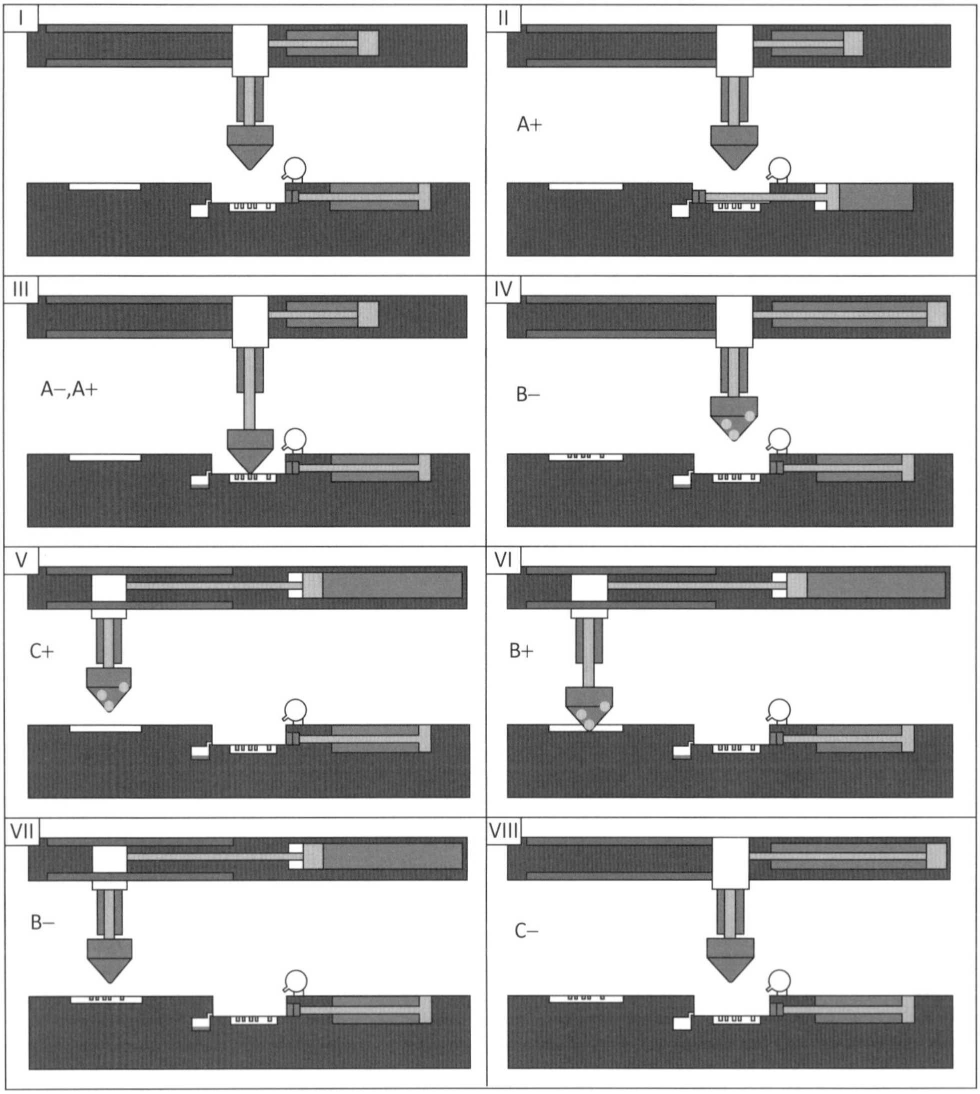

Figura 7.26 Etapas do processo de tampografia.

Vídeo do dispositivo da pantografia:

No circuito de comando (**Figura 10.27**), a nomenclatura A0, A1, B0, B1, C0 e C1 representa sensores de fim de curso que correspondem, no caso dos de número ímpar, à posição mais recuada e, no caso dos de número par, à posição mais avançada.

Alem disso, nesse circuito existem os solenoides 1Y1, 1Y2, 2Y1, 3Y1 e 3Y2 responsáveis pelo acionamento das válvulas de cada atuador.

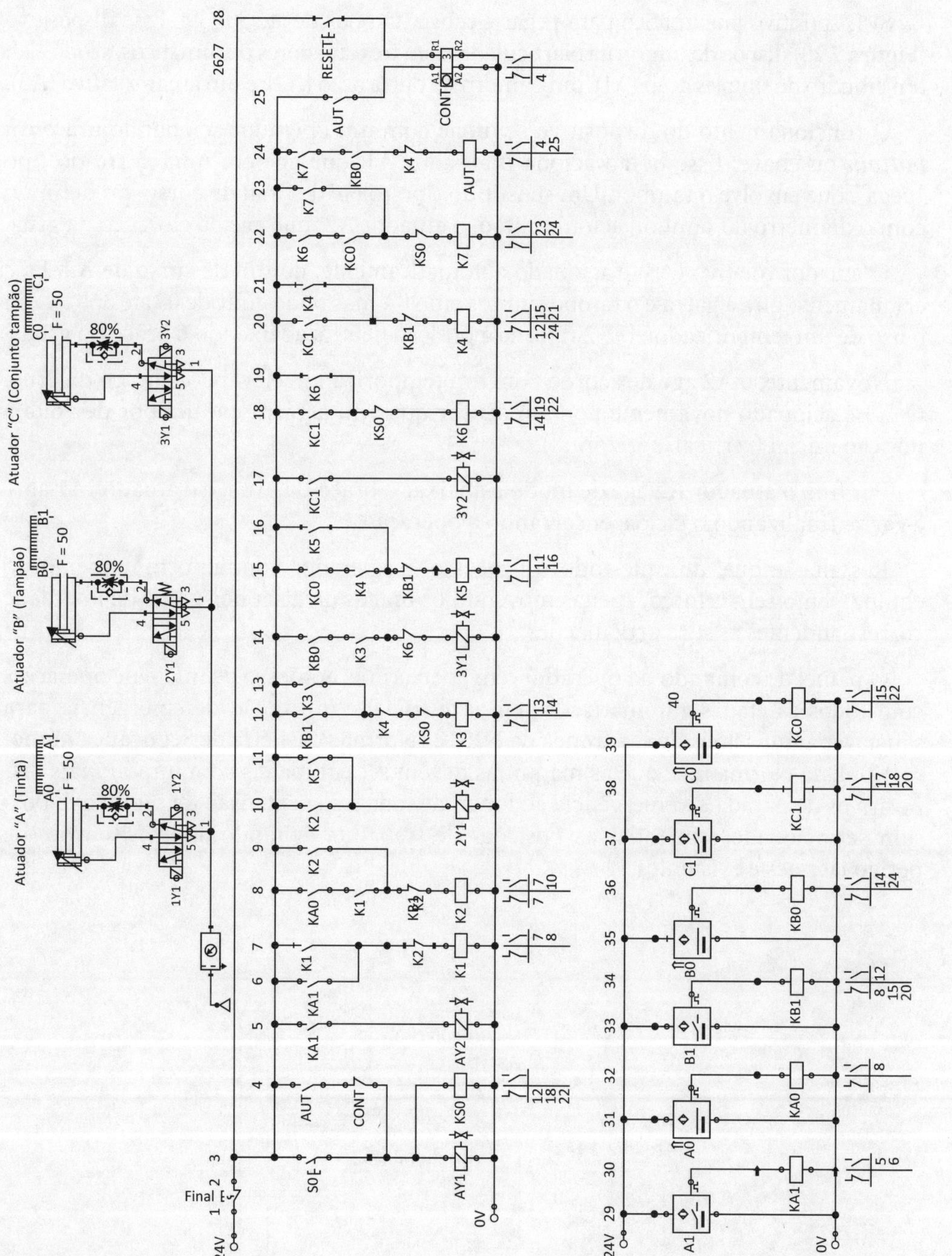

Figura 7.27 Resolução via método intuitivo do circuito pneumático e eletropneumático do sistema de tampografia.

Fonte: Reprodução feita no software *Fluidsim* com publicação autorizada pela Festo.

8) Dispositivo pneumático para pegar e mover tambor de até 300 kg. Esse dispositivo (**Figura 7.28**) dispõe de uma grua biarticulada, com três atuadores pneumáticos, sendo eles: um cilindro de simples ação (A1); um cilindro de dupla ação (A2); e um atuar rotativo (A3).

O funcionamento do dispositivo se inicia com um operador acionando um ***push bottom*** ou chave. Esse botão aciona o atuador A1, que age em uma garra do tipo “pega”, que envolve o tambor. Um sensor do tipo rolete de final de curso, predefinido com o diâmetro do tambor, aciona, então, o atuador A2, que age na elevação da grua.

O atuador rotativo (A3) é acionado automaticamente, no fim de curso de A2. Esse acionamento gira a garra e o tambor juntos em 90°, mas pode girar de 0° até 360°. Com o uso de um temporizador, o A2 retorna à posição neutra, abaixando o braço da grua.

Novamente, o A2 age de acordo com um temporizador, elevando o braço da grua. O A3 é acionado novamente por um sensor que gira a garra e o tambor de volta à posição inicial (vertical/horizontal).

Por fim, o atuador A2 age de modo a abaixar o braço da grua, e o atuador A1 abre a garra, finalizando o ciclo e encerrando a operação.

Ressalta-se que, durante todo o processo, o operador conduz o movimento do equipamento sem esforço, apenas movendo os braços da grua nos graus de liberdade correspondentes às suas articulações.

O painel de comando do operador tem apenas dois botões: o de início de operação, com todos as etapas automatizadas em sequência; e um botão de emergência para satisfazer alguns itens de segurança da NR-12 (Norma Brasileira de Segurança número 12). Essa Norma reza que as máquinas devem ser equipadas com um ou mais dispositivos de parada de emergência ao longo de toda a sua extensão de modo que possam ser acionados em todas as posições de trabalho, evitando assim situações de perigo latentes e existentes.

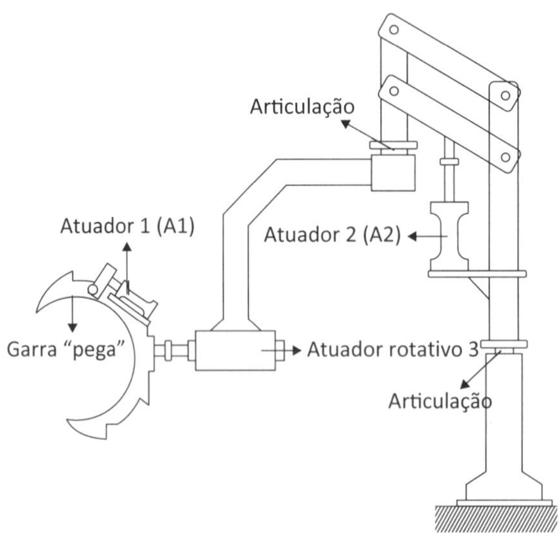

Figura 7.28 Croqui da grua para pegar e mover tambor.

Vídeo da grua:

A seguir, é descrito o diagrama trajeto-passo (Figura 7.29) do equipamento, em que:

1) A1 avança e A2 permanece recuado;

2) A1 permanece avançado e A2 avança;

3) A1 permanece avançado e A2 recua;

4) A1 permanece avançado e A2 avança;

5) A1 permanece avançado e A2 recua;

6) A1 recua e A2 permanece recuado.

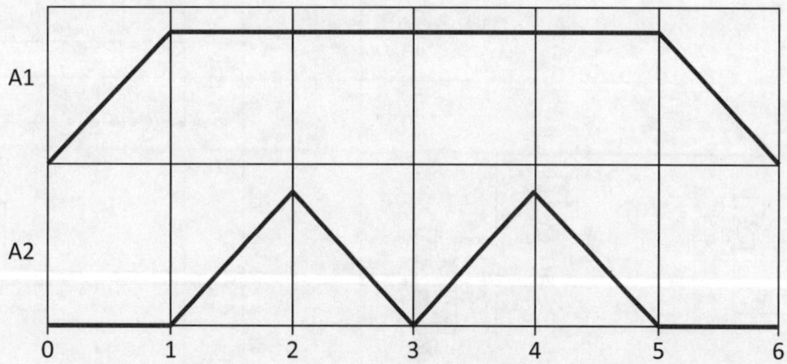

Figura 7.29 Diagrama trajeto-passo do equipamento para pegar e mover tambor.

A **Figura 7.30** apresenta o circuito pneumático e o eletropneumático da grua para pegar e mover o tambor.

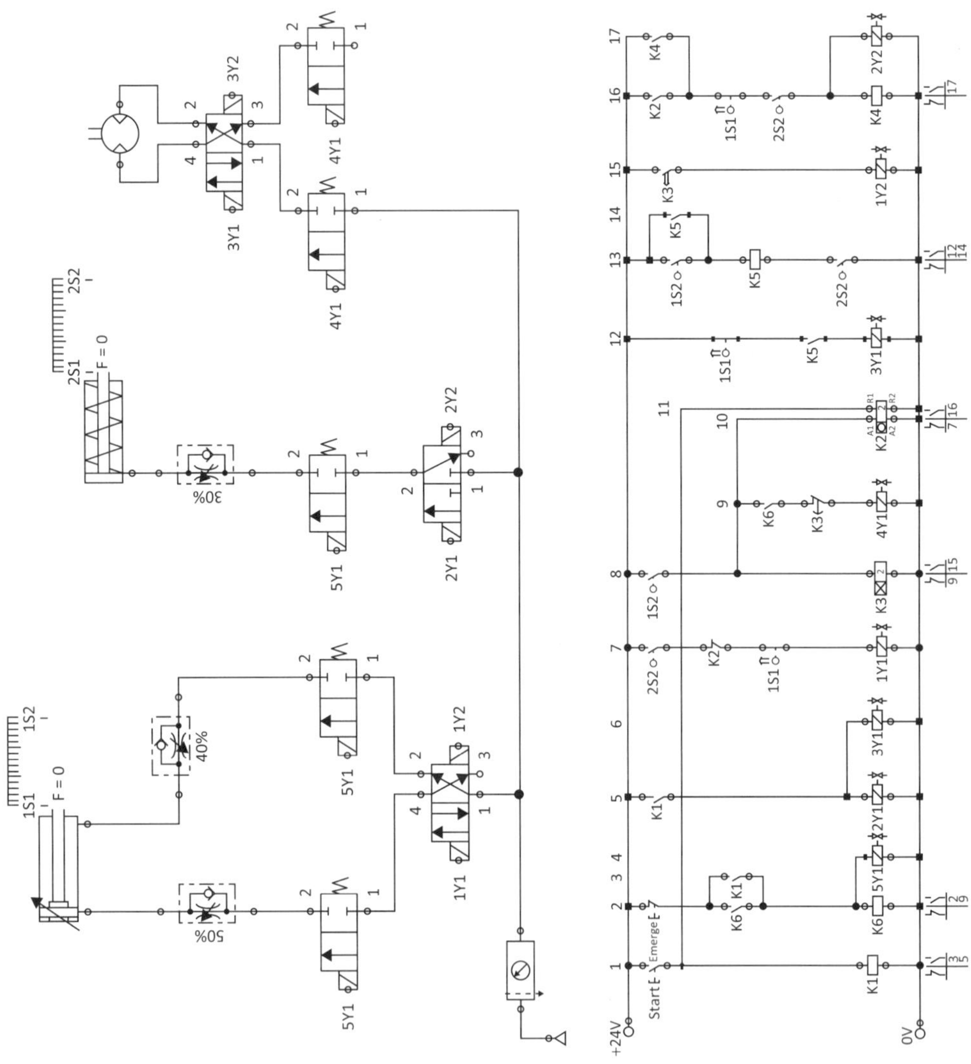

Figura 7.30 Resolução via método intuitivo do circuito pneumático e eletropneumático do equipamento para pegar e mover o tambor.

Fonte: Reprodução feita no software *Fluidsim* com publicação autorizada pela Festo.

9) O manipulador eletropneumático (**Figura 7.31**) tem deslocamento em dois eixos e uma garra. Esse manipulador é provido de um sensor óptico (D) para detectar o produto que chega e inicia o processo automático e os sensores de presença (indutivo). Um diodo emissor de luz (LED) é utilizado como indicador de operação junto com sistema sonoro. Esse sistema é provido de ciclo automático com contagem de peças, tendo ainda um botão "Liga/Desliga" e um acionamento manual de emergência.

Na **Figura 7.31**, a garra de duas pontas B está acoplada ao atuador A, que avança e recua em direção ao objeto. Já o atuador C recua e avança o conjunto formado pelos atuadores A e C na horizontal.

O sistema conta com três válvulas direcionais pneumáticas 5\2 vias acionadas por simples solenoides de 24V, dois atuadores pneumáticos de dupla ação (A e C) e uma garra radial de dupla ação (B).

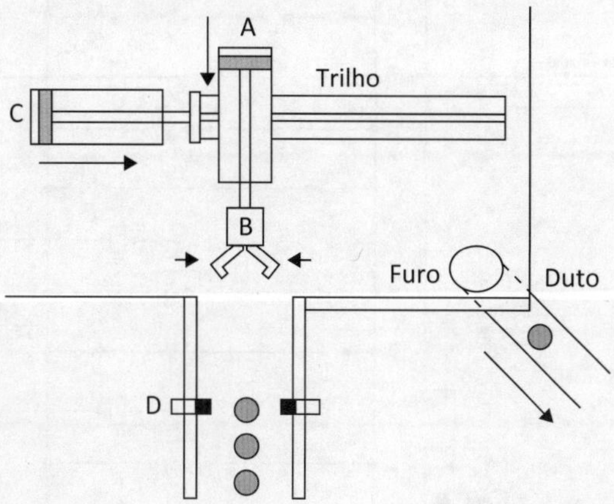

Figura 7.31 Croqui do manipulador eletropneumático.

Vídeo do dispositivo:

https://www.youtube.com/watch?v=gz-SylNAkhA

A **Figura 7.32** apresenta o circuito pneumático e o eletropneumático.

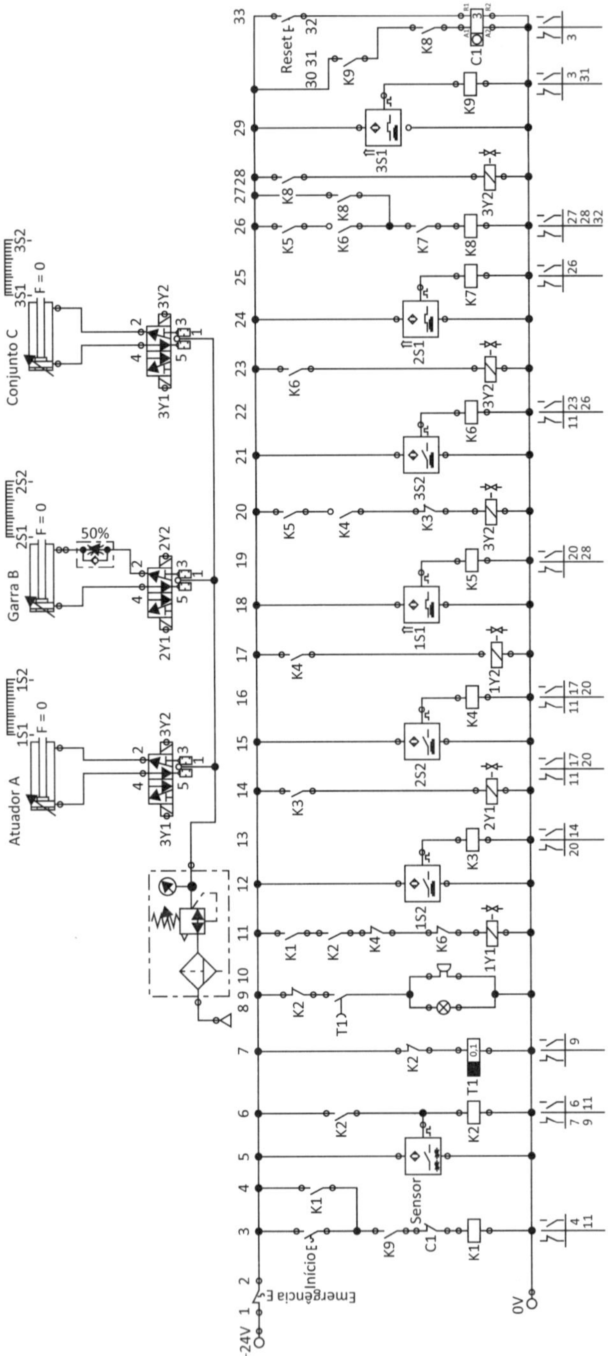

Figura 7.32 Resolução via método intuitivo do circuito pneumático e eletropneumático do manipulador eletropneumático.

Fonte: Reprodução feita no software *Fluidsim* com publicação autorizada pela Festo.

CAPÍTULO 8

Circuitos óleo-hidráulicos e eletro-óleo-hidráulicos

Neste capítulo, serão apresentados tipos de representações de circuitos óleo-hidraúlicos e exemplos resolvidos de aplicações.

8.1 TIPOS DE REPRESENTAÇÕES DE CIRCUITOS ÓLEO-HIDRAÚLICOS

Assim como na representação de circuitos na pneumática (**Capítulo 7 – item 7.1**), a apresentação de projetos, em se tratando de disposição dos elementos, na óleo-hidraúlica, pode ser realizada de duas formas: comando de posição; e comando de sistema. Para tanto, tem-se como base de explicação dessas duas formas o exemplo a seguir.

Na **Figura 8.1**, é apresentado um processo de dobra de um suporte usado para pendurar bicicletas. O processo de dobra se inicia com o posicionamento da chapa sobre a área de dobra; em seguida, o atuador B avança e fixa a peça. Com a chapa fixa, o atuador A avança para efetuar a 1ª dobra da chapa e, quando chegar ao fim de curso, ativa o atuador C para avançar e efetuar a 2ª dobra e, no fim de curso, ativa o atuador D para efetuar a 3ª dobra e, quando chegar ao fim de curso, permanece por alguns segundos nessa posição para acomodar a chapa na nova forma. Por fim, os atuadores A, C e D retornam à posição recuada e, quando chegarem ao fim de curso recuado, ativam o atuador B para o recuo.

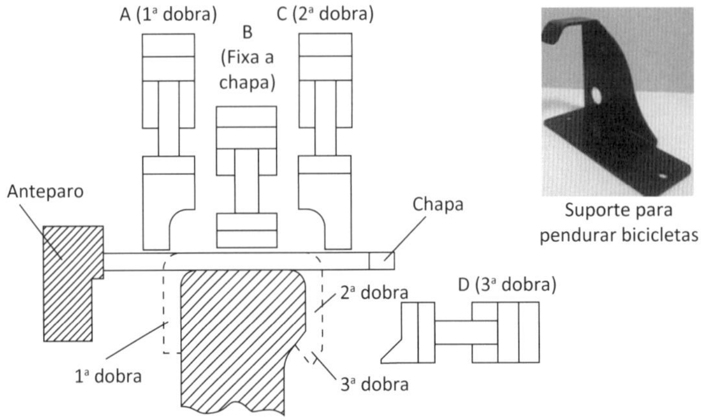

Figura 8.1 Croqui do processo de dobra e foto do suporte usado para pendurar bicicletas.

A **Figura 8.2** apresenta a disposição dos atuadores no circuito do processo supradescrito e, na representação por comando de posição, indica a disposição real de cada elemento montado fisicamente na máquina ou dispositivo; em contrapartida, a interpretação do funcionamento fica comprometida sobretudo para circuitos com um número relativamente grande de componentes, ao passo que os circuitos dispostos via comando de sistema têm melhor interpretação.

A) Comando por posição

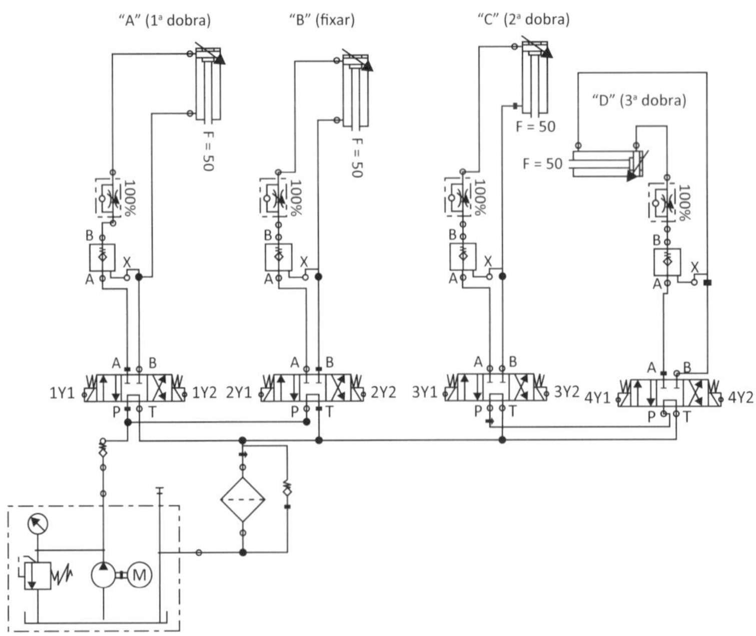

Figura 8.2 Representações dos circuitos óleo-hidráulicos: A) comandos de posição e B) comandos de sistema (*continua*).

B) Comando de sistema

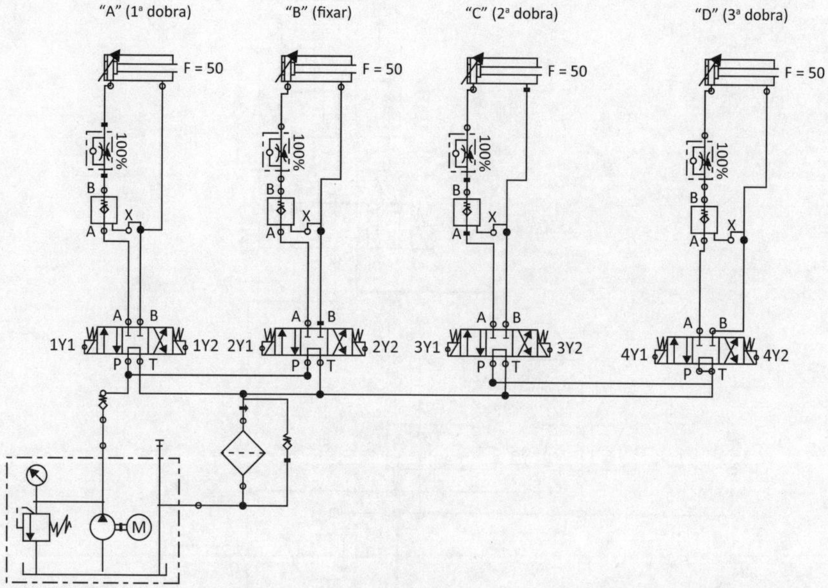

Figura 8.2 Representações dos circuitos óleo-hidráulicos: A) comandos de posição e B) comandos de sistema (*continuação*).

Fonte: Reprodução feita no software *Fluidsim* com publicação autorizada pela Festo.

8.2 REPRESENTAÇÕES DOS ELEMENTOS CONSTITUINTES DOS CIRCUITOS ÓLEO-HIDRÁULICOS

A denominação dos elementos pode ser feita por meio de números (Norma DIN) ou por meio de letras (Norma ISO).

Todos os elementos óleo-hidráulicos devem ser representados no esquema na posição inicial (**Figura 8.3**) de comando. Se na posição inicial a válvula já está acionada, isso deve ser indicado no esquema.

a) elemento de trabalho (atuador);

b) elemento de controle;

c) elemento de comando;

d) elemento de processamento de sinais;

e) elemento de sinais;

f) elementos de acionamento.

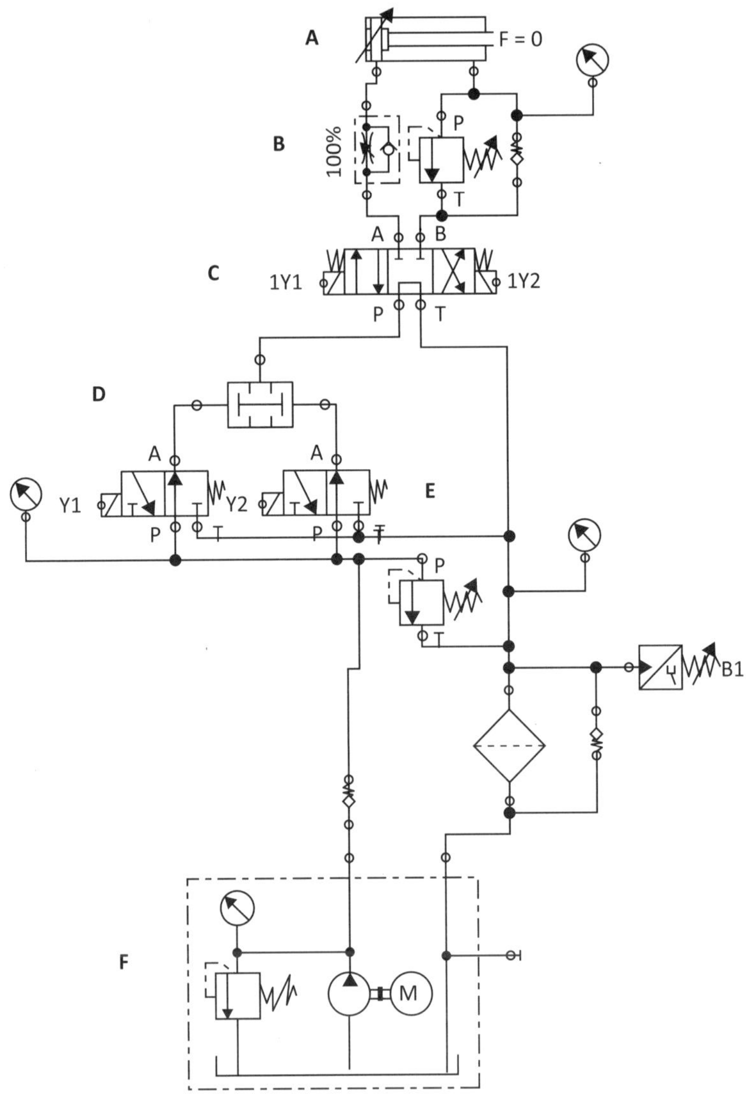

Figura 8.3 Representação da composição das partes do sistema óleo-hidráulico.

Fonte: Reprodução feita no software *Fluidsim* com publicação autorizada pela Festo.

8.3 FORMAS DE RESOLUÇÕES DOS PROJETOS DE CIRCUITOS ÓLEO-HIDRÁULICOS

Existem algumas formas para a resolução de circuitos óleo-hidráulicos, como as descritas em circuitos pneumáticos no Capítulo 7 – item 7.1: intuitivo; cascata; passo a passo; cadeia estacionária; entre outras. Aqui, em sistemas óleo-hidráulicos, segue-se a mesma forma de resolução. A seguir, serão apresentados alguns exemplos de circuitos solucionados pela forma intuitiva.

8.3.1 EXEMPLO: FUNÇÕES DA VÁLVULA SE SEGURANÇA

Na **Figura 8.4**, está montado um circuito para verificar a função da válvula de segurança, limitadora e de pressão. A válvula de segurança, do grupo de geração, foi ajustada para 48 bar e, no circuito, a válvula tem a função de limitar a pressão aos mesmos 48 bar. Mais adiante, podem-se instalar válvulas redutoras de pressões (10 bar) que podem suprir uma parte do circuito compressões menores e, na outra extremidade do circuito, utilizar novamente a válvula limitadora de pressão.

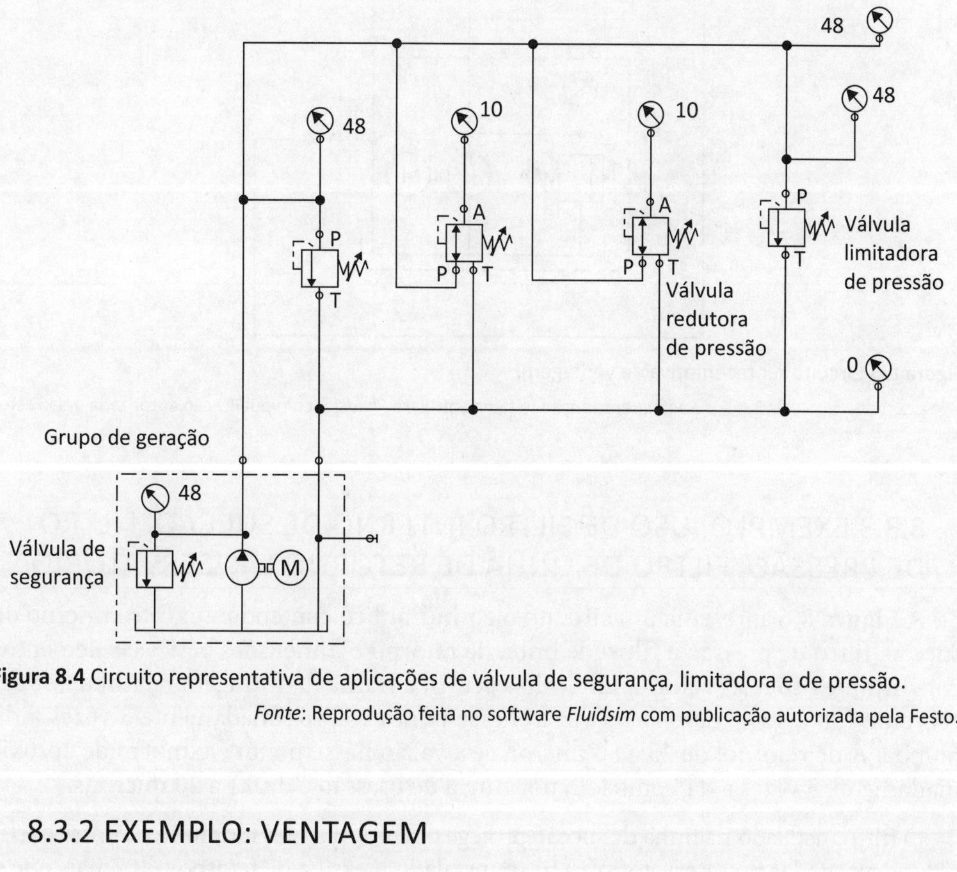

Figura 8.4 Circuito representativa de aplicações de válvula de segurança, limitadora e de pressão.

Fonte: Reprodução feita no software *Fluidsim* com publicação autorizada pela Festo.

8.3.2 EXEMPLO: VENTAGEM

A ventagem tem como objetivo aliviar o grupo de acionamento durante a partida, pois, em muitos casos, o grupo de geração é exigido já na partida e isso pode ocasionar, com o tempo de uso, algum problema na bomba ou mesmo em outros componentes desse grupo, como mangueiras.

A **Figura 8.5** mostra um circuito representativo de ventagem e, nele, a válvula de fechamento (V1) deve estar na posição aberta antes de ligar o grupo de geração e, assim, ter a função de aliviar esse grupo. Após isso, deve-se fechar essa válvula para que o sistema receba a pressão regulada no grupo de geração. Ressalta-se que o uso de uma válvula direcional com centro aberto (Tandem) desempenha a mesma função que a ventagem.

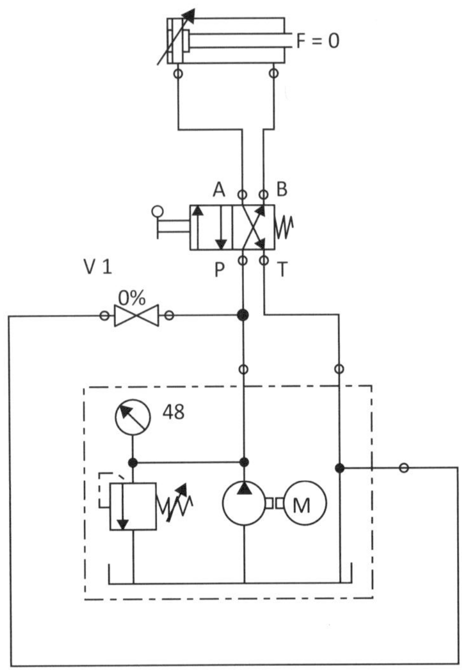

Figura 8.5 Circuito representativa de ventagem.

Fonte: Reprodução feita no software *Fluidsim* com publicação autorizada pela Festo.

8.3.3 EXEMPLO: USO DE FILTRO INTERNO DE SUCÇÃO, FILTRO DE PRESSÃO, FILTRO DE LINHA DE RETORNO E RESERVATÓRIO

A **Figura 8.6** apresenta um circuito óleo-hidráulico contendo um filtro interno de sucção, filtro de pressão e filtro de linha de retorno e dimensões básicas e elementos constituintes do reservatório. Em linhas gerais, a trama da filtragem da linha de sucção é de 100 a 150 microns e a vazão nesse ponto é aproximadamente 3 vezes a da bomba. A de retorno, de 25 a 80 microns e a vazão nesse ponto é também de aproximadamente 3 vezes a da bomba. E, por fim, a de pressão é de 0,1 a 20 microns.

O filtro instalado na linha de sucção protege os componentes hidráulicos contra partículas depositadas no reservatório. O filtro instalado na linha de retorno filtra mais que o de sucção e isso contribui para evitar o efeito da cavitação na bomba, mas é necessário um *by-pass* para desviar para o tanque o excedente em caso de picos de pressão e partidas a frio. Por último, a filtragem de linha de pressão é a que possibilita maior vida útil e também não provoca cavitação na bomba. Ressalta-se que a seleção da bomba deve ser feita de forma correta, visando suportar altas pressões durante sua operação. Por fim, em termos dimensionais o reservatório deve ter de 2 a 4 vezes a vazão da bomba, mas, em alguns casos, essa dimensão não é suficiente para refrigerar o óleo; logo, é necessário instalar um trocador de calor para acelerar o processo de resfriamento do óleo.

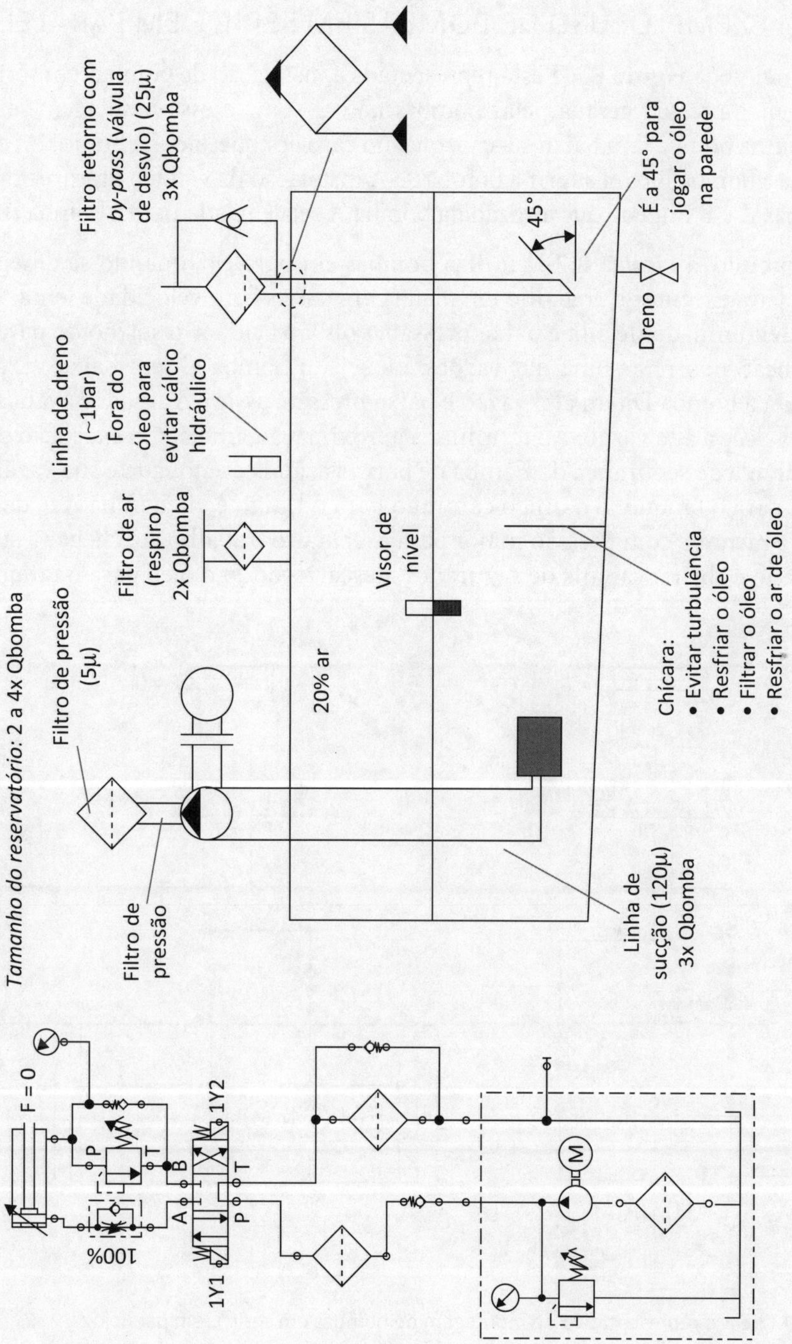

Figura 8.6 Circuito representativa com instalação dos filtros interno de sucção, de pressão e de linha de retorno.

Fonte: Reprodução feita no software *Fluidsim* com publicação autorizada pela Festo, dimensões básicas e elementos constituintes do reservatório.

8.3.4 EXEMPLO: USO DE BOMBAS EM SÉRIE E EM PARALELO

No circuito, a **Figura 8.7-I** está representada a instalação de bombas em série. Nessa montagem, a pressão gerada pelas bombas não se soma e essa montagem se justifica quando uma bomba tem baixa sucção, que, no caso em questão, é a bomba A, e, daí, foi instalada a bomba B para suprir a bomba A. A instalação da válvula unidirecional entre as bombas A e B impede que a vazão da bomba A seja enviada para a bomba B.

No circuito, a **Figura 8.7-II** utiliza bombas em paralelo, quando se deseja rápido avanço, para executar o trabalho em plena carga, mas com velocidade lenta. Esse circuito é denominado de alta e baixa pressão, pois, ao acionar o solenoide para o atuador avançar, ocorre a soma das vazões, ou seja, a bomba C tem baixa vazão e alta pressão, já a bomba D tem alta vazão e baixa pressão; assim, o atuador avança rápido, pois prevalece a alta vazão. Ao terminar a aproximação, inicia-se a execução do trabalho, a válvula de segurança da bomba de baixa vazão D é acionada e sua vazão é direcionada para o tanque. E o único caminho para o fluido é via bomba A e, desta feita, a vazão é menor e com pressão maior para executar o trabalho até chegar à sua máxima pressão e abrir a válvula de segurança, descarregando o óleo para o tanque.

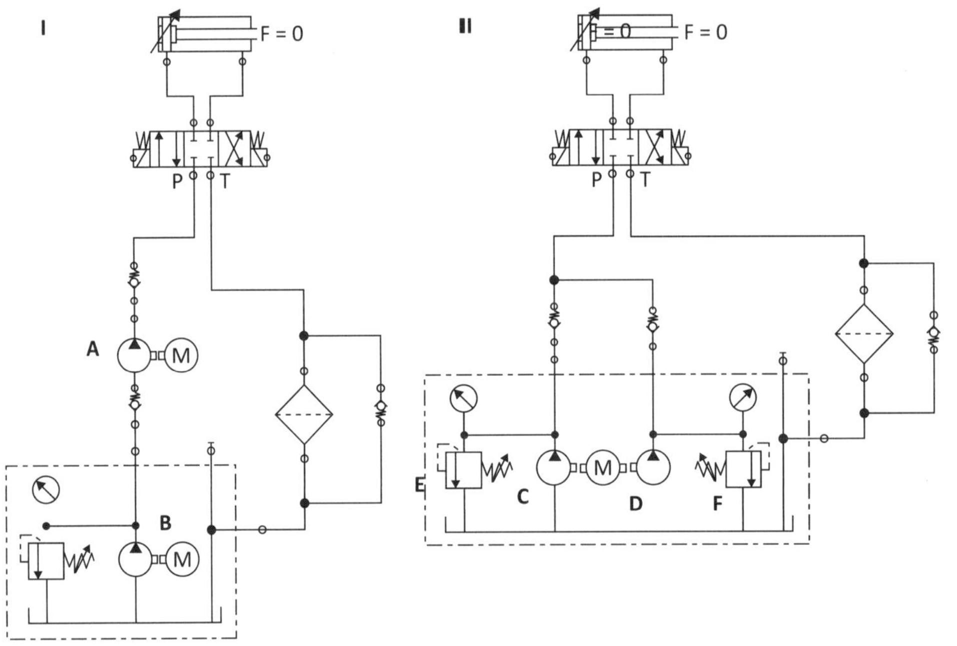

Figura 8.7 Circuito representativo de montagem de bombas em série e em paralelo.

Fonte: Reprodução feita no software *Fluidsim* com publicação autorizada pela Festo, dimensões básicas e elementos constituintes do reservatório.

8.3.5 EXEMPLO: USO DE ACUMULADOR

O acumulador é um elemento de armazenamento de fluido pouco compressível sob pressão; neste exemplo, o acumulador óleo-hidráulico tem compressão em torno de 3% do volume inicial. Esse acumulador é usado para compensar perda de pressão e/ou volume, elimina pulsações, absorve choques durante o ciclo de operação. Ressalta-se que o acumulador é indicado para utilização em todos os sistemas óleo-hidráulicos, pois eles absorvem as oscilações de pressões no sistema.

Os tipos mais comuns são de mola, gás (com/sem separação), ou uso com peso. Na **Figura 8.8**, estão representados os acumuladores com separação: diafragma (a); bexiga (b); e pistão (c).

Os tipos de gases utilizados nos acumuladores são de nitrogênio (N_2), que tem baixa reatividade, e de tetrafluorometano (CF4), que entra em ebulição sob temperatura ambiente e é um gás do tipo clorofluorocarboneto (CFC), um composto baseado em carbono que contém cloro e flúor, responsável pela redução da camada de ozônio.

Ainda na **Figura 8.8**, observam-se a montagem esquemática de um nivelamento controlada mecanicamente entre os elementos e o uso de dois acumuladores.

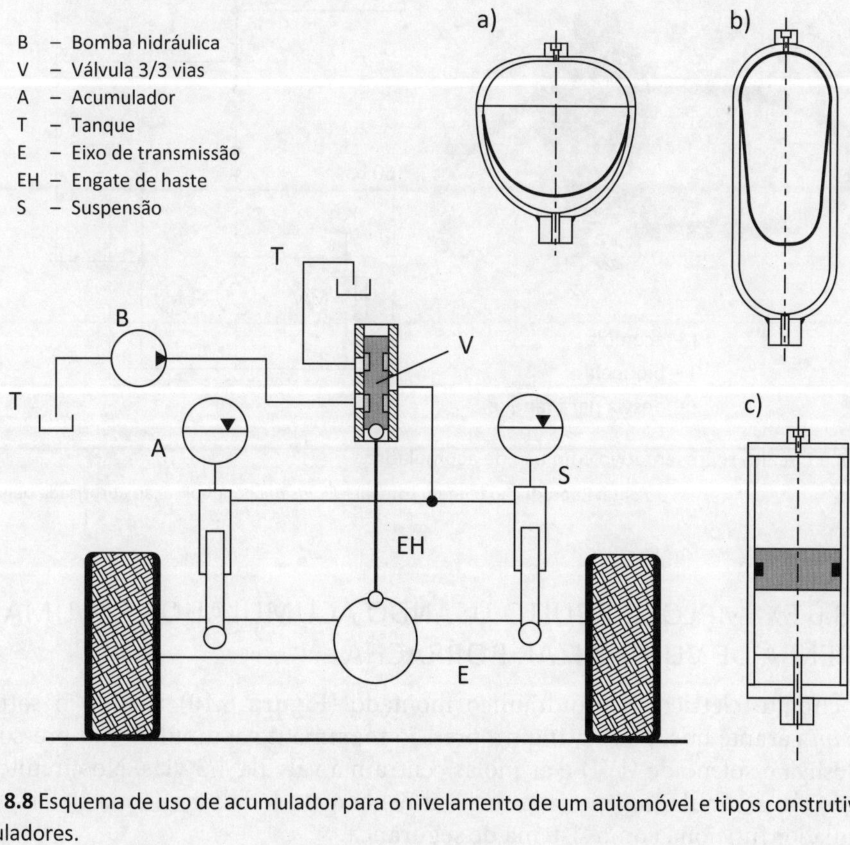

Figura 8.8 Esquema de uso de acumulador para o nivelamento de um automóvel e tipos construtivos de acumuladores.

A **Figura 8.9** representa uma situação de uso do acumulador e as etapas de funcionamento do sistema estão descritas a seguir:

- **Etapa 1:** ligar o sistema com V2 bloqueada e V1 na posição 1 para acumular.
- **Etapa 2:** após acumular, bloquear o fluxo V1 (posição 0) e desligar o grupo de acionamento. Nessa etapa, o M2 indica a pressão existente no sistema.
- **Etapa 3**: liberar a pressão do sistema, via válvula V2, e, em seguida, fecha-lá.
- **Etapa 4:** abrir válvula V1 (posição 1). O manômetro M2 indicará a pressão acumulada.
- **Etapa 5:** abrir válvula V2 e o motor girará até esgotar o acumulador.

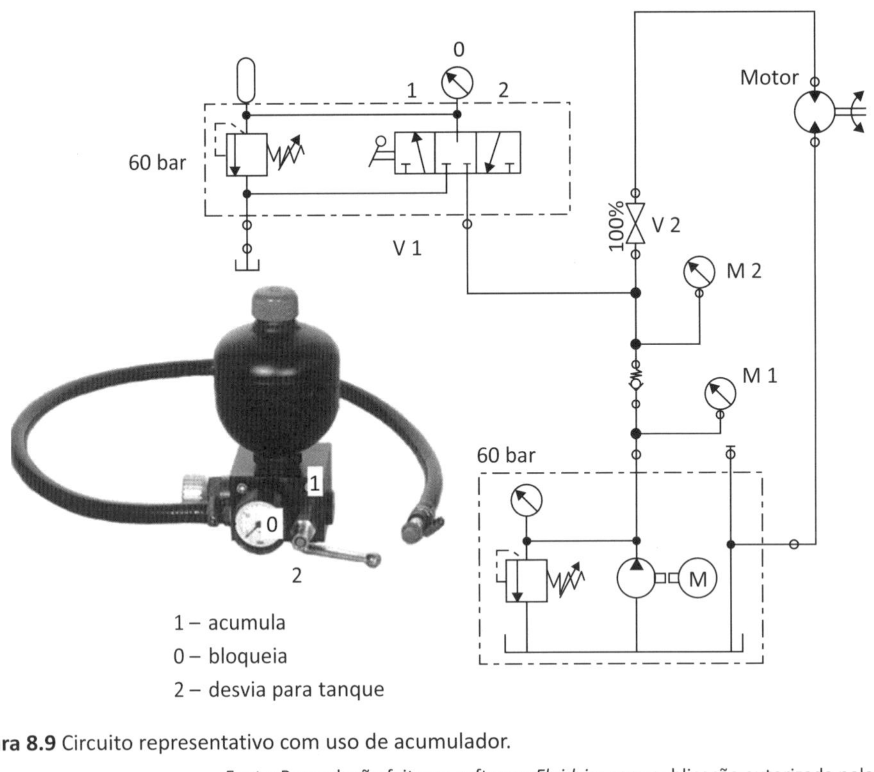

Figura 8.9 Circuito representativo com uso de acumulador.

Fonte: Reprodução feita no software *Fluidsim* com publicação autorizada pela Festo.

8.3.6 EXEMPLO: CIRCUITO USANDO ACUMULADOR EM UMA PRENSA DE VULCANIZAR BORRACHA

O circuito elétrico óleo-hidráulico montado (**Figura 8.10**) usando o software *Fluidsim* garante que, ao se atingir a pressão máxima do acumulador, o pressostato (S1) desliga o solenoide (1Y1) e as molas centram a válvula 4/3 vias. No circuito está previsto um acumulador acionado manualmente quando faltar energia elétrica. Esse acumulador funciona como sistema de segurança.

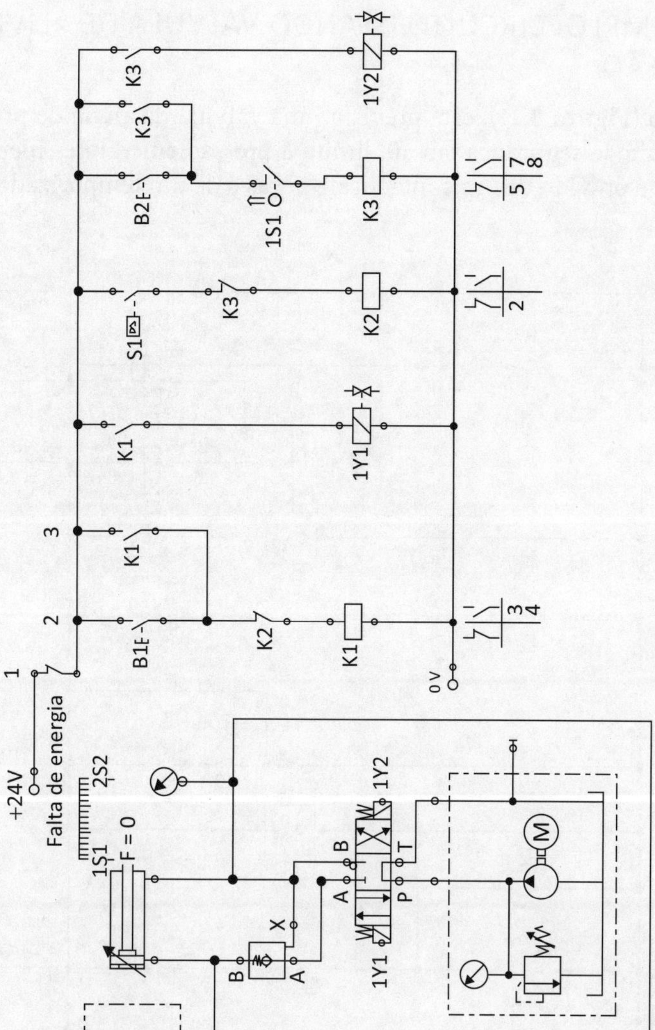

Figura 8.10 Circuito representativo com o uso de acumulador como segurança.

Fonte: Reprodução feita no software *Fluidsim* com publicação autorizada pela Festo.

8.3.7 EXEMPLO: CIRCUITO USANDO VÁLVULA DE ALÍVIO DE PRESSÃO

No circuito (**Figura 8.11**), está prevista uma válvula de alívio de pressão, que, ao ajustar a válvula de segurança em 10, limita a pressão em valores menores, como 8 bar. O sistema é provido de um contador de peças e de um temporizador.

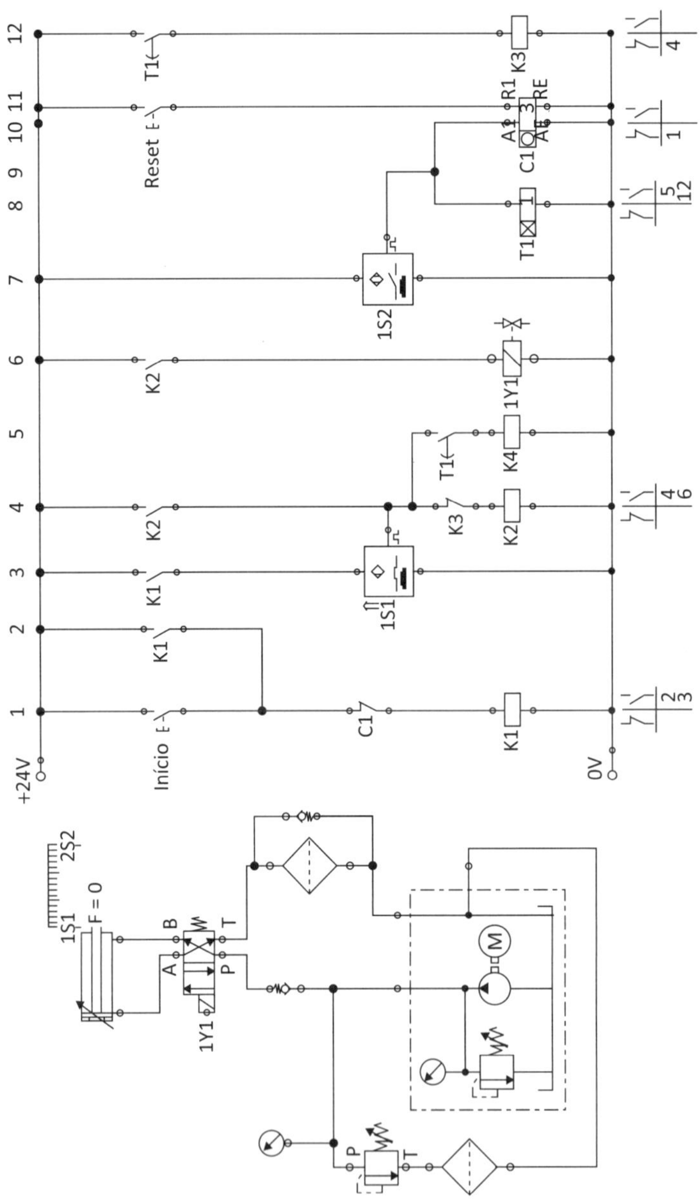

Figura 8.11 Circuito representativo com uso de válvula de alívio de pressão.

Fonte: Reprodução feita no software *Fluidsim* com publicação autorizada pela Festo.

8.3.8 EXEMPLO: CIRCUITO USANDO VÁLVULA DE ALÍVIO DE PRESSÃO: APLICAÇÃO COMO VÁLVULA DE CONTRAPRESSÃO

No circuito (**Figura 8.12**), está prevista uma segunda válvula de alívio de pressão, que funciona como válvula de contrapressão. Ao se ajustar a válvula de segurança em 50, limita-se a pressão em valores menores, como 40 bar, e a válvula de contrapressão pode ser ajustada para 30 bar. Para simular a massa "*m*" no software *Fluidsim*, deve-se clicar no cilindro e aplicar carga externa. (Exemplo como indicado na Figura 8.12: F = 500).

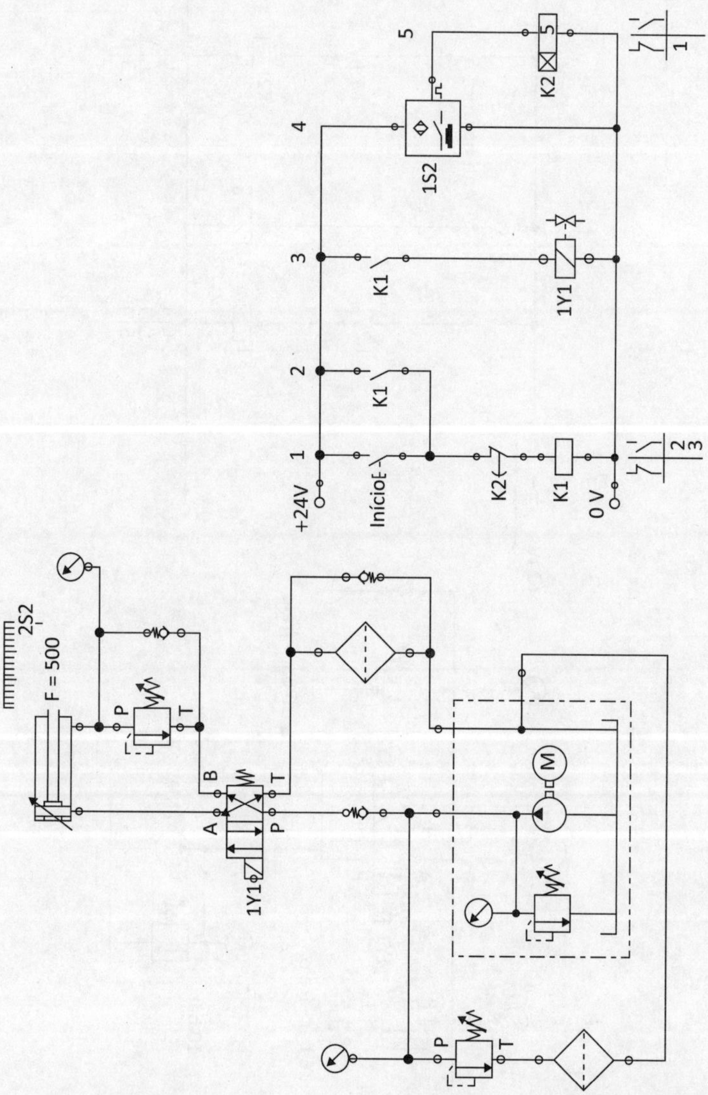

Figura 8.12 Circuito representativo com uso de válvula de alívio de pressão e contrapressão.

Fonte: Reprodução feita no software *Fluidsim* com publicação autorizada pela Festo.

8.3.9 EXEMPLO: MOTOR ÓLEO-HIDRÁULICO: APLICAÇÃO DA VÁLVULA DE SEGURANÇA COMO VÁLVULA DE FREIO

No circuito (**Figura 8.13**), estão previstas duas válvulas de segurança ajustadas para 16 bar cada uma que atuarão como válvulas de freio em qualquer sentido de giro do motor. No circuito, estão montadas duas válvulas de retenção que funcionam com válvulas de sucção do óleo.

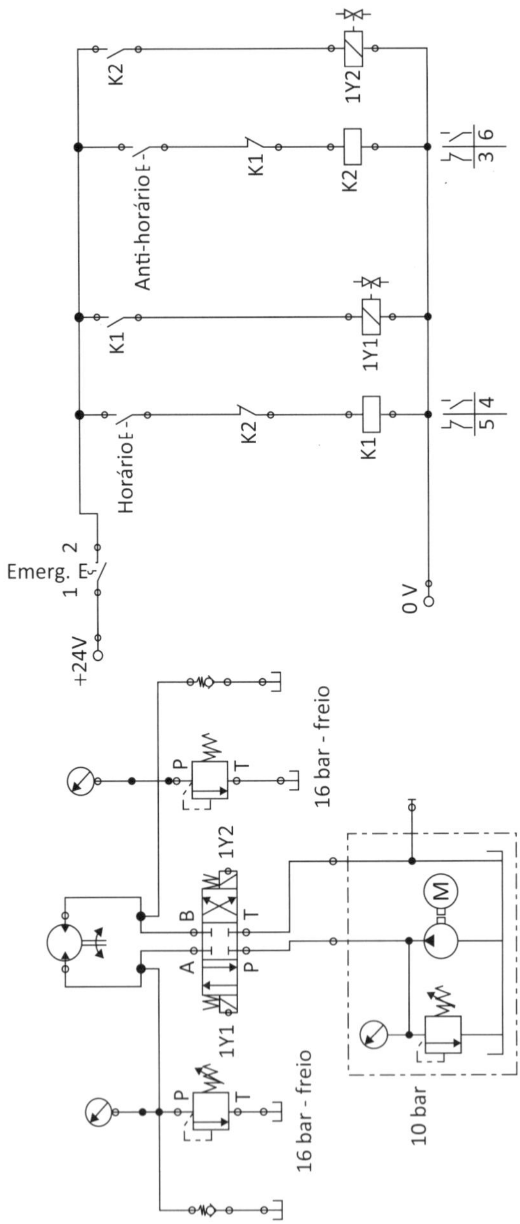

Figura 8.13 Circuito representativo com uso de motor óleo-hidráulico: aplicação da válvula de segurança como válvula de freio.

Fonte: Reprodução feita no software *Fluidsim* com publicação autorizada pela Festo.

8.3.10 EXEMPLO: CIRCUITO ÓLEO-HIDRÁULICO E ELETRO-ÓLEO--HIDRÁULICO REGENERATIVO NO AVANÇO

A **Figura 8.14** representa um circuito regenerativo no avanço. A relação entre o diâmetro do êmbolo e da haste tem de ser $\phi_{\text{embôlo}} > \phi_{\text{haste}}$. Com esse tipo de montagem, pode-se ter avanço preciso para esse processo. Já na segunda ilustração (**Figura 8.14**), tem-se o mesmo circuito usando-se válvulas cartucho.

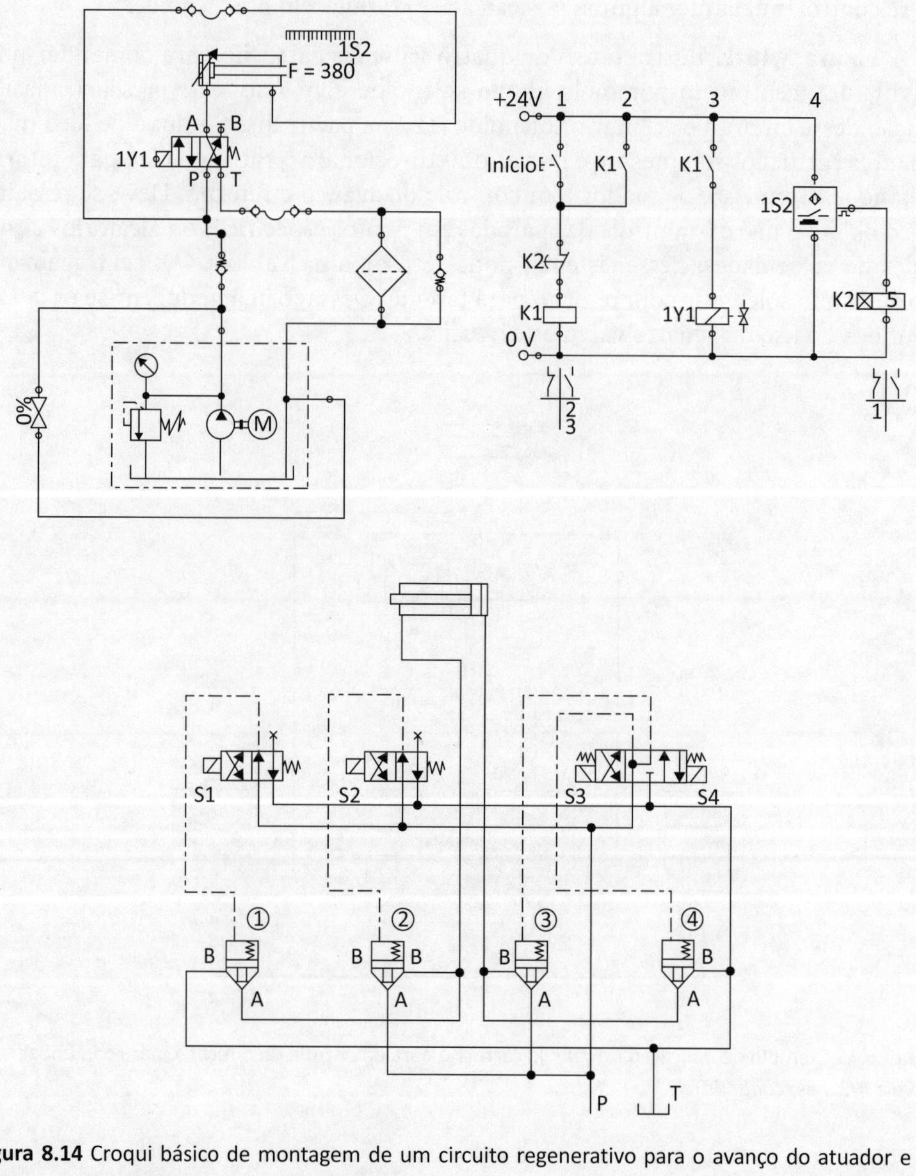

Figura 8.14 Croqui básico de montagem de um circuito regenerativo para o avanço do atuador e do mesmo circuito usando-se válvulas cartucho.

Fonte: Reprodução feita no software *Fluidsim* com publicação autorizada pela Festo.

8.3.11 EXEMPLO: CIRCUITO ÓLEO-HIDRÁULICO E ELETRO--ÓLEO-HIDRÁULICO USANDO-SE VÁLVULAS CARTUCHO PARA O CONTROLE DE DIREÇÃO E PARA COMANDAR UMA VÁLVULA 4/3 VIAS

A **Figura 8.15-I** apresenta um controle de direção com uso de quatro válvulas cartucho que comanda uma válvula 4/2 duplo solenoide. Ao pilotar o solenoide (1Y2), o atuador avança e recua se o solenoide (1Y1) for acionado. Ainda nesse circuito, pode-se controlar e manter alguma posição ao se comutarem os solenoides.

A **Figura 8.15-II** ilustra o uso de quatro válvulas cartucho para comandar uma válvula 4/3, centragem por mola, duplo solenoide com saídas despressurizadas. A função desse circuito é acionar o solenoide (1Y2); a partir disso o fluxo de óleo mantém dois cartuchos sob pressão e outros dois direcionam o fluxo do óleo para retorno ao tanque. Com isso, o atuador tem controle de avanço e retorno. Deve-se ressaltar que o objetivo não é o controle das paradas em pontos específicos ou aleatórios e controles de velocidades; nesse sistema, pode-se usar uma válvula 4/3, centragem por mola e duplo solenoide com retorno para tanque. Dessa forma, reduzem-se os custos oriundos do uso das quatro válvulas cartucho.

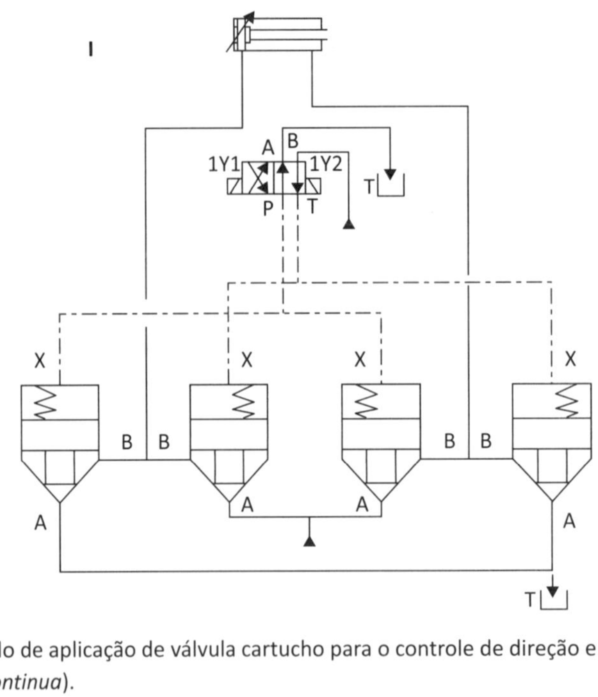

Figura 8.15 Exemplo de aplicação de válvula cartucho para o controle de direção e para comandar uma válvula 4/3 vias (*continua*).

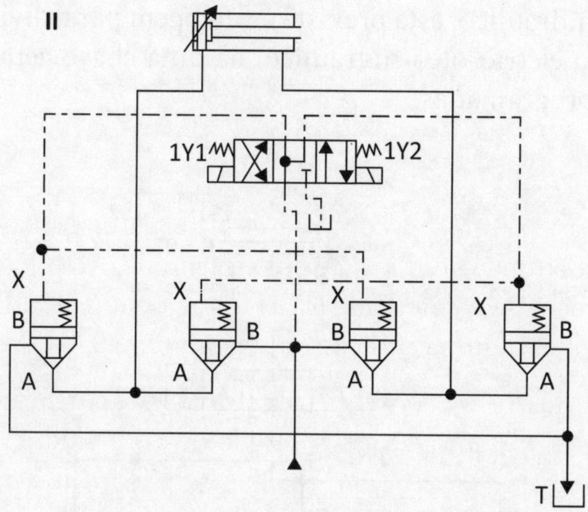

Figura 8.15 Exemplo de aplicação de válvula cartucho para o controle de direção e para comandar uma válvula 4/3 vias (*continuação*).

Fonte: Reprodução feita no software *Fluidsim* com publicação autorizada pela Festo).

8.3.12 EXEMPLO: CIRCUITO ÓLEO-HIDRÁULICO E ELETRO-ÓLEO--HIDRÁULICO PARA O DISPOSITIVO AUTOMÁTICO DE FRESAR PEÇAS

Na **Figura 8.16**, está esquematizada uma máquina fresadora; na parte de baixo dessa mesa de deslocamento, está montado um atuador, para cujo funcionamento devem-se considerar os seguintes aspectos:

- Após acionarmos um botão (Início), o atuador deverá repetir a sequência de vai e vem três vezes (use um contador).
- O atuador só deve recuar depois de 3 segundos (use um temporizador). O sensor indutivo (1S1) reinicializa o sistema.
- O sistema deve ter um aviso sonoro com lâmpada para informar o término do processo.

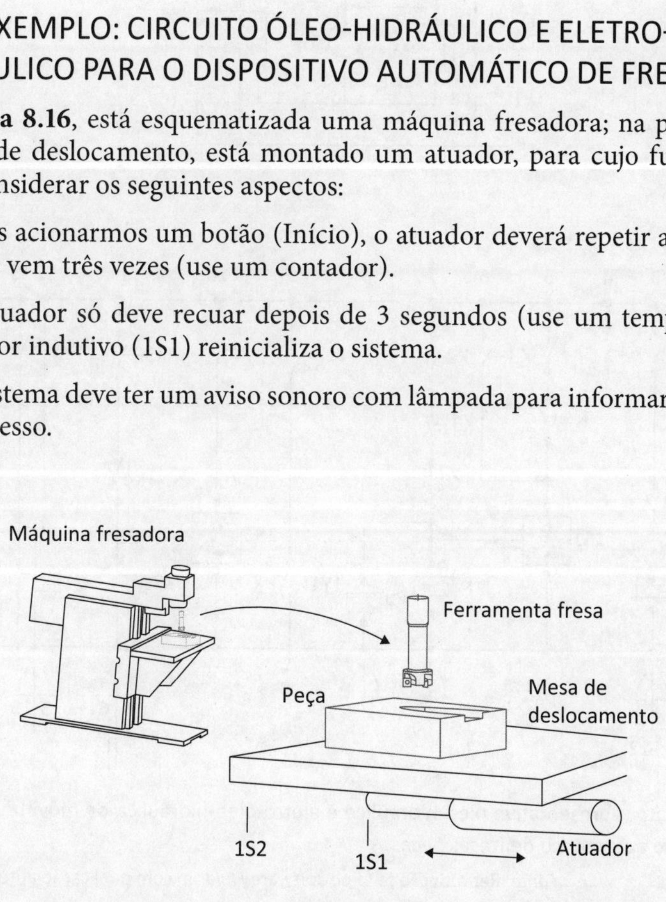

Figura 8.16 Croqui básico de máquina fresadora, detalhe da mesa e atuador montado debaixo dela.

No circuito óleo-hidráulico, está prevista a ventagem para alívio do grupo de acionamento. No circuito elétrio-óleo-hidráulico, há uma chave geral para ser acionada no findar das peças programadas.

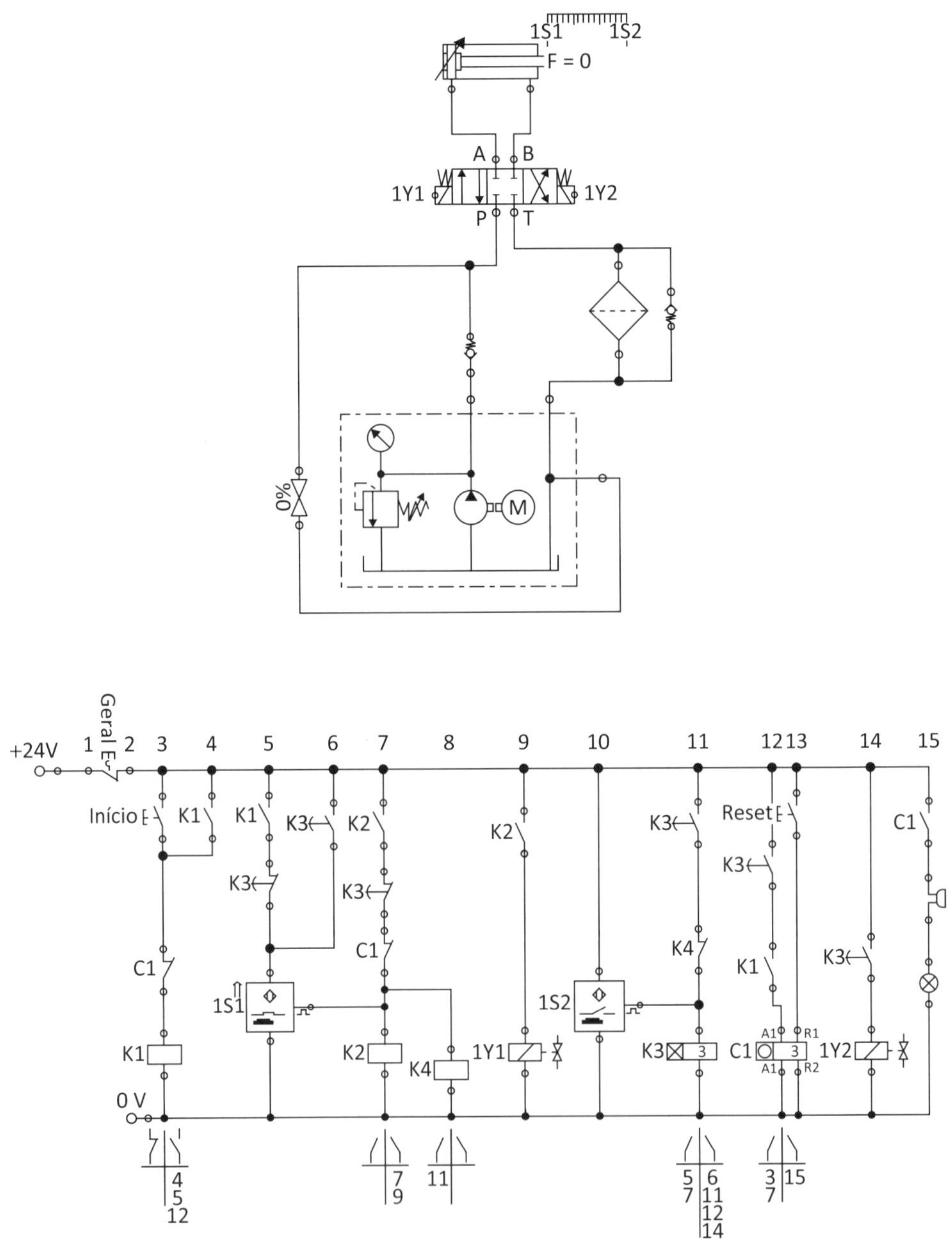

Figura 8.17 Circuito representativo óleo-hidráulico e eletro-óleo-hidráulico de movimentação do atuador do dispositivo automático de fresar peças.

Fonte: Reprodução feita no software *Fluidsim* com publicação autorizada pela Festo.

8.3.13 EXEMPLO: CIRCUITO ÓLEO-HIDRÁULICO E ELETRO--ÓLEO-HIDRÁULICO PARA SELEÇÃO DE PRESSÃO

O dispositivo fixador de peças (**Figura 8.18**) pode ser usado para peças de materiais diferentes, como as metálicas e as de plástico. Para atender essa característica, um circuito óleo-hidráulico e um eletro-óleo-hidráulico foram elaborados considerando os seguintes aspectos:

- O dispositivo fixador apenas fechará quando o botão B1 for pressionado e houver a presença de peça.
- O dispositivo fixador abrirá quando o botão B2 for pressionado.
- O sistema deverá permitir seleção automática da pressão em função do material da peça.
- O atuador deverá avançar lentamente.
- Caso a peça seja metálica, o dispositivo fixador deverá fixá-la com uma pressão de 40 bar.
- Caso a peça seja de plástico, o dispositivo fixador deverá fixá-la com uma pressão de 20 bar.

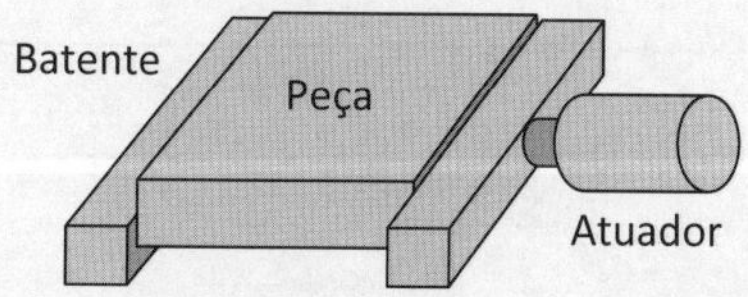

Figura 8.18 Croqui básico de um dispositivo para fixar peças com atuador montado lateralmente.

Resolução:

No circuito representativo óleo-hidráulico e eletro-óleo-hidráulico de movimentação do atuador provido de seleção de pressão (**Figura 8.19**), para a identificação de peças de metal, usa-se um sensor indutivo e para peças de metal ou não um sensor capacitivo. A estratégia de identificação segue a **Tabela 8.1**, e, ao posicionar a peça metálica, tanto o sensor capacitivo (+) como indutivo (+) serão acionados, assim a pressão deverá ser de 20 bar para fixar a peça; por sua vez, quando for posicionada a peça não metálica, o sensor indutivo não será acionado (-) e somente o capacitivo o será (+).

Tabela 8.1 Estratégia para identificação de peças metálicas e não metálicas

Tipo de sensor	Entrada tipo de material		Pressão de saída (bar)
	Metal	Não metal	
Capacitivo	+	+	20
Indutivo	+	-	40

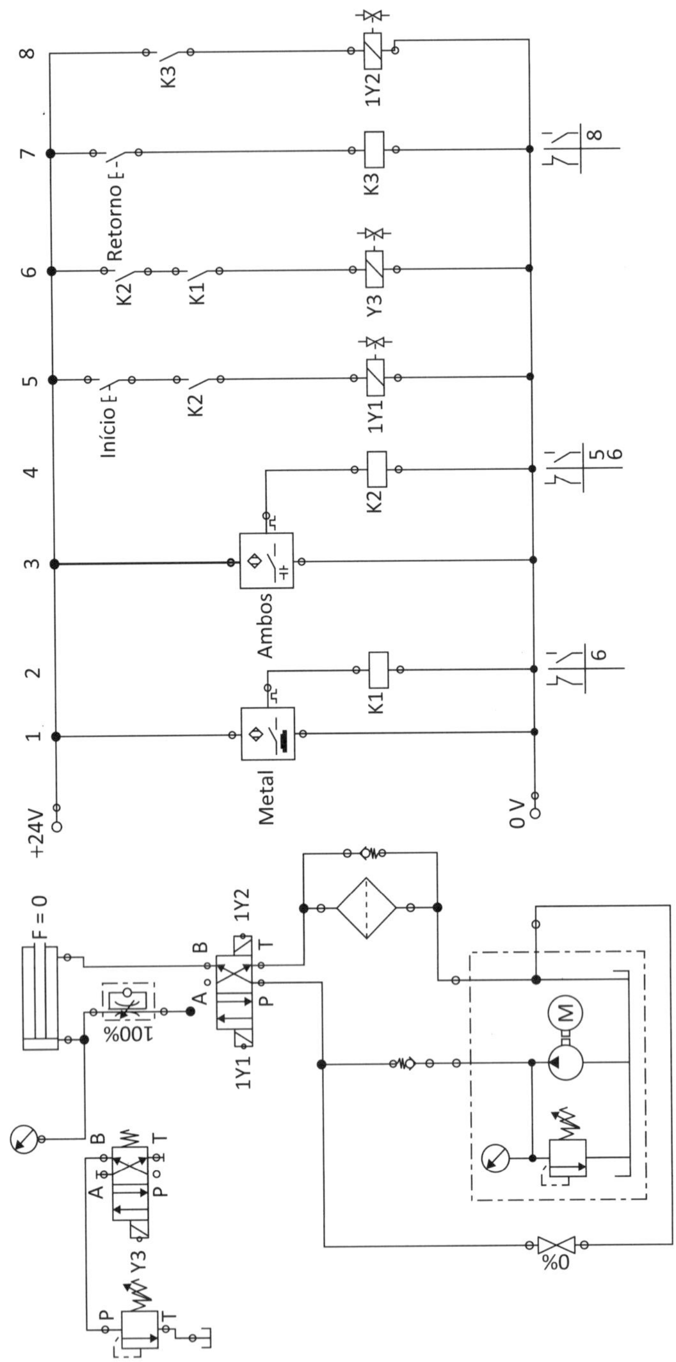

Figura 8.19 Circuito representativo óleo-hidráulico e eletro-óleo-hidráulico de movimentação do atuador provido de seleção de pressão.

Fonte: Reprodução feita no software *Fluidsim* com publicação autorizada pela Festo.

8.3.14 EXEMPLO: CIRCUITO ÓLEO-HIDRÁULICO E ELETRO--ÓLEO-HIDRÁULICO DE UMA MÁQUINA INJETORA DE METAL

A **Figura 8.20** representa um croqui básico de uma máquina injetora de metal que pode ter em sua composição ligas (zinco (Zn), alumínio (Al), magnésio (Mg) e cobre (Cu)), com ponto de fusão entre 385 °C e 485 °C. A montagem do circuito óleo-hidráulico e eletro-óleo-hidráulico será feita considerando os atuadores A e B.

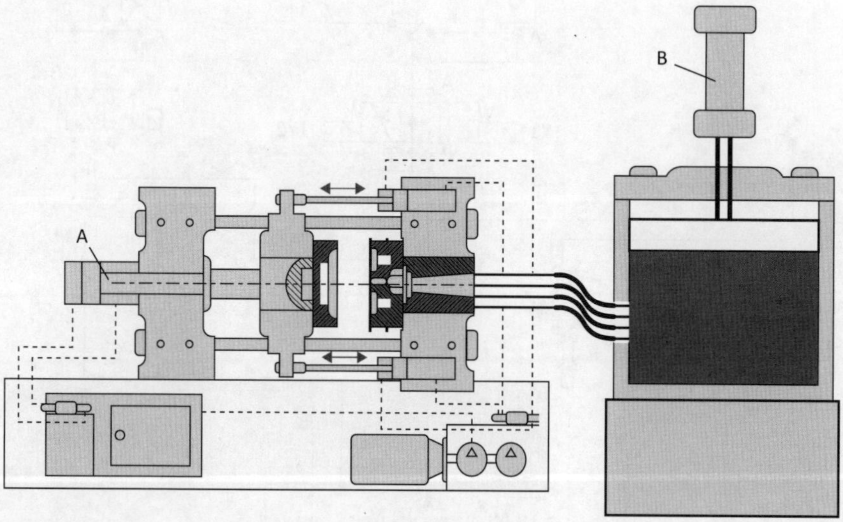

Figura 8.20 Croqui básico de uma máquina injetora de metal.

O circuito eletro-óleo-hidráulico (**Figura 8.21**) deverá ter as seguintes etapas:

- Ao acionar o botão de início, o solenoide 1Y1 é ativado e o cilindro "fechar molde" avança rápido.
- O cilindro "fechar molde" ativa a chave 1S2 e esta ativa o solenoide 4Y2, fazendo o cilindro avançar lentamente.
- O cilindro "fechar molde", quando chega ao fim de curso, faz a pressão aumentar, ativando o pressostato (P1) que desliga 1Y1 e liga 2Y1 e 3Y2.
- O cilindro "injetar" avança e injeta o material e, no fim de curso, a pressão aumenta e ativa o pressostato (P2) que desliga todos os solenoides e ativa o temporizador (T1).
- O temporizador (T1) ativa o solenoide (3Y1) que faz o atuador (injetar) recuar.
- Ao passar por (2S1) o atuador "injetar" ativa o sensor que, por sua vez, ativa o solenoide (1Y2), fazendo o atuador "fechar molde" recuar.
- O atuardor "fechar molde", ao passar pelo sensor (1S1), desativa todos os solenoides.

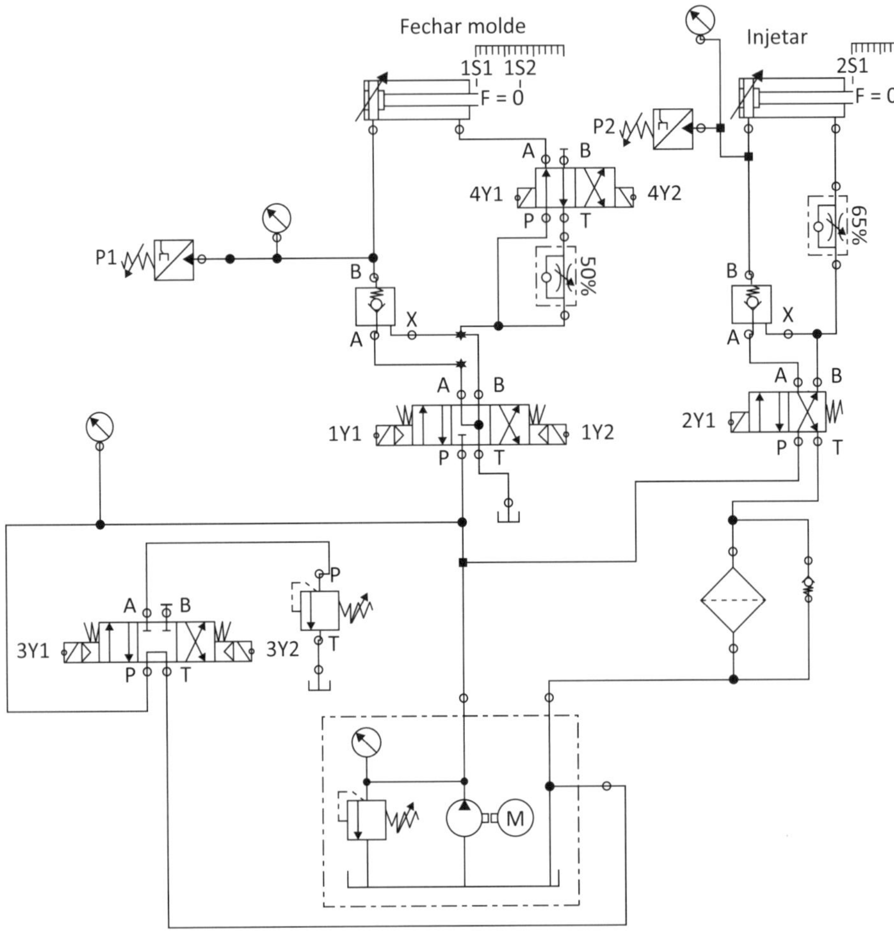

Figura 8.21 Circuito óleo-hidráulico e eletro-óleo-hidráulico de movimentação dos atuadores de injetora de materiais (*continua*).

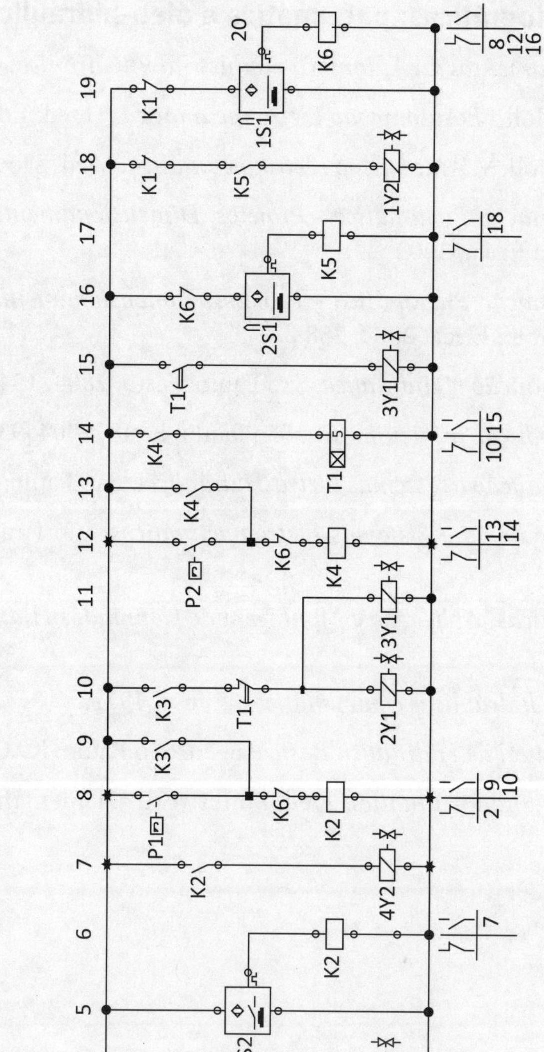

Figura 8.22 Circuito óleo-hidráulico e eletro-óleo-hidráulico de movimentação dos atuadores de injetora de materiais (*continuação*).

Fonte: Reprodução feita no software *Fluidsim* com publicação autorizada pela Festo.

Referências bibliográficas: pneumática e óleo-hidráulica

Bollmann, A. *Fundamentos da Automação industrial Pneutrônica.* 1. ed. ABPH, 1996.

Bonacorso, N. G.; Noll, V. *Automação Eletropneumática.* 11. ed. Editora Érica, 2004.

Bonacorso, N. G.; Noll, V. *Automação Eletropneumática.* 6. ed. São Paulo: Érica, 2002.

Fialho, A. B. *Automação Pneumática - Projetos, Dimensionamento e Análise de Circuitos.* 1. ed. Editora Érica, 2002.

Fialho, A. B. *Automação Pneumática – Projetos, Dimensionamento e Análise de Circuitos.* 2. ed. São Paulo: Érica, 2004. 288 p.

Festo Didatic. *Introdução a Hidráulica.* São Paulo: Festo, 2004. 154 p.

Festo Didatic. *Introdução a Pneumática.* São Paulo: Festo, 2004. 93 p.

Festo Didatic. *Introdução a Sistemas Eletro-Hidráulicos.* São Paulo: Festo, 2004. 206 p.

Festo Didatic. *Introdução a Sistemas Eletropneumáticos.* São Paulo: Festo Didactic, 2004. 166 p.

Festo Didatic. *Técnicas, Aplicação e Montagem de Comandos Hidráulicos.* São Paulo: [s.n.].

Koelle, E. *Circuitos hidráulicos e pneumáticos.* Epusp, 1972.

Palmieri, A.C. *Manual de Hidráulica Básica.* 6. ed. São Paulo: RACINE.

Parr, A. *Hydraulics and Pneumatics.* 2. ed. Butterworth-Heinemann, 1999.

CAPÍTULO 9

Controladores lógicos programáveis (CLP)

Neste capítulo, serão apresentados uma revisão temporal do controle de processo e como foi sua evolução histórica até chegar aos modernos controladores de processo baseados em microeletrônica, em que são detalhados os tipos mais usuais, como os single loops, controladores lógicos programáveis, controladores de automação programável, sistemas digitais de controle distribuído e CLP de segurança, bem como exemplos resolvidos de aplicações.

9.1 CONTROLE DE PROCESSOS

Há muito tempo as ciências do controle e automação estão presentes na história da humanidade; existem exemplos como um lampião de óleo inventado por Philonm, aproximadamente em 250 a.C., que usava um regulador de boia para manter constante o nível do óleo combustível. Os avanços nessas áreas lentamente se acumularam e, em 1681, inventou-se um mecanismo de controle de pressão do vapor em caldeiras conhecido como "válvula Denis Papin" (mecanismo similar ao da válvula de uma panela de pressão).

Com o advento da Revolução Industrial, a partir da segunda metade do século XVIII, iniciando-se na Inglaterra com o desenvolvimento da máquina a vapor, houve uma aceleração exponencial do ritmo das invenções, o que levou alguns cientistas a desenvolver trabalhos voltados especialmente ao controle de processos, como James Clerk Maxwell (1868), Edward John Routh (1877) etc.

No **Quadro 9.1**, é descrita uma sequência aproximada de eventos históricos de alguns pontos de destaque na evolução da automação.

O grande divisor de águas foi a Revolução Industrial dos séculos XVIII e XIX, durante a qual, por exemplo, em 1775, James Watt criou um engenhoso mecanismo, intitulado "regulador de Watt", para regular a velocidade de máquinas. Esse trabalho é atualmente considerado uma das primeiras aplicações da realimentação, um elemento essencial para o controle automático. Começaram, então, lentamente a surgir outros instrumentos que utilizavam o conceito de realimentação para o controle de processos industriais, todos eles de construção puramente mecânica.

Quadro 9.1 Breve histórico dos marcos do controle automático

Data aproximada	Evento
Século XVIII	Controle de velocidade em moinhos de vento
1765	Regulador de boia para nível de água (Polzunov)
1769	Regulador de velocidade utilizando realimentação de máquinas a vapor (James Watt)
1868	Critério de estabilidade para um sistema de terceira ordem baseado nos coeficientes da equação diferencial (James Maxwell)
1877	Critério de estabilidade de Routh-Hurwitz
1892	Lyapunov estende o critério de Routh para sistemas não lineares em sua tese "O problema geral da estabilidade do movimento". Utilizado para estabilizar navios e plataformas de canhões
1922	Foi utilizado um sistema para pilotagem automática pela Speny Gyroscope Company. Nesta época, apareceram os estudos de Nicholas Minorsky para pilotagem automática de embarcações com controladores proporcional, derivativo e integral (PID)
1930	Hendrik Wade Bode e Harry Nyquist desenvolveram as técnicas de análise no domínio da frequência nos laboratórios da Bell Telephone
1948	Walter Evans, trabalhando na indústria aeronáutica, desenvolveu a técnica do lugar das raízes (*root locus*)

No século XX, impulsionada principalmente pelas guerras mundiais e exigências de um mercado de consumo de massa, as práticas voltadas à automação se popularizaram, principalmente no ambiente industrial; em ordem cronológica, destacam-se:

- Até aproximadamente 1930, o controle de processos industriais resumia-se a esporádicas tentativas individuais, sem obedecer a teorias ou princípios definidos, pois eram poucas as indústrias a serem servidas ou que se interessavam pelo assunto. Até 1930, havia apenas a indicação local de variáveis (p. ex., manômetros tipo Bourdon, termômetros de mercúrio, colunas em U etc.) e o controle manual local. Os operadores e os instrumentos estavam todos distribuídos pela planta e os ajustes eram manuais.
- Durante a década de 1930, foram criados os primeiros dispositivos mecânicos de controle local e utilizados em instrumentos hoje conhecidos como "caixa-preta" ou "caixa grande", segundo suas dimensões ≅ 420 × 350 × 140 mm. Esses instrumentos recebiam dentro de si o fluido de processo (nos casos de medição de vazão, pressão ou nível) ou trabalhavam com sistemas termais (no caso de medição de temperatura). Eles eram totalmente mecânicos, dispensando alimentação pneumática ou elétrica. Não havia ainda a transmissão de sinais.
- Na década de 1940, desenvolveram-se os instrumentos utilizando técnicas pneumáticas. Graças à transmissão pneumática, surgida na primeira metade da década de 1940, os instrumentos não recebiam mais dentro de si o fluido de processo e podiam ser montados a certa distância (até 50 ou 60 m) do transmissor. Isso possibilitou o surgimento das primeiras salas de controle. Os instrumentos ainda eram do tipo "caixa grande". Na segunda metade da década de 1940, houve um significativo avanço tecnológico consequentemente à Segunda Guerra Mundial, tendo, então, surgido a transmissão eletrônica.
- Na década de 1950 e, em particular, a partir de 1954, com o advento dos circuitos a semicondutores, a instrumentação eletrônica tomou um grande impulso. Ainda durante essa década, houve a redução dos instrumentos pneumáticos/eletrônicos para 6×6 polegadas e, em seguida, para 3×6 polegadas, reduzindo o tamanho dos painéis de controle. Esse avanço foi conseguido graças à introdução dos componentes e semicondutores (principalmente amplificadores operacionais) e circuitos impressos (pneumáticos e eletrônicos).
- Richard E. Morley vence uma concorrência promovida pela General Motors, tendo assim inventado o CLP (controlador lógico programável) em 1968, comercializado com a marca MODICON. Graças a essa invenção, toda automação industrial predominantemente de lógicas discretas foi revolucionada.
- Na década de 1970, a miniaturização começada nos anos 1960 atingiu seu máximo, com os instrumentos de 1×6 polegadas e arquitetura dividida, em que a indicação era realizada no frontal dos painéis de controle e o controle propriamente dito era executado em um armário (*rack*) auxiliar. No início de 1970, surgiram os circuitos integrados LSI, com a compactação de milhares de circuitos em uma única pastilha (chip). Em seguida, apareceram os microprocessadores (o 8080 é de 1974), barateando ainda mais os sistemas digitais.

- A Honeywell (EUA), a Yokogawa (Japão) e a Controle Bailey (França) iniciaram estudos para um novo sistema de controle digital, descentralizando as funções, melhorando a confiabilidade, reduzindo os custos e diminuindo o gigantismo dos painéis convencionais.
- O ano de 1975 é considerado o marco da fabricação dos SDCD (Sistema Digital de Controle Distribuído), com lançamentos quase simultâneos na Europa, nos Estados Unidos e no Japão. Com a distribuição da "inteligência", viabilizada pelo baixo custo dos microprocessadores, alcançou-se uma credibilidade similar à dos sistemas analógicos convencionais, ao mesmo tempo que se oferecia toda a potencialidade dos sistemas digitais, especialmente sua flexibilidade, conferida pelas funções programáveis.
- Na década de 1980, houve a convergência de diversas tendências tecnológicas, sendo o início da década marcado pela introdução dos controladores digitais de malha única (SLC – single loop controllers), decorrência da contínua diminuição dos preços dos microprocessadores. Esse tipo de controlador comporta-se exatamente como o analógico. A diferença fundamental está na capacidade muito maior de realizar funções, podendo haver ganho linear, ganho adaptativo, *bias*, linearização, relação, compensação de vazão, alarmes, extração de raiz quadrada, limites cruzados etc. Qualquer uma dessas funções pode ser inserida na malha por meio de programação.
- Na década de 1990, os sistemas digitais de controle continuam evoluindo e essa evolução gerou, em 1995, um novo conceito de SDCD. Trata-se de sistemas com recursos mais avançados que os SDCD tradicionais, incluindo as seguintes facilidades adicionais:
  - ▷ algoritmos de controle avançado (controle preditivo, controle fuzzy, PID[1] autoajustável etc.) já incorporados no sistema;
  - ▷ algoritmos para análise estatística de certas propriedades do processo, como a variabilidade (oscilações da variável controlada em torno do valor de referência); e
  - ▷ softwares de diagnóstico que se comunicam com os instrumentos inteligentes de campo (válvulas e transmissores), permitindo que se executem, inclusive, programas de manutenção preditiva em função dos desgastes verificados nos instrumentos.
  - ▷ Após a década de 1990, em razão do crescente barateamento do hardware baseado em microeletrônica, houve maior interoperabilidade entre equipamentos, flexibilidade e crescente padronização com a criação de normas específicas, como as da IEC (International Electrotechnical Commission).

1 Sigla de proporcional integral e derivativo. Popular algoritmo de controle que se caracteriza pela sua robustez e flexibilidade. A maioria dos controladores industriais tem blocos pré-programados com esse algoritmo.

Neste capítulo, serão tipificados os principais controladores utilizados na área de automação industrial.

9.1.1 CONTROLADORES DE PROCESSO

Controladores de processo são dispositivos microprocessados que têm algoritmos de controle específicos. Os algoritmos podem ser desde lógicas específicas de controle, elaboradas para determinada situação, como intertravamentos em um processo que tem apenas sensores, válvulas e motores, até algoritmos sofisticados como o popular PID, implementações de lógica fuzzy[2] etc. Numa analogia com o corpo humano, os controladores são os cérebros do sistema de automação, enquanto os sensores e atuadores são os sentidos e músculos.[2]

9.1.2 PROCESSOS DISCRETOS E CONTÍNUOS

Para a escolha do controlador mais adequado para determinada aplicação, é necessário que se observem quais os **tipos e quantidades de variáveis de campo** que serão monitoradas ou modificadas; para tanto, classificam-se os processos.

Os processos sujeitos à automação podem ser divididos segundo seus dois tipos básicos de variáveis, as contínuas ou analógicas e as discretas ou digitais. Embora todas as variáveis que passem por um dispositivo microprocessado sejam rigorosamente discretas, muitas são aproximadas por variáveis contínuas, pois se considera que, para a grande maioria das aplicações, o erro implícito de discretização é desprezível.

Na **Figura 9.1**, podem-se perceber as grandes diferenças entre os tipos de variáveis. Enquanto as digitais ocupam apenas dois valores possíveis, as contínuas ou analógicas (jargão da área) podem ocupar uma escala muito mais variada de valores (tipicamente 0 a 100% de uma escala arbitrária).

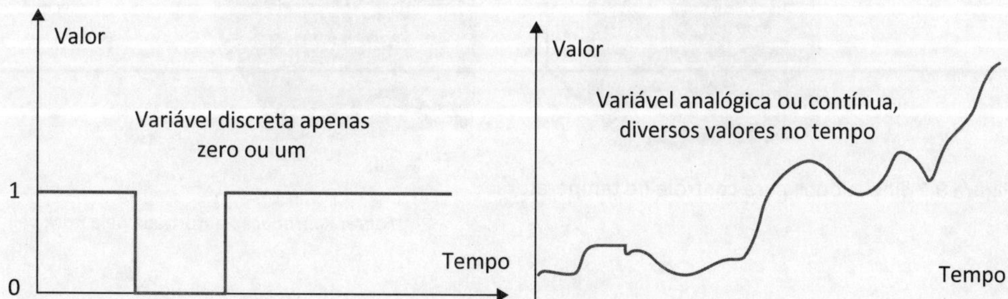

Figura 9.1 Comparação de variáveis discretas e contínuas (analógicas)

2 "O controle fuzzy é uma metodologia para construir sistemas de controle em que o mapeamento entre parâmetros de entrada e saída é representado por regras difusas" (Russell e Norvig, 2004).

9.1.3 SINGLE LOOPS

Como solução de controlador industrial mais simples, inicialmente tem-se os single loops. Embora alguns possam atuar em mais de uma malha de controle (tipicamente até cinco malhas), o tipo mais comum de single loop é o que atende apenas uma malha de controle. Esses tipos de controladores são utilizados em todos os segmentos industriais nos quais uma solução, do ponto de vista de flexibilidade, limitada, mas de baixo custo (**Figura 9.1**), é necessária, como: máquinas injetoras de plástico; alimentos e bebidas; siderurgia; ciências da vida; refrigeração etc. Em geral, basta haver uma variável de campo que possa ser medida e um atuador que possa influenciar essa variável como a temperatura de um forno, mediada por um sensor PT100 e uma resistência elétrica variável que é atuada por meio de tiristores.

Na **Figura 9.2**, podem-se ver exemplos de controladores single loops especializados em controle de temperatura, em cujos painéis frontais é possível observar as variáveis:

- PV (*process variable*) – variável de processo que está sendo lida do campo.
- SV (*set point variable*) – variável que representa o valor que se quer manter.
- MV (*manipulated variable*) - variável manipulada, ação efetiva no campo.

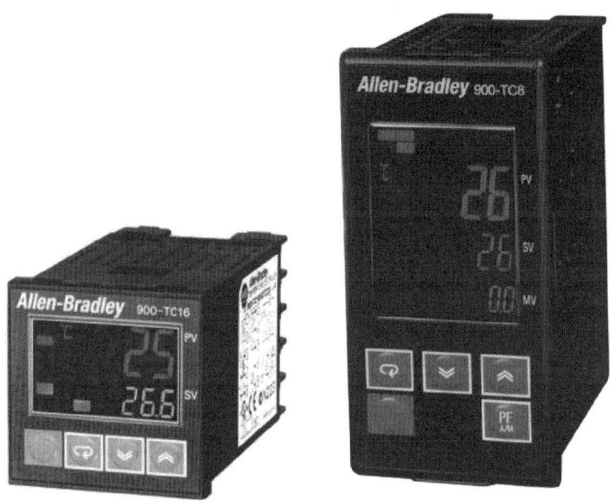

Figura 9.2 Single loops para controle de temperatura.

Fonte: Reprodução autorizada pela Rockwell.

9.2 CONTROLADORES LÓGICOS PROGRAMÁVEIS (CLP)

Nota-se, na **Figura 9.28**, que os CLP apresentam a maior variabilidade em relação tanto ao número de IO (**inputs e outputs**) como de custo. Isso decorre de diversos fatores que tentaremos elucidar a seguir:

9.2.1 RAZÕES HISTÓRICAS PARA O SURGIMENTO DOS CLP

Antes do advento dos sistemas baseados em microprocessadores, os controles automáticos eram predominantemente efetuados por meio de dispositivos mecânicos, pneumáticos (ver Capítulo 3) e eletroeletrônicos. Malhas PID, por exemplo, eram implementadas utilizando-se amplificadores operacionais, capacitores, indutores e resistências, o que as tornava sensíveis à deterioração de qualquer um desses componentes. Como exemplo, tem-se o circuito derivador mostrado na **Figura 9.3**. A função de transferência desse circuito será:

$$\frac{V_S(S)}{V_e(S)} = -s \cdot R_1C_0 \Rightarrow V_S(s) = -R_1C_0 \cdot s \cdot V_e(s) \Rightarrow V_S(t) = -R_1C_0 \cdot \frac{dv_e(t)}{dt}$$

fazendo $k_d = R_1C_0$ obtemos: $V_s(t) = -k_d \cdot \frac{dv_e(t)}{dt}$

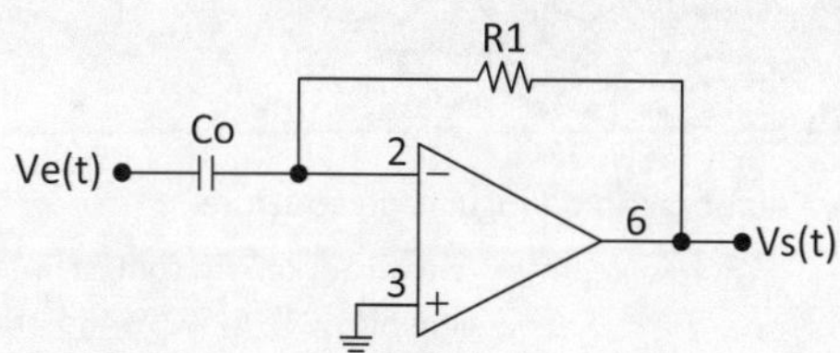

Figura 9.3 Circuito de um amplificador derivador (controlador PD).

Portanto, essa configuração tem a função de um derivador. A tensão de saída será a derivada da tensão de entrada multiplicada pelo ganho do amplificador k_d.

A constante de tempo de derivação será $\tau = R_1 C_0$ e fica explícito que qualquer mudança em R1 ou C0, decorrente, por exemplo, da variação de temperatura ou desgaste por tempo, afeta o resultado do circuito.

Processos com muitas variáveis discretas eram automatizados por meio de painéis de relés que empregavam exclusivamente relés, relés temporizados e contatores. Esses dispositivos ficavam normalmente instalados em um ou mais painéis específicos e eram interligados, por meio da fiação elétrica, aos diversos dispositivos de campo, como se pode ver na **Figura 9.4**.

Figura 9.4 Painel de relés para elaboração de lógicas de controle.

Fonte: http://www.istockphoto.com/br/foto/sala-de-controle-do-sistema-de-alimenta%C3%A7%C3%A3o-principal-de-um-edif%C3%ADcio-gm506798734-84383981?st=_p_relays.

Embora essas soluções fossem funcionais e, muitas vezes, bastante seguras, elas tinham um problema crônico: a falta de flexibilidade. É complicado e custoso fazer alterações em painéis de relés. Processos nos quais as mudanças são frequentes, como na indústria automobilística, pressionaram por soluções com maior flexibilidade. Não por acaso, em 1968, uma divisão da montadora de automóveis General Motors encomendou uma solução digital para substituição dos painéis de relés. A proposta que venceu a concorrência foi da empresa Bedford Associates, que criou o primeiro CLP, batizado de Modicon, acrônimo de *MOdular DIgital CONtroller.*

9.2.2 NORMAS IEC 61131

Com a popularização do uso dos CLP, foi necessária alguma regulamentação para homogeneizar a indústria; desses esforços, vieram as normas da IEC (International Electrotechnical Commission) 61131 - de 1 a 9.

No **Quadro 9.2**, são detalhadas as principais características da norma IEC 61131.

A norma IEC 61131-1 define assim controlador lógico programável:

Sistema eletrônico digital projetado para uso em ambiente industrial, que utiliza uma memória programável para o armazenamento interno de programas do usuário para implementação de funções específicas como lógica, sequência, temporização, contagem e aritmética, para controlar, através de entradas e saídas digitais vários tipos de máquinas e processos. Ambos, o CLP e seus periféricos associados, são projetados para que eles possam ser facilmente integrados no controle de sistemas industriais e facilmente utilizados em suas aplicações.

Quadro 9.2 Norma IEC 61131 – termos gerais

Número	Principais características da norma
1	**Informações Gerais** – define as informações gerais dos controladores programáveis (CP), delimitando e identificando as principais características relevantes para a seleção e aplicação de CP e também para qualquer equipamento ou acessório ligado à CPU.
2	**Visão geral** – estabelece requisitos funcionais de segurança de manuseio, proteções e recomendações contra interferências eletromagnéticas e requisitos construtivos elétricos, mecânicos e ambientais dos CP por consequência das definições de hardware; a parte 2 define também todos os testes necessários à certificação de um determinado CP conforme definido por esta norma.
3	**Linguagens de Programação** – define seis linguagens de programação: – Texto Estruturado (ST) – Lista de Instruções (IL) – Ladder Diagrams (LD) – Diagramas de Blocos Funcionais (FBD) – Funções Gráficas de Sequenciamento (SFC) – Funções Gráficas Contínuas (CFC)
4	**Orientações para o usuário** – indica a forma como seus usuários/fabricantes devem especificar hardware e software necessários ao projeto, assim como instalar, comissionar e certificar o sistema de automação instalado e como formalizar a comunicação entre fornecedores e usuários finais. Essa parte também dá recomendações quanto a condições ambientais, assim como ao uso de fiações corretas, ao aterramento e à supressão de ruídos e de transientes.
5	**Comunicações** – específica de como um CP pode se comunicar com um servidor ou qualquer outro tipo de dispositivo. O comportamento do CP como um cliente e servidor de comunicação é especificado independentemente do subsistema de comunicações em particular.
6	**Funcionalidades de segurança** – essa parte da norma especifica os requisitos para CP e seus periféricos associados, como definido na Parte 1, que se destinam a serem usados como o subsistema de lógica relacionado com a segurança. Essa norma é aplicada para um safe PLC com um Safety Integrity Level (SIL) de capacidade não superior a SIL 3.
7	**Programação de controle fuzzy** – define e estrutura o uso de linguagem utilizada em programação difusa – Fuzzy Control Language (FCL).

(continua)

Quadro 9.2 Norma IEC 61131 – termos gerais *(continuação)*

Número	Principais características da norma
8	**Implementação das linguagens** – complementa a terceira de forma a orientar usuários envolvidos com programação, configuração, instalação e manutenção de controladores lógicos programáveis, de forma que a implementação de elementos comuns e de linguagens de programação se dê de forma sistematizada, melhorando as práticas e garantindo a qualidade.
9	**Interface de comunicação digital para pequenos sensores e atuadores** (SDCI) – estende as tradicionais interfaces de entrada e saída digital como definido na IEC 61131-2 para um link de comunicação ponto a ponto. Esta tecnologia permite a transferência de parâmetros para dispositivos e entrega de informações de diagnóstico dos dispositivos ao sistema de automação.
10	**Formato de troca baseado em XML para exportação e importação de projetos IEC 61131-3** – permite a troca de elementos de configuração, tipos de dados e blocos de função escritos nas linguagens definidas no item 3 da norma. O formato de troca é especificado como um esquema XML correspondente (.xsd).

Fonte: Definição oficial da IEC (https://webstore.iec.ch/preview/info_iec61131-6%7Bed1.0%7Db.pdf)

9.2.3 SITUAÇÕES NAS QUAIS O USO DE CLP É ADEQUADO

- Controle discreto (muitas variáveis do tipo digitais ou boleanas)
- Motion control (tempo de processamento na casa de dezenas de milissegundos)
- Intertravamento (quando existe uma sequência de eventos em que um depende da ocorrência do outro; na maioria das vezes por meio de variáveis boleanas)
- Segurança (consequente à sua alta confiabilidade)
- Manufatura em geral (consequente à sua robustez)

Quanto à escalabilidade, muitos CLP podem suportar uma variedade muito grande de cartões de IO, indo de poucos pontos até milhares de pontos, o que tem grande importância prática, pois permite que um projeto de automação "cresça"; por exemplo, uma fábrica tem quatro equipamentos semelhantes para serem automatizados, mas ela não detém recursos para realizar toda a automação de uma vez. A fábrica decide automatizar um equipamento; após algum tempo acrescentam-se novos cartões de IO para os demais equipamentos, podendo, desta forma, evoluir o projeto ao longo do tempo utilizando a mesma CPU de CLP.

Algumas aplicações necessitam de velocidades maiores; para tanto, existem linhas de CLP *hight velocity* com hardwares específicos para se obterem tempos menores de atuação. As grandes usuárias desses equipamentos são as linhas de produção como engarrafadoras, cujo exemplo é mostrado na **Figura 9.5**, em que as velocidades são muito altas na ordem de poucos milissegundos, o que torna os cartões de CLP muito lentos.

Figura 9.5 Engarrafadora de bebidas.

Fonte: http://www.istockphoto.com/br/foto/maquinaria-bottler-de-vinho--gm497144139-41691422?st=_p_bottler.

9.2.4 SITUAÇÕES NAS QUAIS O USO DE CLP NÃO É ADEQUADO

Controle predominantemente analógico (muitas variáveis com ranges, p. ex., 0 a 100%) como a planta petroquímica da **Figura 9.6**, que tem principalmente malhas de controle do tipo PID e congêneres; embora existam, os intertravamentos são minoria em planta industrial desse tipo.

Figura 9.6 Planta petroquímica.

Fonte: http://www.istockphoto.com/br/foto/usina-qu%C3%ADmica-moderno-iluminada--ao-anoitecer-gm483497466-70956549?st=_p_petroquimica.

Processos que precisem de nível de segurança (Safety Integrity Level) além do qual é atingido por CLP, por exemplo, SIL 3; principalmente onde são manipulados componentes explosivos, por exemplo, as plataformas de extração ou bombeamento de óleo e gás, como na **Figura 9.7**.

Figura 9.7 Plataforma de extração e bombeamento de óleo e gás.

Fonte: http://www.istockphoto.com/br/foto/plataforma-de-produ%C3%A7%C3%A3o-de-petr%C3%B3leo-e-g%C3%A1s-em-c%C3%A9u-azul-gm515445832-88529179?st=_p_perigo%20explosao%20industrial.

Processos que precisem de tempo de resposta tão pequeno que não é atingido por CLP, como malhas de velocidade ultrarrápidas e processos de controle de grandezas elétricas como corrente e tensão. Esses processos (**Figura 9.8**) são mais bem resolvidos por equipamentos dedicados, por exemplo, os relés de proteção microprocessados.

Figura 9.8 Subestação elétrica.

Fonte: http://www.istockphoto.com/br/foto/subesta%C3%A7%C3%A3o-de-energia-el%C3%A9trica-gm502975927-44279190?st=_p_electrical%20substation.

9.3 PORTE DE CLP

A classificação dos CLP quanto ao seu porte se dá relativamente. Não há uma classificação única, mas, *grosso modo*, pode-se arbitrar da seguinte forma:

- **Pequeno porte:** têm até 16 entradas e saídas. Geralmente são compostos por um único módulo com capacidade de memória máxima de 512 instruções (**Figura 9.6**).
- **Médio porte:** capacidade de entrada e saída em até 256 pontos, digitais e analógicas. Permite até 2.048 passos de memória.
- **Grande porte:** construção modular com CPU principal e auxiliares. Módulos de entrada e saída digitais e analógicas, módulos especializados, módulos para redes locais. Permite a utilização de 4.096 pontos ou mais. A memória pode ser otimizada para o tamanho requerido pelo usuário.

9.3.1 PEQUENO PORTE

Para aplicações (processos) em que o número de IO é baixo, especialmente para os casos em que os CLP pertencem a determinada máquina, como as prensas e as embaladeiras, em que são utilizados controladores de pequeno porte; estes se caracterizam por serem relativamente baratos, terem baixa capacidade de IO e de processamento e, em geral, grande simplicidade e compactação. O exemplo **9.9.1** foi solucionado utilizando um CLP de pequeno porte, sendo que o principal fator limitante são os pontos de IO.

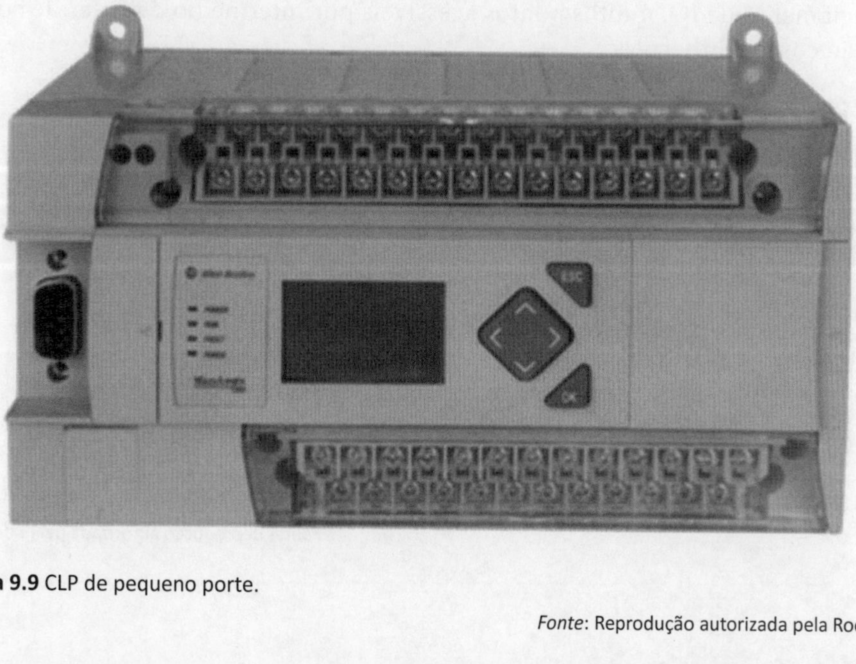

Figura 9.9 CLP de pequeno porte.

Fonte: Reprodução autorizada pela Rockwell.

Na **Figura 9.9**, um exemplo de CLP de pequeno porte, cujas principais características são:

1) Fileiras de parafusos em suas laterais superior e inferior por meio dos quais os sinais de campo são conectados ao CLP, ou seja, as funcionalidades de cartões de IO são incorporadas à CPU; algumas vezes esses pontos de IO podem ser expandidos, mas sempre com grandes limitações.
2) Porta de comunicação para programação local;, na quase totalidade dos casos, os CLP precisam que um programa seja "descarregado" via porta local para, a seguir, ter capacidades de comunicação estendidas como um número IP de rede Ethernet.
3) O display mostra informações relevantes sobre o aparelho; em alguns modelos, permite visualizar o programa e até mesmo alterá-lo.

Obs.: a grande maioria dos CLP tem baterias ou memórias *flash* para manter os programas no caso de falha de fornecimento de energia.

9.3.2 MÉDIO PORTE

A definição de CLP de médio porte, ou seja, "capacidade de entrada e saída em até 256 pontos, digitais e analógicas e que permite até 2.048 passos de memória", está perdendo o sentido prático em decorrência do exponencial progresso das tecnologias microeletrônicas. Os CLP que, hoje, são considerados de médio porte, como o mostrado na **Figura 9.10**, há poucos anos eram considerados de grande porte, principalmente em virtude da capacidade de processamento, que não é mais tão limitada como já foi. A grande distinção ainda se nota na capacidade de gerenciamento de IO, muitos pontos acessíveis por intermédio de redes de comunicação como a Ethernet.

Figura 9.10 CLP de médio porte CompactLogix.

Fonte: Reprodução autorizada pela Rockwell.

9.3.3 GRANDE PORTE

As características básicas de um CLP de grande porte são as seguintes.

Na **Figura 9.11**, notam-se cinco módulos e um suporte, assim descritos da esquerda para a direita:

1) Fonte de alimentação – responsável por fornecer tensão e corrente estabilizada e regulada para os diversos cartões, que deve atender elevados padrões de robustez elétrica.
2) Cartão de comunicação (rede de dados) – no caso Ethernet provê um amplo canal de comunicação para o controlador se conectar com o restante do sistema de automação, como os sistemas supervisórios.
3) Unidade de processamento central (CPU) – é o cérebro do controlador, local que concentra a quase totalidade das funções de processamento e, consequentemente, os programas do CLP. Notam-se leds indicadores de *status* e display alfanumérico que permitem rápida inspeção. É usual que a CPU tenha uma ou mais portas de comunicação para programação local. Na **Figura 9.11**, destaca-se uma porta padrão USB para esse fim.
4) Cartão de comunicação (rede de dados), no exemplo da **Figura 9.11**, um Controlnet™ – permite que o CLP tenha acesso a diversos painéis de IO e mesmo a dispositivos de campo que se comunicam diretamente por meio dessa rede. É muito comum, em automações de grande porte, que a maioria dos sinais de campo se encontre em "remotas", ou seja, painéis que tenham cartões de IO, mas não CPU, e comunicam-se via rede de dados com um painel central onde se localiza fisicamente o CLP.
5) Cartão de IO – no exemplo referido, um cartão de saídas digital, permite que sinais de campo sejam "percebidos" pelo CLP.
6) Rack físico – serve de suporte para os cartões, tendo grande variedade de tamanho (são quatro slots para cartões na **Figura 9.11**, mas existem modelos de até 16), por meio do qual os cartões são alimentados e trocam dados com a CPU, via barramento.

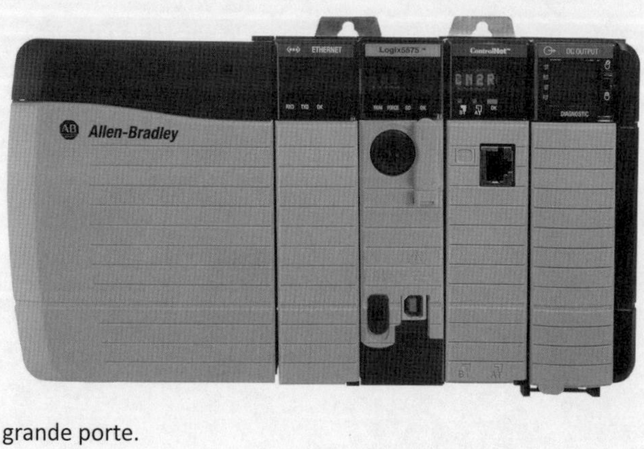

Figura 9.11 CLP de grande porte.

Fonte: Reprodução autorizada pela Rockwell.

Os CLP de grande porte se caracterizam por serem capazes de receber e atuar em grande quantidade de pontos de IO. Também são dotados de memórias de programação razoavelmente grandes, além de, frequentemente, terem sofisticados recursos de software, como a possibilidade de serem programados em mais de uma linguagem de programação, respeitando-se as linguagens regulamentadas pela IEC 61131-3.

A seguir, descrevemos um exemplo de automação de planta produtora de celulose e a respectiva divisão dos programas do CLP.

9.3.3.1 Programas de intertravamento, diversos subprogramas em linguagem Ladder em que estão efetuados os acionamentos de motores e de válvulas e as principais associações entre eventos discretos na planta. Na **Figura 9.12**, vê-se um exemplo prático realizado em CLP de grande porte; do lado esquerdo da figura, observam-se subprogramas para acionamento de motores (um para cada motor), como o AL_201, cujo início é mostrado do lado direito da figura, onde são visualizadas as seis primeiras linhas de Ladder do programa desse equipamento.

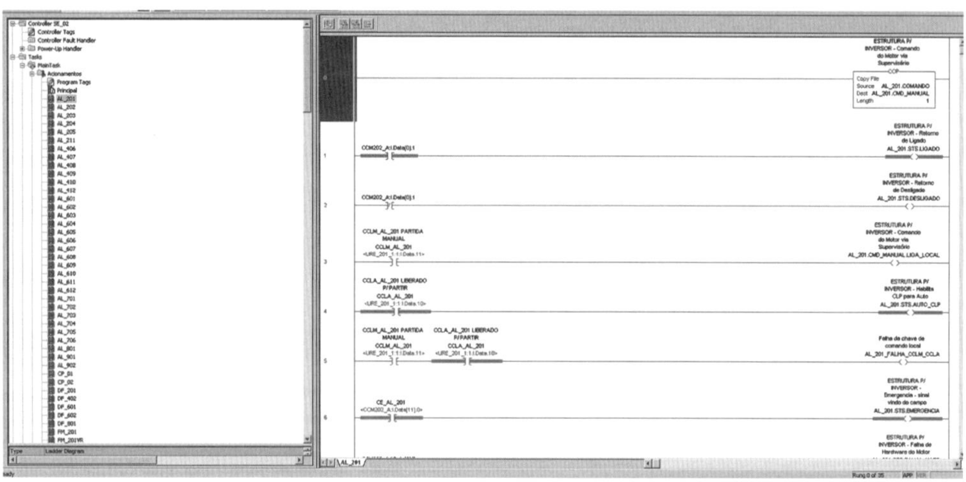

Figura 9.12 CLP de grande porte subprograma individualizado por equipamento.

Fonte: Exemplo de aplicação criada no software Logix5000, reprodução autorizada pela Rockwell.

9.3.3.2 Programas de sequenciamento, alguns subprogramas em linguagem SFC (*sequencial funtion shart*), em que estão as principais sequências dos processos. Na **Figura 9.13**, exemplifica-se um SFC executado dentro de um CLP de grande porte.

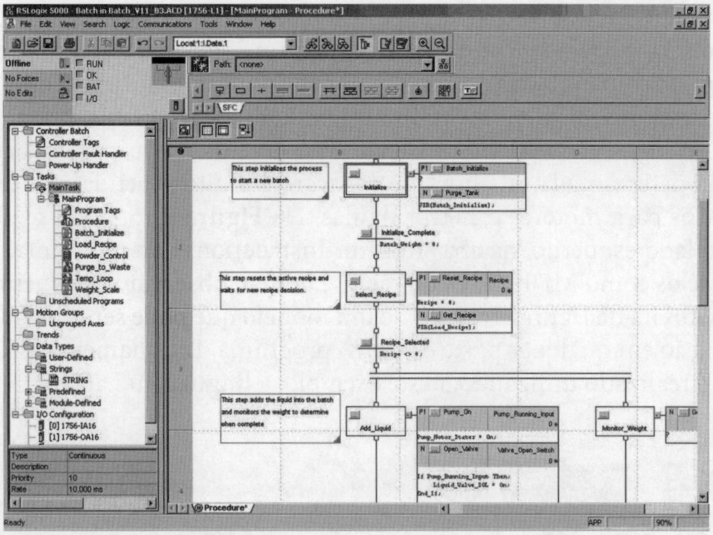

Figura 9.13 CLP de grande porte. Programa em linguagem SFC.

Fonte: Exemplo de aplicação criada no software Logix5000, reprodução autorizada pela Rockwell.

9.3.3.3 Programas de cálculos, subprogramas em linguagem de texto estruturado em que são elaborados cálculos sofisticados necessários a processos específicos, por exemplo, o cálculo dinâmico da velocidade de acionamento de uma calandra (grande cilindro rotacional) para papel. Na **Figura 9.14**, vê-se uma aplicação com diversas linguagens de programação IEC 61131-1 em que se destacam, à esquerda da figura, os programas em Ladder, SFC, texto estruturado e também blocos de função, cuja parte do programa pode ser vista à direita da figura, com blocos geradores de função FGEN_01 etc.

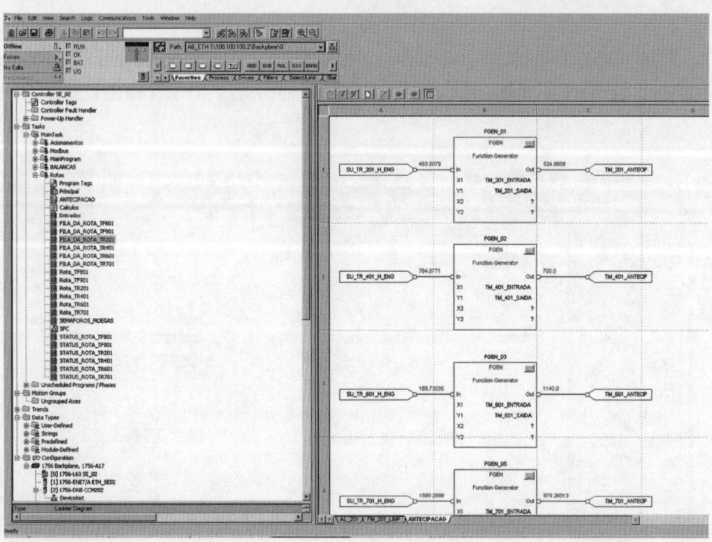

Figura 9.14 CLP de grande porte. Programa utilizando diversas linguagem IEC 61131-1 simultaneamente.

Fonte: Exemplo de aplicação criada no software Logix5000, reprodução autorizada pela Rockwell.

Grandes CLP, muitas vezes, também oferecem recursos de encapsulamento de software, ou seja, podem transformar um programa em uma estrutura semelhante a uma caixa-preta com entradas e saídas aparentes, por exemplo, um programa de acionamento de motores, elaborado em linguagem Ladder, ao ser encapsulado, transforma-se em um bloco de fácil visualização. Esses recursos são particularmente úteis quando uma determinada estrutura de software é muito repetida, por exemplo, são comuns blocos para motores e eletroválvulas. Na **Figura 9.15**, pode-se observar um exemplo, no lado esquerdo, na aba "Add-on-Instructions" do programa, em que são criados modelos como MDIRETO, do qual se podem observar as primeiras linhas de programa à direita da figura. Trata-se de um modelo que pode ser utilizado como um bloco de função em qualquer parte de outro programa. Internamente esse "bloco encapsulado" é realizado utilizando, neste exemplo, a linguagem Ladder.

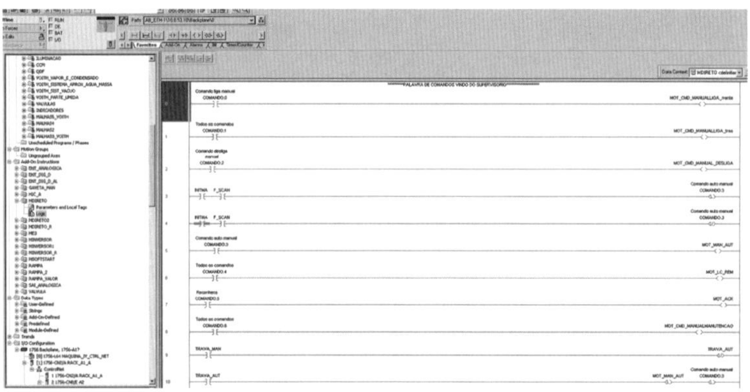

Figura 9.15 CLP de grande porte. Exemplo de encapsulamento de programa – criação do modelo.

Fonte: Exemplo de aplicação criada no software Logix5000, reprodução autorizada pela Rockwell.

Na **Figura 9.16**, observa-se o uso do encapsulamento MDIRETO em outro programa, que o aparece como um bloco de função evidenciado no lado direito da figura.

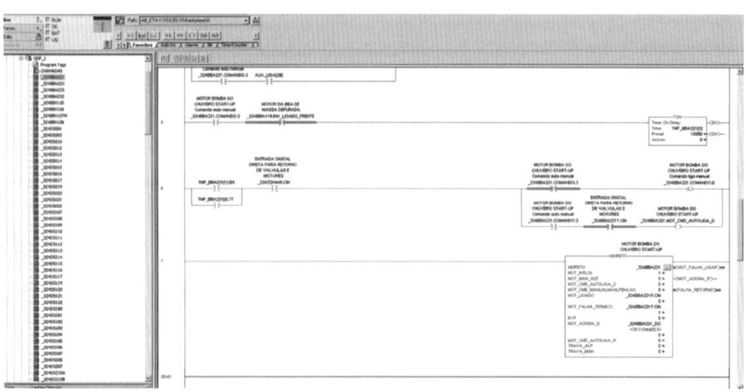

Figura 9.16 CLP de grande porte exemplo de encapsulamento de programa – utilização do modelo.

Fonte: Exemplo de aplicação criada no software Logix5000, reprodução autorizada pela Rockwell.

A técnica de encapsulamento permite que sejam criados padrões para uso geral em um programa, o que se traduz em aumento de produtividade, pois, ao alterar o modelo, afetam-se todos os lugares onde ele é utilizado.

Exemplo de CLP para grandes aplicações: plantas industriais de processos siderúrgicos se caracterizam pelo elevado número de pontos do tipo digital com prevalência de intertravamento;, além disso, os pontos normalmente se encontram espalhados em grande área física, as condições ambientais são estressantes em razão das altas temperaturas, da interferência eletromagnética e da umidade.

Um CLP adequado para esses processos deve ser de grande porte, como o Control Logix, 1756-L84E, pois esse CLP atende a todos os requisitos necessários do ponto de vista de normas industriais (Normas CE, UL e TUV para aplicações até SIL2) e, do ponto de vista de capacidade, ele pode comandar milhares de pontos de IO executando até mil "tarefas" ou subprogramas, bem como pode se comunicar com ate 150 nós de Ethernet.

9.4 SDCD (SISTEMA DIGITAL DE CONTROLE DISTRIBUÍDO)

Poucos anos após o advento dos CLP (1975), elaboraram-se sistemas digitais de controle para controles predominantemente contínuos, como os processos químicos e petroquímicos. Surgiram, assim, os SDCD. Existem algumas controvérsias sobre qual fabricante lançou o primeiro sistema no mercado, o certo é que as empresas Honeywell, Yokogawa e Bristol lançaram equipamentos semelhantes no ano de 1975.

9.4.1 PRINCIPAIS CARACTERÍSTICAS E USOS DOS SDCD

Os SDCD são sistemas de controle destinados a processos regulatórios, apresentam alta capacidade de processamento, base de dados integrada e facilidades como ambiente de supervisão incorporado. Na **Figura 9.17**, podem-se observar exemplos de telas-padrão incorporadas ao SDCD, simplificando em muito o trabalho de criação de uma interface homem-máquina, em que existe total vinculação entre software e hardware. Essa é uma das maiores diferenças práticas entre os SDCD e os CLP e PAC.

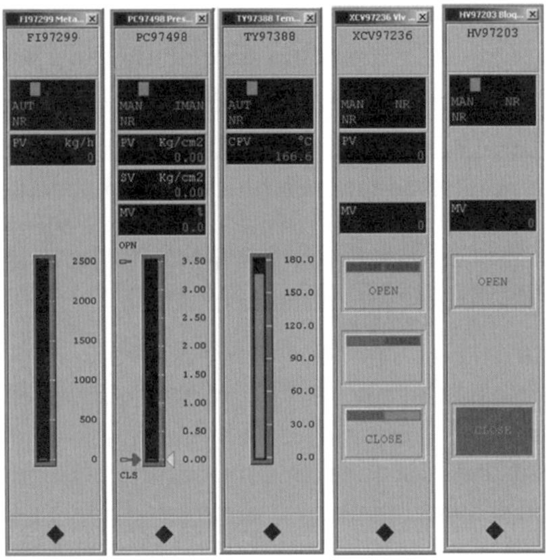

Figura 9.17 Telas padrões de ambiente de software de SDCD.

Fonte: Desenvolvida pelo autor.

Os SDCDs possibilitam a implantação de controle avançado e preditivo de processo, além de garantirem a operação ininterrupta (download online, saque a quente, redundância total etc.).

9.4.2 APLICAÇÕES TÍPICAS DE UM SDCD

Controle regulatório:

- Predominância de variáveis analógicas
- Processos contínuos
- Controle avançado de processo (PID, entre outros)

Altíssima disponibilidade:

- Não interrompe o processo de alterações de hardware e software
- Redundância total (rede, I/O, CPU, fonte etc.)
- Saque a quente, ou seja, um cartão pode ser trocado sem a necessidade de desligar todo o sistema

Controle distribuído:

- Arquitetura com remotas espalhadas por toda a planta gerenciadas por uma mesma CPU, como mostrado, em parte, na **Figura 9.18**. Nota-se a distribuição de armários de unidades remotas que é muito dependente de estrutura de rede evidenciada na figura pelo uso de switch, um equipamento para distribuição e gerenciamento de rede. A diferença entre remotas de CLP e de SDCD é crucial, enquanto o processamento é centralizado no CLP, constituindo-se as remotas apenas de IO com capacidade de comunicação; nos SDCD, as remotas têm parte do processamento, dessa característica marcante vem a denominação "Controle Distribuído" da designação SDCD.

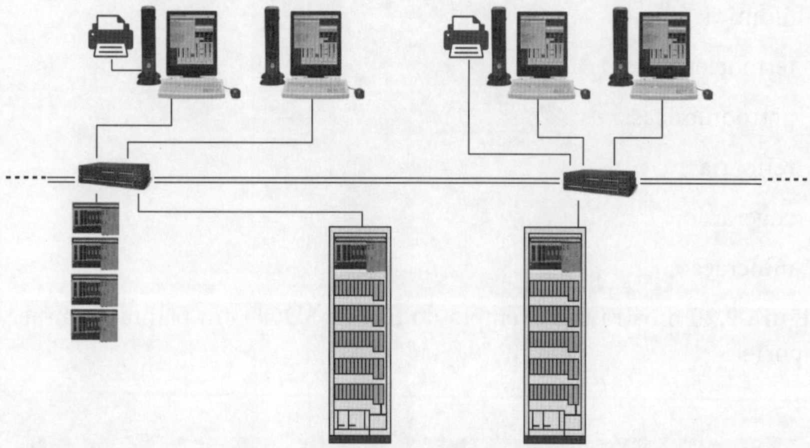

Figura 9.18 Arquitetura típica de SDCD, com muitas unidades remotas distribuídas, interconectadas por estrutura de rede.

Fonte: Desenvolvida pelo autor.

Na **Figura 9.19**, pode-se observar uma sala de controle típica de SDCD. Observa-se a grande quantidade de informação presente diante dos operadores do sistema de automação.

Figura 9.19 Sala de controle de um SDCD.

Fonte: Reprodução autorizada pela ABB (Asea Brown Boveri).

Supervisão incorporada:

- criação de frontais automaticamente;
- mesmo ambiente de desenvolvimento.

Controle regulatório de processos:

- química;
- termoeletricas;
- petroquímicas;
- refinarias;
- cogeração;
- mineração.

A **Figura 9.20** mostra um exemplo do uso de SDCD em planta de mineração de grande porte.

Figura 9.20 Sala de controle de um SDCD de planta mineradora.

Fone: Reprodução autorizada pela ABB (Asea Brown Boveri).

9.4.3 APLICAÇÕES NÃO RECOMENDADAS PARA UM SDCD

- controle discreto com grande predominância de intertravamentos;
- motion Control, como na indústria papeleira;
- segurança;
- manufatura em geral.

9.5 CLP DE SEGURANÇA – SAFE PLC

São os CLP que se destacam por terem grande confiabilidade. Para aplicações nas quais a confiança é muito importante, particularmente naquelas de elevado risco, como segurança de incêndio ou processos intrinsecamente perigosos, por exemplo, produtos químicos explosivos.

Na **Figura 9.21**, vê-se um exemplo de CLP de segurança de pequeno porte, cujas principais características são:

1) CPU de altíssima disponibilidade - muitos modelos contam com redundância tripla de processamento.
2) Cartões de IO especiais preparados para entradas e saídas com teste de continuidade.
3) Os produtos controladores SmartGuard 600 são certificados para uso em aplicações de segurança, que incluem nível de integridade de segurança (SIL) 3, de acordo com a IEC 61508; nível de desempenho PL(e), de acordo com a ISO 13849-1; e categoria (CAT) 4, de acordo com EN 954-1.

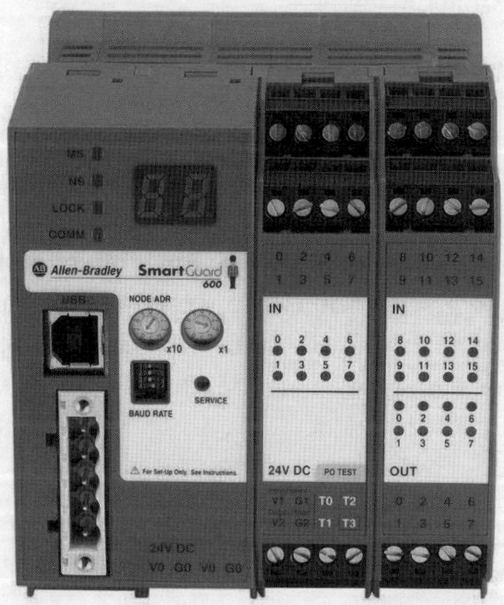

Figura 9.21 CLP de segurança.

Fonte: Reprodução autorizada pela Rockwell.

Os safe PLC trabalham frequentemente com arranjos e circuitos dotados de diagnóstico, ou seja, ao se acionar uma saída, tem-se um retorno de que aquela saída foi efetivamente acionada. Os arranjos mais comuns são 1oo1D, 1oo2D, 2oo2D, 2oo3D e 2oo4. Na **Figura 9.22**, é mostrado o arranjo 1oo1D, um sistema de canal simples, constituído de uma entrada, um controlador e uma saída. D é utilizado para especificar a função de diagnóstico.

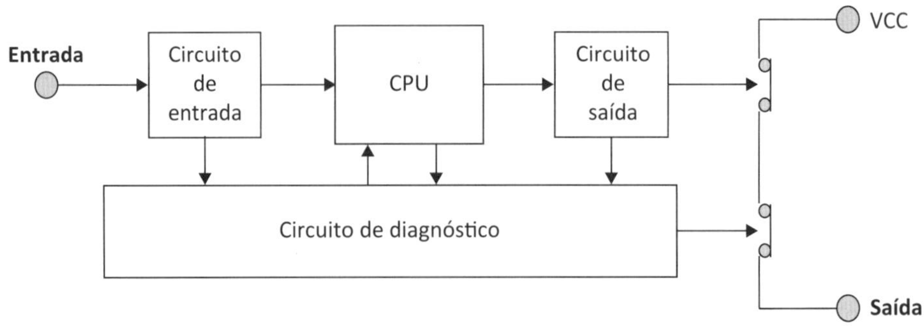

Figura 9.22 Arranjo típico 1oo1D utilizado em CLP de segurança.

A especificação dos outros arranjos típicos foge ao escopo deste trabalho, mas, em geral, eles se caracterizam por terem lógicas de votação para a execução adequada de sua funcionalidade de segurança. Além disso, existem diagnósticos dentro dos arranjos que verificam se os dispositivos ou canais estão funcionando corretamente. O resultado final é uma maior complexidade de circuitos e de dispositivos, alcançando-se um elevado nível de confiabilidade.

Equipamentos como os safe PLC são inseridos no contexto de SIS (Sistemas Instrumentados de Segurança), que são sistemas compostos de sensores, circuitos lógicos e elementos finais, proporcionando um controle com o propósito de levar o processo a um estado seguro quando condições predeterminadas forem violadas (IEC 61508 e 61511). As normas ISA e IEC introduziram o conceito de SIL (Nível de Integridade de Segurança), que estabelece uma ordem de grandeza para a redução do risco ou, ainda, o nível de robustez necessário a ser implementado de forma a reduzir o risco do processo a níveis aceitáveis. Os níveis de SIL correspondem à Probabilidade Média de Falha em Demanda (PFD target) de uma malha completa. A **Tabela 9.1** tipifica quantitativamente os níveis SIL segundo duas certificações usuais.

Tabela 9.1 Níveis de segurança de acordo com certificações SIL e AK

Anforderungs Klasse (AK)	Safety Integrity Level	Probabilidade média de falha em demanda	Segurança disponível	Fator de redução de risco
AK 7 & 8	4	$\geq 10^{-5}$ to $< 10^{-4}$	> 99,99%	100.000-10.000
AK 5 & 6	3	$\geq 10^{-4}$ to $< 10^{-3}$	99,9-99,99%	1.000-10.000
AK 4	2	$\geq 10^{-3}$ to $< 10^{-2}$	99-99,9%	100-1.000
AK 2 & 3	1	$\geq 10^{-2}$ to $< 10^{-1}$	90-99%	10-100
AK 1	0	Controle – Não se aplica		

É digno de nota que esses equipamentos não trazem nenhuma vantagem operacional em relação aos menos custosos CLP convencionais, muitas vezes são mais difíceis de programar e de modificar. Sua grande contribuição é a maior confiabilidade, principalmente em sistemas críticos, como combate a incêndio, e naqueles momentos (felizmente raros) em que é necessário ter certeza que uma planta ou processo industrial é desligado ou levado a estado seguro.

9.6 PAC (*PROGRAMMABLE AUTOMATION CONTROLLER*; EM PORTUGUÊS, CONTROLADOR DE AUTOMAÇÃO PROGRAMÁVEL)

Atualmente, os controladores têm adquirido funcionalidades ausentes nos primeiros CLP. Foi até mesmo cunhado um novo termo para descrever esses novos equipamentos: PAC ou controladores de automação programável. Esses dispositivos se caracterizam pelas seguintes funcionalidades:

1) Multifunção – são capazes de processar grandes quantidades de sinais digitais e analógicos.
2) Multidomínio – são aplicados em áreas onde tradicionalmente eram utilizados apenas SDCD ou apenas CLP atendendo as demandas.
3) Multitarefa – são capazes de executar diferentes tarefas simultaneamente.
4) Padrões abertos de comunicação – como os padrões da rede Ethernet e protocolos-padrão de internet como o IP, TCP etc.
5) Arquitetura modular de processamento distribuído) – a arquitetura permite distribuir o processamento em diversos dispositivos de campo, como cartões de IO e remotas.
6) Interoperabilidade – comunicam-se facilmente com equipamentos de outros fabricantes, por exemplo, usando protocolo OLE (Object Linking and Embedding) e OPC (**O**bject Linking and Embedding of **P**rocess **C**ontrol)
7) Ambiente de desenvolvimento integrado – um tag criado no sistema pode ser usado em qualquer parte dele, evitando, assim, duplicações muito comuns em Sistemas de Supervisão e Aquisição de Dados (SCADA, do inglês *Supervisory Control and Data Acquisition*).

As características que eram naturalmente restritivas do nascimento dos controladores, como linguagens exclusivas de programação, incompatibilidades entre fabricantes e redes proprietárias, pouco a pouco, deram lugar a equipamentos cada vez mais integrados e integráveis. Foi nesse contexto de alta conectividade e grande interoperabilidade que surgiu o conceito de PAC.

Nota-se, contudo, uma grande especialização dos equipamentos para atenderem determinados nichos de mercado, como os SDCD (Sistema Digital de Controle Distribuído) na indústria petroquímica ou os safe PLC para sistemas de segurança.

9.7 TENDÊNCIAS ATUAIS E EXPECTATIVAS DE FUTURO PARA OS CLP

Nos últimos anos, tem se verificado grandes ganhos em velocidade de processamento; os CLP paulatinamente estão utilizando tecnologias que foram desenvolvidas e consolidadas para a indústria de computadores pessoais, como a arquitetura multi-core, que utiliza diversos processadores para o processamento, atingindo-se assim algum grau de paralelismo, o que reduz o tempo; e as memórias também ganharam muito com os últimos avanços, das antigas da ordem de kilobytes para algumas atuais na ordem de gigabytes.

Em termos gerais, os mais recentes (2023) CLPs têm se tornado mais rápidos, com mais capacidade de comportar programas grandes, mas a característica que mais se destaca é a crescente **flexibilidade**, particularmente no quesito redes de dados. Das redes proprietárias, em que cada fabricante fazia o seu protocolo para atender principalmente suas necessidades internas, chegou-se à dominância dos protocolos abertos com base no padrão Ethernet. Esse estado de coisas foi imposto por pressões do mercado que forçaram os fabricantes a buscar flexibilidade e interoperabilidade.

É digna de nota a utilização de arquiteturas de software que se baseiam no conceito de nuvem como depositórios de softwares que são apenas "descarregados" para os CLP em vários casos, reduzindo a necessidade de computadores exclusivos para a supervisão do sistema, bastando abrir páginas (seguras e criptografadas) da internet para realizar alterações ou apenas visualizar os CLP.

A se seguirem essas tendências, os CLP provavelmente tenderão a um hardware bastante homogêneo entre diversos fabricantes; serão, portanto commodities (mercadorias padronizadas), tendendo, inclusive, a eliminar os SDCD, safe PLC e outros dispositivos congêneres.

9.8 PROGRAMAÇÃO DE CLP

Em virtude de sua origem, os CLP nasceram com uma linguagem de programação que tinha o objetivo de se tornar fácil para ser utilizada por eletricistas, daí surgiu a linguagem Ladder (escada). Um programa em Ladder tem como principal característica parecer uma escada de pintura com duas traves e degraus ligando uma parte a outra. Sua funcionalidade se dá seguinte forma:

a) O programa sempre é executado de cima para baixo, da esquerda para a direita; essa característica tem profundas implicações na sua execução.

b) Tudo se passa como se cada parte do programa precisasse dar "continuidade" elétrica ao "componente" ou à instrução que estiver do lado direito do programa.

As primeiras instruções da linguagem Ladder são equivalentes quase diretos dos circuitos elétricos básicos e são denominadas "instruções de lógica de relé" ou "instrução de bit".

a) Instrução NA (XIC) (*eXamine If Closed*) – ou contato normalmente aberto

Esta instrução é executada pela CPU verificando o valor do bit endereçado (posição de memória da CPU) pela instrução. Se o bit endereçado pela instrução estiver no estado lógico 0, a instrução retorna com o valor lógico falso, tendo-se, assim, a não continuidade lógica no trecho do Ladder em que a instrução está inserida. Se o bit endereçado pela instrução estiver no estado lógico 1, a instrução retorna com o valor lógico verdadeiro; neste caso, há continuidade lógica no trecho do Ladder em que a instrução está inserida. A representação dessa instrução na linguagem Ladder juntamente com a sua operação torna esta análoga a um contato normalmente aberto de um relé. Todavia, convém ressaltar que, apesar da analogia, é uma instrução lógica, e não um contato de circuito elétrico. A **Figura 9.23** representa a instrução NA em linguagem Ladder e também a sua tabela verdade de operação.

Estado do BIT	Instrução NA
0	Falsa
1	Verdadeira

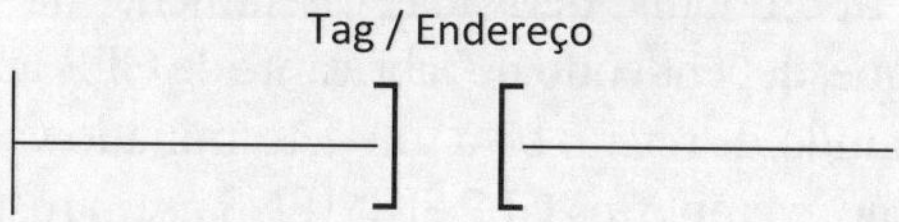

Figura 9.23 Representação em linguagem Ladder da instrução XIC e a respectiva tabela verdade de operação.

b) Instrução NF (XIO) (*eXamine If Open*) ou contato normalmente fechado

Esta instrução é executada pela CPU verificando o valor do bit endereçado (posição de memória da CPU) pela instrução. Se o bit endereçado pela instrução estiver no estado lógico 1, a instrução retorna com o valor lógico falso, não se tendo, assim, continuidade lógica no trecho do Ladder. Se o bit endereçado pela instrução estiver no estado lógico 0, a instrução retorna com o valor lógico verdadeiro, e nesse caso há continuidade lógica no trecho do Ladder. A representação gráfica dessa instrução junto com a sua operação a torna análoga a um contato normalmente fechado de um relé. A **Figura 9.24** representa a instrução NF em linguagem Ladder e também a sua tabela verdade de operação.

Estado do BIT	Instrução NF
0	Verdadeira
1	Falsa

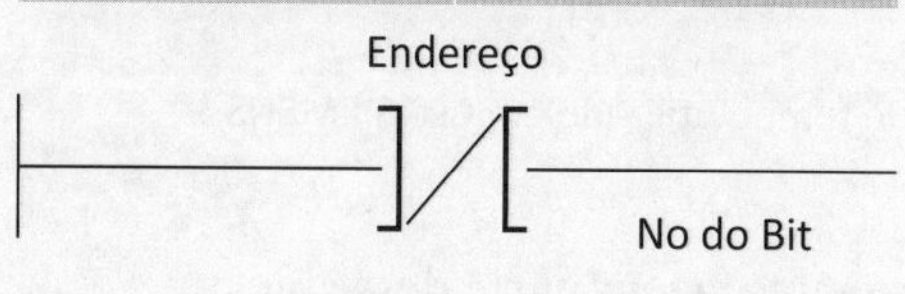

Figura 9.24 Representação em linguagem Ladder da instrução XIO e a respectiva tabela verdade de operação.

c) Instrução de saída - bobina energizada (OTE) (*output terminal energize*)

A CPU executa esta instrução verificando se há ou não continuidade lógica na linha que antecede a instrução. Caso haja continuidade lógica da linha, o bit endereçado pela instrução será colocado no estado lógico 1. Se não houver continuidade na linha, o bit endereçado pela instrução será colocado no estado lógico 0. Muitas vezes, essa instrução é endereçada a uma saída digital (física) do CLP.

A **Figura 9.25** apresenta o aspecto gráfico da instrução OTE.

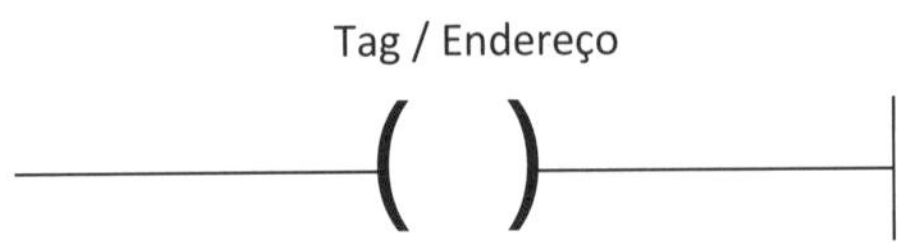

Figura 9.25 Representação em linguagem Ladder da instrução OTE.

As instruções de bit tipo bobina, derivadas diretamente da lógica de relés, têm sua contrapartida retentiva que, dependendo do fabricante de CLP, apresenta sintaxe diferente, mas são sempre no sentido de reter o bit a um determinado valor até que outra instrução libere a retenção; como exemplo, os CLP SIEMENS usam instrução SET e RESET.

d) Instrução temporizador

Esta instrução é um contador de tempo. Quando a linha tem continuidade, a contagem começa e vai até um valor predefinido. Existem sutis diferenças na sintaxe desses blocos, dependendo da fabricante do CLP. Na **Figura 9.26**, pode-se ver um bloco do tipo TIMER ON, ou seja, o bloco é "ligado" quando a linha onde ele estiver (entrada IN) com nível lógico verdadeiro; nesse momento, o temporizador começa a contar o tempo até o valor que consta no "PT"; após a contagem estar concluída o bit Q vai para verdadeiro e fica nesse estado enquanto a linha estiver dando continuidade à entrada IN. Existe a versão retentiva desse temporizador, que mantém a contagem congelada quando a entrada não for mais verdadeira.

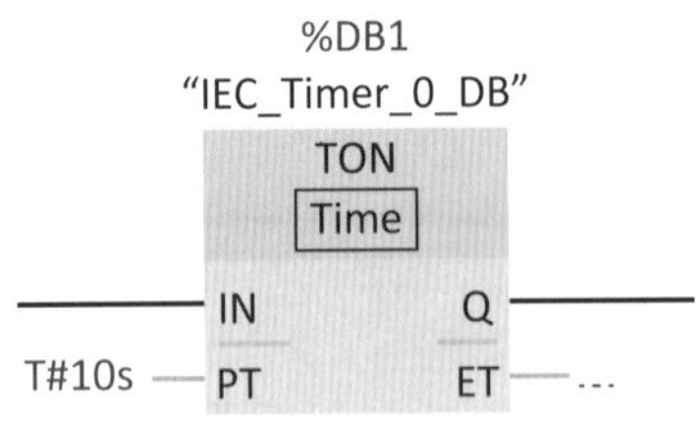

Figura 9.26 Bloco contador de tempo utilizado em CLP SIEMENS.

Os seguintes componentes fazem parte desse bloco:

ST - time........ start time (tempo de partida)

PT – time........ preset time (tempo que será contado)

ET – time........ elapsed time (tempo que já foi contado)

RU – bool........ is running (bit que indica contagem em andamento)

IN – bool........ input to the timer (entrada)

Q – bool........ output of timer (bit que indica finalização de contagem)

Ressalte-se que nem sempre se garante uma contagem de tempo precisa nos CLP, pois o tempo do timer sofre influência do tempo de varredura total do programa que está em execução. Para aplicações que exigem tempos mais precisos, como em totalizações, usa-se a interrupção.

e) Instrução contador

Esta instrução conta evento ao ocorrer uma transição de um estado para outro, que, dependendo do bloco, pode ser de falso para verdadeiro ou de verdadeiro para falso (borda de subida ou borda de descida). Analogamente aos timers, os contadores têm sutis diferenças na sintaxe desses blocos, dependendo do fabricante do CLP. Na **Figura 9.27**, pode-se ver um bloco do tipo COUNTER UP(CTU), ou seja, o bloco conta ascendentemente.

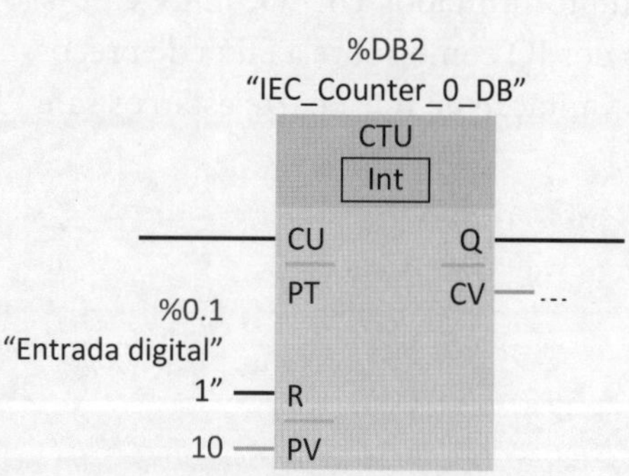

Figura 9.27 Bloco contador de tempo utilizado em CLP SIEMENS.

Os seguintes componentes fazem parte desse bloco:

PV – Integer........ *preset value* (valor que será contado)

CV – Integer........ *current value* (quanto está a contagem)

R – bool........ *reset* (bit que zera a contagem)

CU – bool........ *input to the counter* (entrada do contador)

Q – bool........ *output of the counter* (bit que indica finalização de contagem)

Existem algumas variações desse bloco, como o **COUNTER DOW(CTD)**, que realiza contagens decrescentes e até mesmo um bloco que pode contar ascendentemente e decrescentemente o **(CTUD)**.

9.9 CRITÉRIOS DE ESCOLHA PARA CONTROLADORES DE PROCESSO (CP)

Como foi observado nos itens anteriores deste capítulo, existe grande variedade de controladores de processos, cada qual com características próprias. A escolha do CP mais adequado a determinada aplicação passa por alguns questionamentos básicos:

a) Qual é o número de pontos de IO?

b) Os pontos de IO são predominantemente digitais ou analógicos?

c) Malhas de controle são predominantes?

d) É necessário atingir algum nível de segurança SIL?

e) Qual o orçamento ($) disponível?

A **Figura 9.28** mostra os CP segundo duas dimensões principais: número de pontos de entrada e saída (IO); e preço ($). Nessa figura, nota-se que os singles loops são mais baratos, porém muito limitados em IO; já os CLP são grandemente flexíveis tanto sobre a dimensão dos IO como sobre a faixa de preços; os SDC, por sua vez, são caros, mas com menor limitação de IO; à parte estão os safe PLC, que são caros e têm grande limitação de IO.

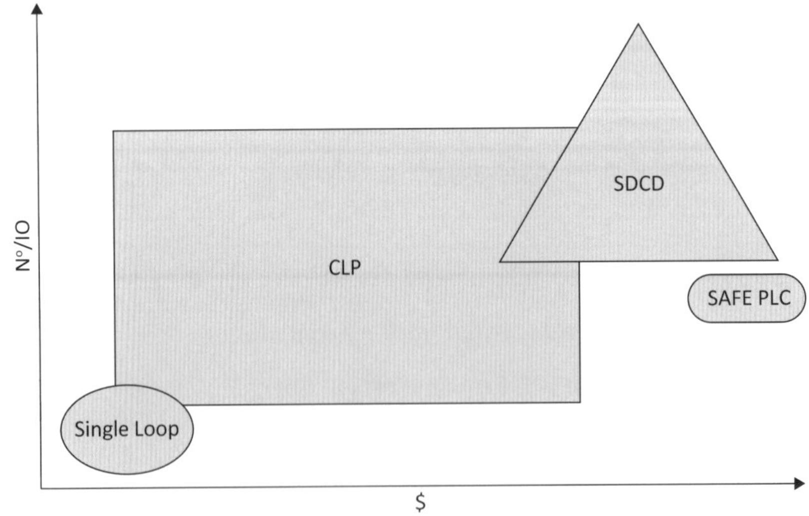

Figura 9.28 Controladores segundo as dimensões de número de entradas e saídas e preço.

Exemplo 9.9.1 Acionamento de motor

Deseja-se acionar um motor com as seguintes condições: o motor M01 deverá ser ligado ao se pressionar um botão não retentivo no campo por meio de uma botoeira (LM01); o motor deverá ser desligado por um botão não retentivo (DM01); esses dois botões são ligados eletricamente em condição normalmente aberto (NA). Uma chave de emergência (EMER) do tipo retentiva e ligada eletricamente em normalmente fechado (NF) deverá impedir que o motor ligue e também pará-lo caso esteja ligado.

A **Figura 9.29** mostra o Ladder para o acionamento desse motor. Nota-se, da esquerda para a direita, a instrução contato aberto de tag (endereço único de memória) LM01 que, ao ser "energizado", possibilita continuidade da linha até a próxima instrução, que é a DM01, que já está em continuidade, pois é NF. Isso possibilita a continuidade até a instrução de tag EMER, que também está em continuidade em virtude de sua ligação elétrica ser NF, ou seja, a emergência é acionada quando o fio é aberto por motivos de segurança.

Com o caminho LM01→DM01→EMER→M01 energizado, o motor é acionado enquanto o estado das variáveis permanecer inalterado. Nota-se, na **Figura 9.29**, uma instrução XIC em paralelo com a LM01. O endereço é o mesmo do motor M01, o que faz a instrução sempre apresentar o mesmo valor que a bobina do motor; esse arranjo em paralelo é denominado "selo", pois, após LM01 voltar a seu estado normal de zero, o motor permanecesse selado (ligado) até que o selo seja quebrado por DM01 ou EMER.

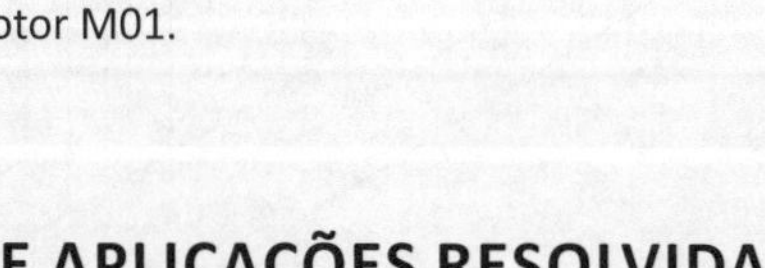

Figura 9.29 Acionamento do motor M01.

9.10 EXEMPLOS DE APLICAÇÕES RESOLVIDAS UTILIZANDO CLP E ELETROPNEUMÁTICA

Exemplo 9.10.1 Máquina perfuradora/estampadora automatizada

a) Descrição do processo

O processo analisado corresponde ao link: https://goo.gl/odJTqh.

Este processo consiste na furação de peças brancas e pretas, furadas alternadamente e posicionadas em local específico de acordo com sua cor.

Primeiramente, há uma atuação na torre para a captura da peça a ser processada: o cilindro 1, na horizontal avança para a frente, e o cilindro 2 recua para baixo, para que a garra 5, na ponta do cilindro 1, capture a peça a ser processada.

Feito isso, ambos os cilindros retornam para suas posições iniciais (cilindro 1 recua e, em seguida, o 2 recua), e o motor 4 avança, fazendo a torre (cilindros 1 e 2) se posicionar à frente do cilindro 3, que, por sua vez, fura a peça (cilindro 3 avança e recua ao fim de curso).

Após a furação, um sensor reconhece se aquela peça é branca ou preta e a posiciona de acordo com a cor. Ao ser posicionado, o cilindro 1 desce e a garra 5 é aberta.

A **Figura 9.30** representa a bancada onde ocorre o processo.

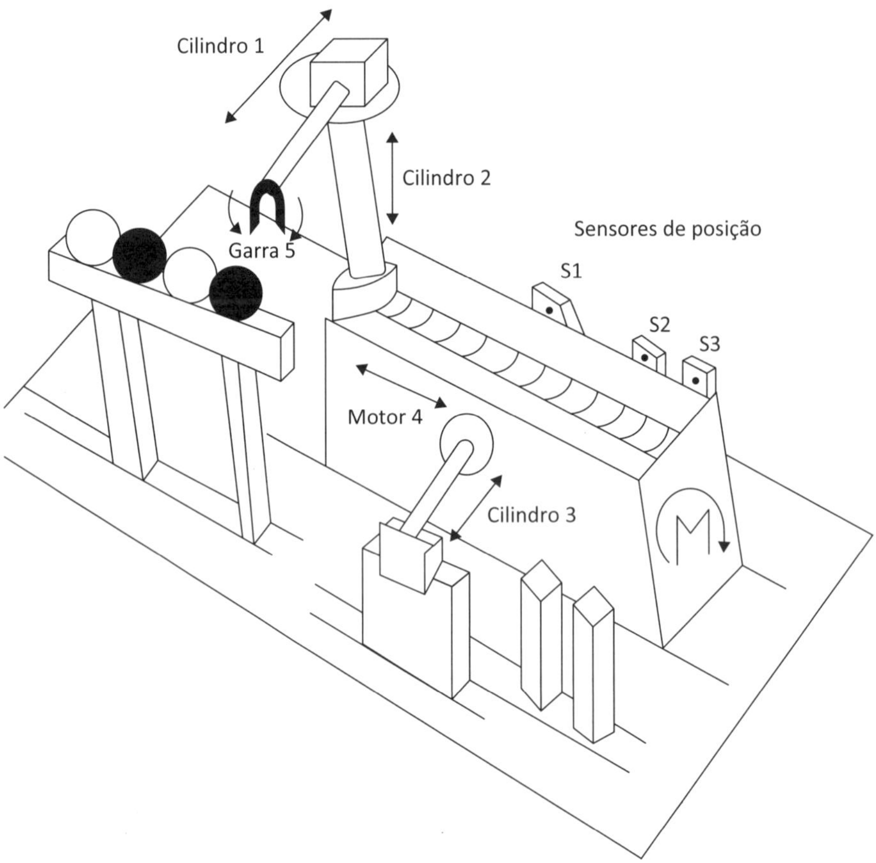

Figura 9.30 Esquema da bancada para processamento das peças pretas e brancas.

Na **Figura 9.30**, estão representados os atuadores, denominados "cilindro 1", "cilindro 2", "cilindro 3", "motor 4" e "garra 5". O motor 4 faz girar o eixo da bancada, o que faz a torre (que consiste nos cilindros 1 e 2) se deslocar, podendo estacionar em frente aos sensores S1 (na etapa de furação), S2 (após a furação, se a peça for preta) ou S3 (após a furação, se a peça for branca).

a) Componentes e condições de operação

A **Tabela 9.2** mostra os elementos utilizados no processo.

Tabela 9.2 Elementos e suas quantidades utilizadas no processo

Elemento	Quantidade Utilizada	Condições de Operação
Válvula direcional 4/2 vias, acionamento por solenoide em ambos os lados	2	Temperatura do meio: -5 °C a +50 °C Pressão de operação: -0,9 bar a +8 bar Tensão de operação: 24 V DC
Válvula direcional 4/2 vias, acionamento por solenoide e retorno por mola	1	Temperatura do meio: -5 °C a +50 °C Pressão de operação: -0,9 bar a +8 bar Tensão de operação: 24 V DC
Relés	12	Temperatura do meio: -5 °C a +50 °C Pressão de operação: -0,9 bar a +10 bar Tensão de operação: 20,4 V DC a 26,4 V DC
Motor elétrico W22 IR4 Super Premium	1	Temperatura do meio: -20 °C a 40 °C Tensão nominal: 220/380 V e Corrente nominal: 76,6/44,3 A
Atuador dupla ação DSBC, Curso 500 mm, Diametro 40	3	Temperatura do meio: -20 °C a 80 °C Pressão de operação: 0,6 bar a 12 bar
Sensor indutivo	1	Temperatura do meio: -20 °C a +30 °C Tensão de operação: 10 V DC a 30 V DC
Sensor óptico	2	Temperatura do meio: -20 °C a +70 °C Tensão de operação: 10 V DC a 30 V DC
Botão com trava NA	1	Força de atuação: 14 N Temperatura do meio: -10 °C a +60 °C Pressão de operação: 0 bar a +8 bar
Roletes	7	Força de atuação: 7 N Temperatura do meio: -10 °C a +60 °C Pressão de operação: -0,95 bar a +8 bar

b) Diagrama trajeto-passo

Na **Figura 9.31**, segue o diagrama trajeto-passo do processo analisado, seguido da descrição sobre o posicionamento de cada atuador.

Descrição do diagrama trajeto-passo:

1) Cilindro 1 avança (para a frente), demais cilindros permanecem recuados.

2) Cilindro 2 avança (para baixo)
3) Garra 5 fecha (segura a peça)
4) Cilindro 2 recua (para cima)
5) Cilindro 1 recua (para trás)
6) Motor 4 avança para posição 1
7) Cilindro 2 avança (para baixo)
8) Cilindro 3 avança
9) Cilindro 3 recua
10) Cilindro 2 recua (para cima)
11) Motor 4 avança para posição 1+
12) Garra 5 abre (solta a peça)
13) Cilindro 2 avança (para baixo)
14) Cilindro 2 recua (para cima)
15) Motor 4 recua para posição 0

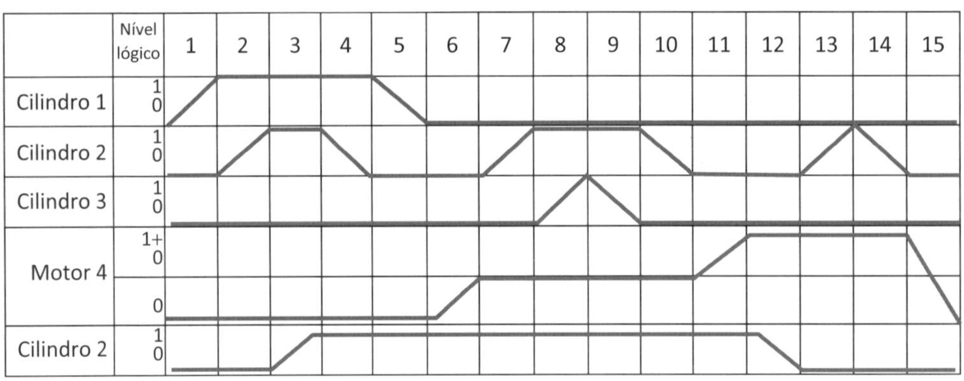

Figura 9.31 Diagrama trajeto-passo do processo analisado.

c) Esquemáticos pneumáticos e eletropneumáticos

O processo estudado foi reproduzido e simulado no software *Fluidsim 3.6 Portable* da empresa FESTO, cujo circuito pneumático é exibido na **Figura 9.32**.

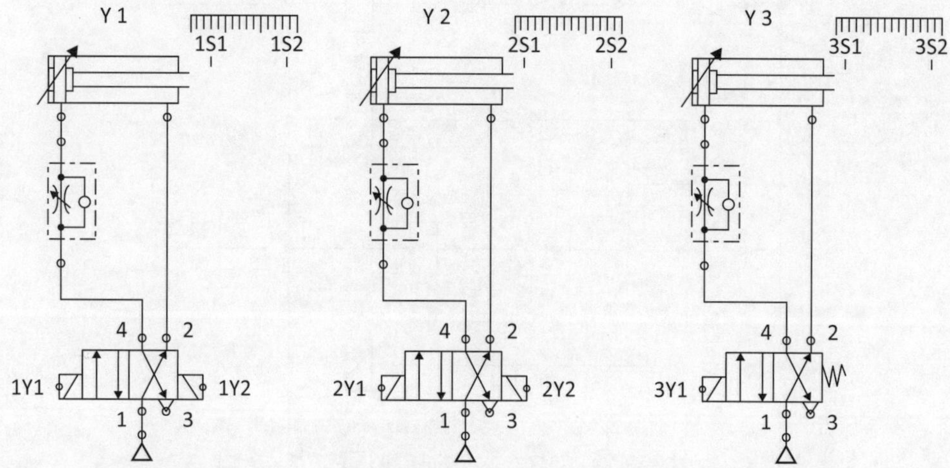

Figura 9.32 Circuito pneumático simulado no *Fluidsim*.

Fonte: Reprodução feita no software *Fluidsim*, com autorização da Festo, da bancada para processamento das peças pretas e brancas.

As nomenclaturas para os elementos do circuito pneumático foram:

Y1: cilindro 1 **Y2:** cilindro 2 **Y3:** cilindro 3

1Y1, 1Y2, 2Y1, 2Y2 e **3Y1:** solenoides

1S1, 1S2, 2S1,2S2,3S1 e **3S2**: sensores de posição (início e fim de curso)

O circuito eletropneumático também foi simulado no *Fluidsim*; o esquema simulado está dividido nas **Figuras 9.33a** e **9.33b**:

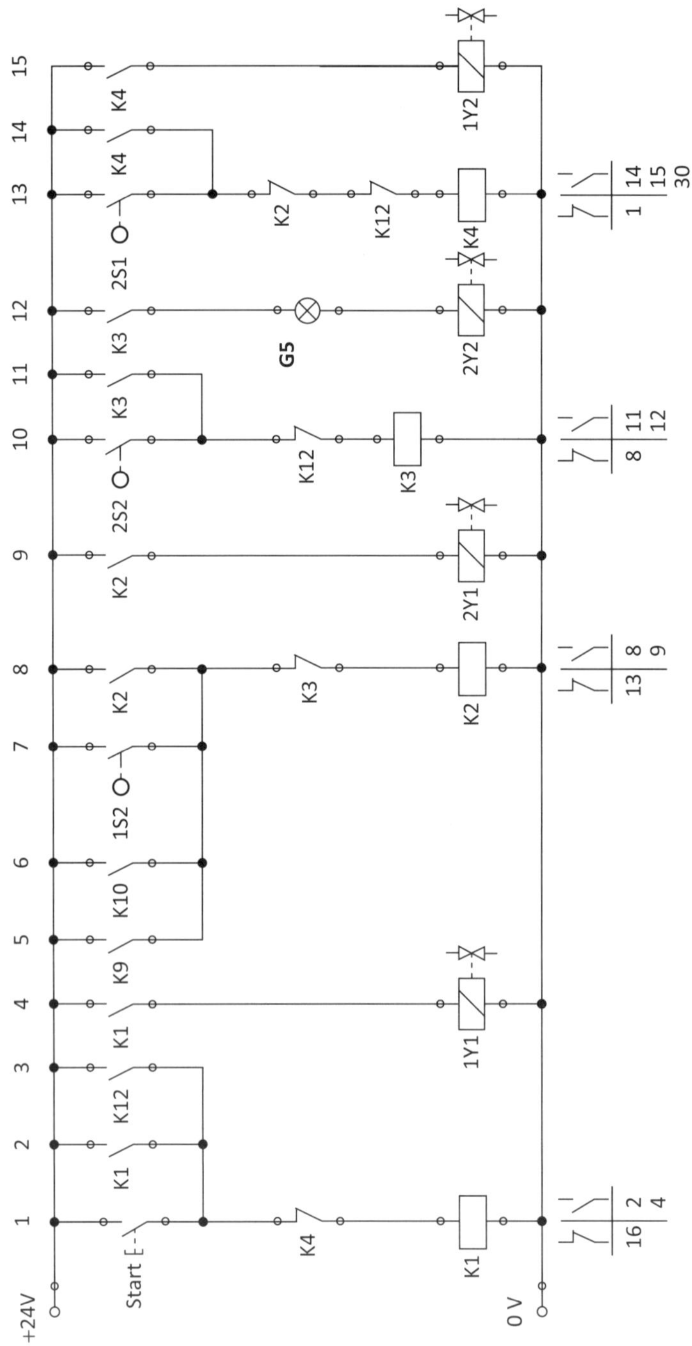

Figura 9.33a Circuito eletropneumático simulado no *Fluidsim* – linhas 1 a 15.

Fonte: Reprodução feita no *Fluidsim*, com autorização da Festo.

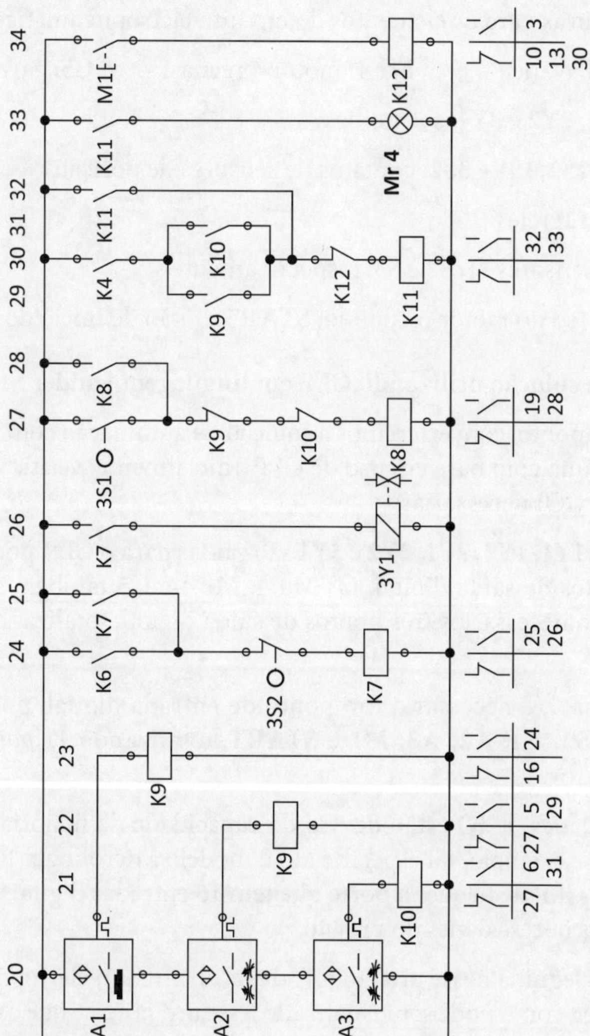

Figura 9.33b Circuito eletropneumático simulado no *Fluidsim* – linhas 16 a 34.

Fonte: Reprodução feita no *Fluidsim*, com autorização da Festo.

As nomenclaturas para os elementos do circuito eletropneumático foram:

Ma 4: motor 4 avança **Mr 4:** motor 4 recua **G5:** garra 5

1Y1, 1Y2, 2Y1, 2Y2 e **3Y1:** solenoides

1S1, 1S2, 2S1,2S2,3S1 e **3S2**: contatos de sensores de posição

K1, K2, ... , K12: relés

A1, A2 e **A3:** sensores S1, S2 e S3, respectivamente

M1: fim de curso do motor recuando; **START**: botão de início do processo.

d) Elaboração de solução utilizando CLP em linguagem Ladder

A partir deste ponto, converteremos a solução de automação com base em eletropneumática para uma com base em uso de CLP. Inicialmente, verifica-se o numero de entradas e saídas (IO) necessárias:

Os solenoides **1Y1, 1Y2, 2Y1, 2Y2** e **3Y1** são saídas para o CLP, portanto são necessários cinco pontos de saída digital. Os **Ma 4, Mr 4 e G5** também são atuados pelo CLP, portanto são necessários três pontos de saída digital, totalizando *oito pontos de saída digital.*

Para cada sensor, é necessário um ponto de entrada digital; portanto **1S1, 1S2, 2S1, 2S2, 3S1, 3S2, A1, A2, A3, M1** e **START**, totalizando 11 *pontos de entradas digitais.*

Essas necessidades de IO estão dentro da capacidade da maioria dos CLP de pequeno porte; nesse exemplo, foi especificado o modelo MicroLogix 1000, da Rockwell Automation, um CLP de pequeno porte que tem 16 entradas digitais e 16 saídas digitais, atendendo as necessidades do projeto.

A abordagem seguida nesse projeto foi adaptar o circuito eletropneumático para a linguagem Ladder, como pode ser visualizado a seguir; note-se que os relés K1, K2 etc. são todos memórias internas no CLP e, de acordo com as **Figuras 9.30a** e **9.30b**, não existem temporizadores, contadores ou demais funções avançadas, apenas lógica de contato, que, de maneira geral, utiliza pouquíssima memória do CLP.

A partir do contato elétrico explicitado na **Figura 9.33a**, pontos 1, 2 e 3 que energizam o relé K1, elaborou-se a linha de Ladder 0000 na qual se vê que START, K1 E K12 estão em paralelo (lógica OU) K4 está em serie (lógica E). Nota-se também que contatos elétricos do tipo normalmente aberto são equivalentes a instrução (XIC) do inglês *eXamine If Closed*) e as normalmente fechada como K4 visto na linha 0000 são equivalentes a instrução (XIO) (do inglês *eXamine If Open*). A cada saída física como 1Y2, 2Y1 etc. foi associada uma bobina energizada (OTE) (do inglês *output terminal energize*), como se vê na linha 0000 ou na 0001. A **Figura 9.34 r**epresenta a a solução via CLP.

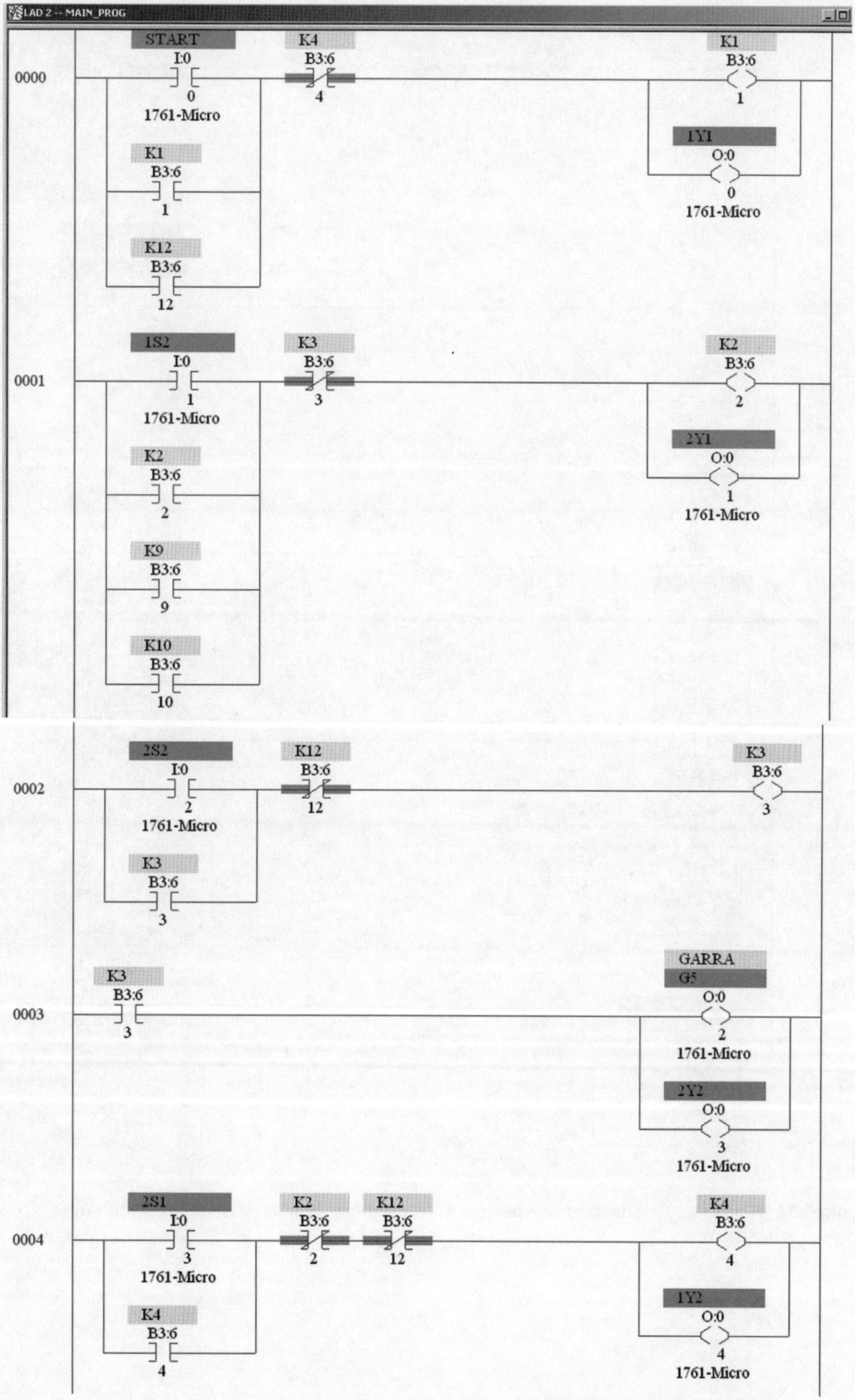

Figura 9.34 Solução via CLP da máquina perfuradora/estampadora automatizada (*continua*).

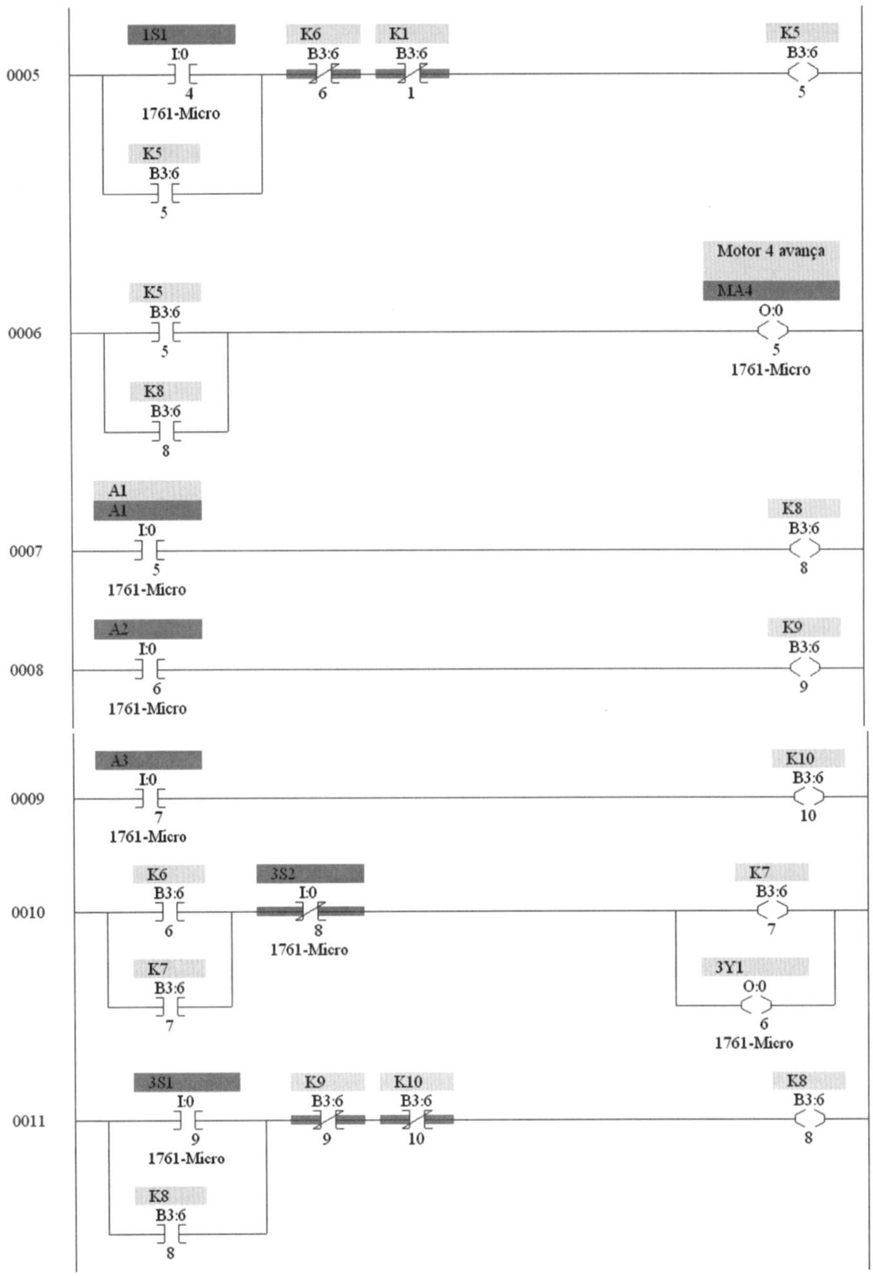

Figura 9.34 Solução via CLP da máquina perfuradora/estampadora automatizada (*continua*).

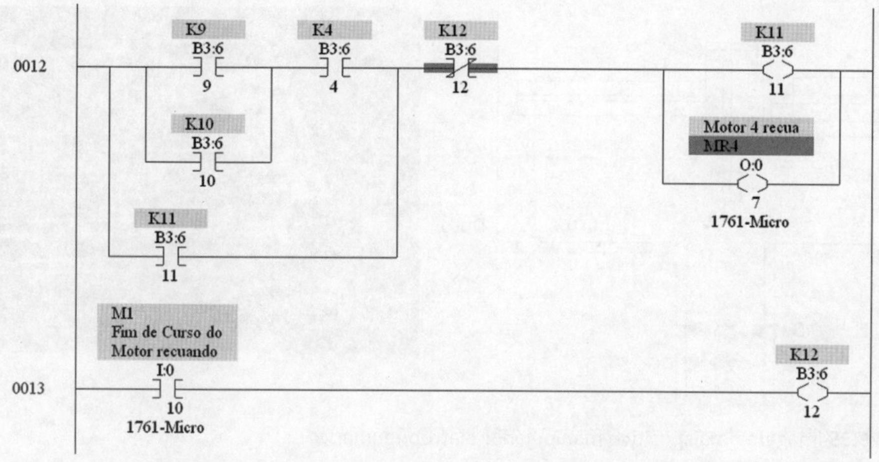

Figura 9.34 Solução via CLP da máquina perfuradora/estampadora automatizada (*continuação*).

Fonte: Lógica elaborada pelo autor no software *RSLogix500*, com reprodução foi autorizada pela Rockwell.

Exemplo 9.10.2 Manipulador eletropneumático

a) Descrição do processo

O processo analisado corresponde ao link: https://goo.gl/sLHjqV.

O manipulador eletropneumático do projeto pode ser utilizado nas mais variadas linhas de produção industrial nas quais exista a necessidade de manipulação de um objeto de um ponto a outro, dentro das limitações e com os devidos ajustes mecânicos e operacionais necessários para a adequação a determinado processo.

O equipamento conta com um programa predefinido automatizado, com deslocamento em dois eixos e uma garra. Existem ainda um sensor óptico para detectar o produto e iniciar o processo automático, um led indicador de operação, um botão "Liga/Desliga" e um acionamento manual de emergência.

O sistema tem três válvulas direcionais pneumáticas 5\2 vias acionadas por simples solenoides de 24 V, dois atuadores pneumáticos de dupla ação e uma garra radial de dupla ação. A **Figura 9.35** representa a bancada onde ocorre o processo:

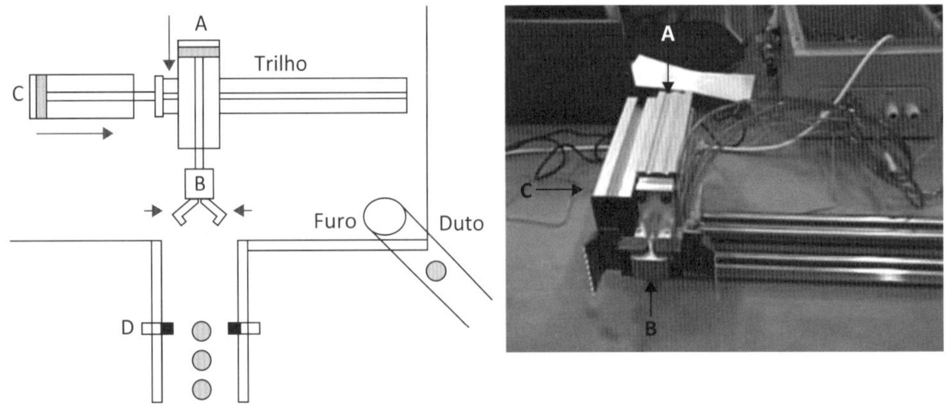

Figura 9.35 Imagem do dispositivo manipulador eletropneumático.

Descrição do dispositivo:

- Atuador A: o componente A no qual está acoplado o componente B é responsável pelo avanço e recuo do componente B na direção do objeto.
- Garra B: o componente B é responsável pela ação de captura do objeto; no esquema desta figura foi representada uma garra radial de duas pontas.
- Atuador C: o componente C é responsável pelo deslocamento na horizontal; com o movimento de recuo e avanço, o atuador desloca o conjunto A+B para o lado esquerdo e para o direito.

b) Componentes e condições de operação

Na **Tabela 9.3**, estão descritos os elementos utilizados no processo.

Tabela 9.3 Elementos, quantidades utilizadas e condições de operação

Elemento	Quantidade Utilizada	Condições de Operação
Relés	4	Temperatura do meio: -5 °C a +50 °C Pressão de operação: -0,9 bar a +10 bar Tensão de operação: 20,4 V DC a 26,4 V DC
Sensor indutivo	4	Temperatura do meio: -20 °C a +30 °C Tensão de operação: 10 V DC a 30 V DC
Sensor óptico	1	Temperatura do meio: -20 °C a +70 °C Tensão de operação: 10 V DC a 30 V DC
Sensor magnético (da garra)	2	Temperatura do meio: -20 °C a +70 °C Tensão de operação: 10 V DC a 30 V DC, PNP ou NPN

(continua)

Tabela 9.3 Elementos, quantidades utilizadas e condições de operação *(continuação)*

Elemento	Quantidade Utilizada	Condições de Operação
Atuador A (avanço)	1	Haste unilateral; dupla ação; diâmetro do cilindro: 80 mm; diâmetro da haste: 25 mm; curso: 500 mm. Pressão de operação: 6 bar.
Atuador B (garra)	1	Garra radial; dupla ação; dimensão: 25 mm; ângulo de abertura: 180º
Atuador C (deslocamento horizontal)	1	Haste unilateral; dupla ação; diâmetro do cilindro: 80 mm; diâmetro da haste: 25 mm; curso: 1.000 mm.

c) Diagrama trajeto-passo

A **Figura 9.36** mostra o diagrama trajeto-passo do processo analisado, seguido da descrição sobre o posicionamento de cada atuador:

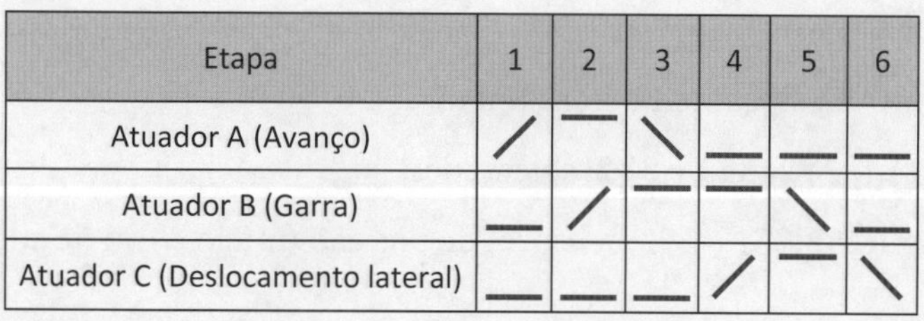

Figura 9.36 Diagrama de passo dos movimentos dos atuadores do dispositivo manipulador eletropneumático.

- **Etapa 1:** o atuador A avança enquanto os outros dois permanecem parados.
- **Etapa 2:** a garra se fecha, o atuador A permanece avançado e o atuador C continua na posição inicial.
- **Etapa 3:** o atuador A retorna à posição inicial, a garra se mantém fechada e o atuador C continua parado.
- **Etapa 4:** o atuador C avança enquanto os outros dois não mudam de posição.
- **Etapa 5:** apenas a garra se abre.
- **Etapa 6:** apenas o atuador C recua e, com isso, todos os atuadores ficam na posição inicial, prontos para reiniciar o ciclo a partir da etapa 1.

d) Esquemáticos pneumáticos e eletropneumáticos

O processo estudado foi reproduzido e simulado no software *Fluidsim 3.6 Portable* da empresa FESTO, cujo circuito pneumático é descrito na **Figura 9.37.**

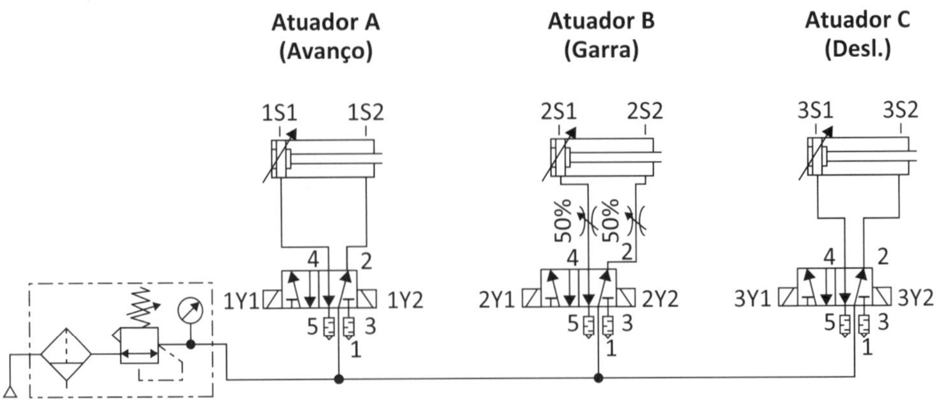

Figura 9.37 Circuito pneumático dos atuadores do dispositivo manipulador eletropneumático.

Fonte: Reprodução feita no software *Fluidsim* com publicação autorizada pela Festo.

Na **Figura 9.38**, as nomenclaturas para os elementos do circuito pneumático foram:

Y1: atuador A (avanço);

Y2: atuador B (garra);

Y3: atuador C (deslocamento horizontal);

1Y1, 1Y2, 2Y1, 2Y2, 3Y1 e 3Y2: solenoides;

1S1, 1S2, 2S1,2S2,3S1 e **3S2:** sensores de posição (início e fim de curso).

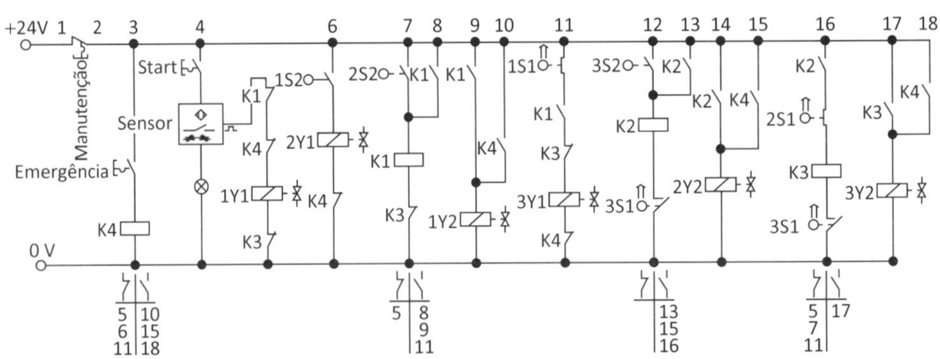

Figura 9.38 Circuito eletropneumático dos atuadores do dispositivo manipulador eletropneumático.

Fonte: Reprodução feita no software *Fluidsim* com publicação autorizada pela Festo.

e) Elaboração de solução utilizando CLP em linguagem Ladder

A partir deste ponto, converteremos a solução de automação com base em eletropneumática para uma com base em uso de CLP. Inicialmente, verifica-se o número necessário de entradas e saídas (IO):

Os solenoides **1Y1, 1Y2, 2Y1, 2Y2, 3Y1 e 3Y2** são saídas para o CLP, portanto são necessários seis pontos de saída digital.

Para cada sensor, é necessário um ponto de entrada digital; portanto **1S1, 1S2, 2S1, 2S2, 3S1, 3S2, START, EMERGÊNCIA** e **sensor óptico**, totalizando nove *pontos de entradas digitais.*

Essas necessidades de IO estão dentro da capacidade da maioria dos CLP de pequeno porte; nesse exemplo, foi especificado o modelo MicroLogix 1000, da Rockwell Automation, um CLP de pequeno porte que conta com 16 entradas digitais e 16 saídas digitais para atender as necessidades do projeto.

A abordagem seguida nesse projeto foi adaptar o circuito eletropneumático para a linguagem Ladder, como pode ser visualizado a seguir. Note-se que os relés K1, K2 etc. são todos memórias internas no CLP e, de acordo com a **Figura 9.38**, não existem temporizadores, contadores ou demais funções avançadas, apenas lógica de contato, que, de maneira geral, utiliza pouquíssima memória do CLP.

A partir do contato elétrico explicitado, na **Figura 9.39,** pontos 7 e 8 que energizam o relé K1, elaborou-se a linha de Ladder 0003, na qual se vê que 2S2 e K1 estão em paralelo (lógica OU) e K3 está em série (lógica E). Nota-se também que contatos elétricos do tipo normalmente aberto são equivalentes à instrução (XIC) (*eXamine If Closed*) e os do tipo normalmente fechado, como K3 visto na linha 0003, são equivalentes à instrução (XIO) (*eXamine If Open*).

A cada saída física como 1Y2, 2Y1 etc., foi associada uma bobina energizada (OTE) (*Output Terminal Energize*), como se vê na linha 0001 ou na 0002.

Figura 9.39 Solução via CLP do dispositivo manipulador (*continua*).

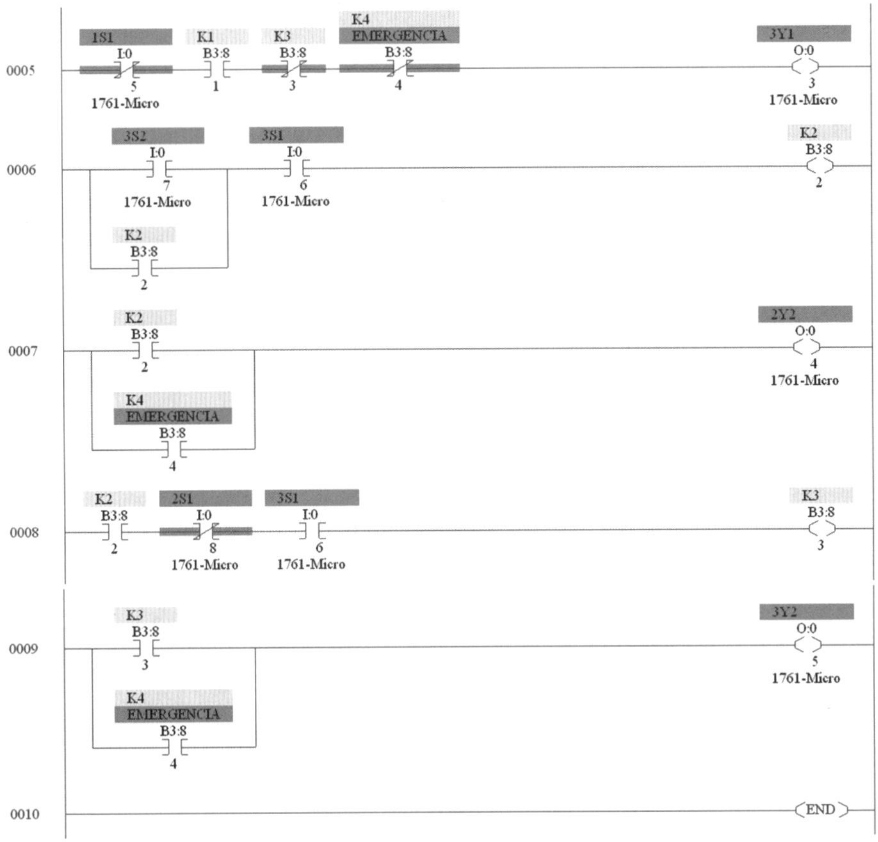

Figura 9.39 Solução via CLP do dispositivo manipulador (*continuação*).

Fonte: Lógica elaborada pelo autor no software RSLogix500 com reprodução autorizada pela Rockwell.

Exemplo 9.10.3 Manipulador pneumático com sistema de identificação, separação e posicionamento de peças

a) Descrição do processo

O processo analisado corresponde ao link: https://goo.gl/DxnqbR.

O equipamento consiste em uma mesa com dois perfis verticais de alumínio (**Figura 9.40**) que sustentam um perfil horizontal onde está fixado um cilindro interligado a outros dois cilindros que estão sobre uma guia linear, fazendo, assim, o "eixo X" e, na haste do terceiro cilindro, está fixado um cilindro vertical, fazendo o "eixo Y", que tem, na sua haste, uma garra do fabricante Schunk. Essa garra de pinças paralelas é capaz de girar 90° no seu eixo.

O sistema todo tem quatro esteiras, sendo uma de entrada com suportes escalonados para assento de três tamanhos de peça – pequena, média e grande – e com sensores para identificar o tamanho da peça; e outras três esteiras de saída, cada uma para um tipo de peça com cilindros para a função de alimentar e *stop* para os suportes das peças.

Funcionamento:

Com os cilindros todos recuados na posição inicial sobre a esteira de entrada, o motor da esteira de entrada é ligado até que o suporte acione o sensor de posição, fazendo o motor desligar ao mesmo tempo que libera o avanço do "eixo Y", o que faz a garra se posicionar sobre a peça. Ao mesmo tempo, os sensores de identificação da peça sinalizam a presença da peça pequena, média ou grande, definindo para qual esteira de saída a peça será transportada. O sensor de fim de curso do eixo Y acionado libera a fixação da garra, que, depois de fixar a peça, envia sinal para subir o eixo Y.

O eixo Y, em cima, libera o avanço do eixo X e, se a peça fixada for pequena, avançará apenas o cilindro horizontal 1, posicionando a garra sobre a esteira de saída para peças pequenas; se a peça for média, serão acionados os cilindros 1 + 2, deslocando o eixo X para cima da esteira de saída para peças médias; e, por sua vez, se a peça for grande, avançarão os cilindros 1 + 2 + 3, posicionando a garra sobre a esteira de saída para peças grandes. Existe a possibilidade de girar a peça 90°, se for necessário. O ciclo de avanço da esteira de entrada é iniciado novamente.

Em cada esteira de saída, existem dois cilindros para controlar os suportes de descarga da peça.

Um cilindro segura a fila de suportes na esteira e o outro posiciona o suporte para receber o produto na posição que a garra fará a descarga.

Com o suporte da esteira de saída posicionado, o eixo Y pode descer, abrir a garra, depositando a peça sobre o suporte, subir e recuar para posição inicial.

Cada cilindro Festo conta com sensores de fim de curso para dar prosseguimento ao ciclo.

Existe um sensor na esteira de entrada, para detectar quando o suporte está na posição de descarga, que desliga o motor da esteira. Esse mesmo motor é religado quando os três sensores que identificam o tipo de peça que está no suporte perdem o sinal. Por fim, na garra existe um sensor para confirmar seu fechamento.

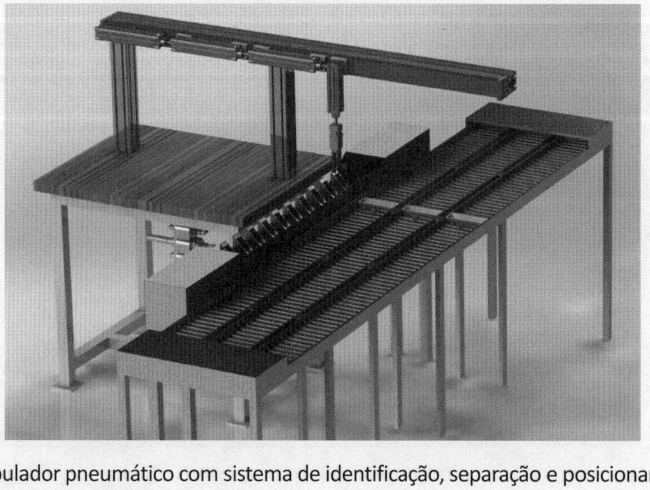

Figura 9.40 Manipulador pneumático com sistema de identificação, separação e posicionamento de peças.

b) Diagrama trajeto-passo

A **Figura 9.41** mostra o diagrama trajeto-passo do processo analisado, seguido da descrição sobre o posicionamento de cada atuador.

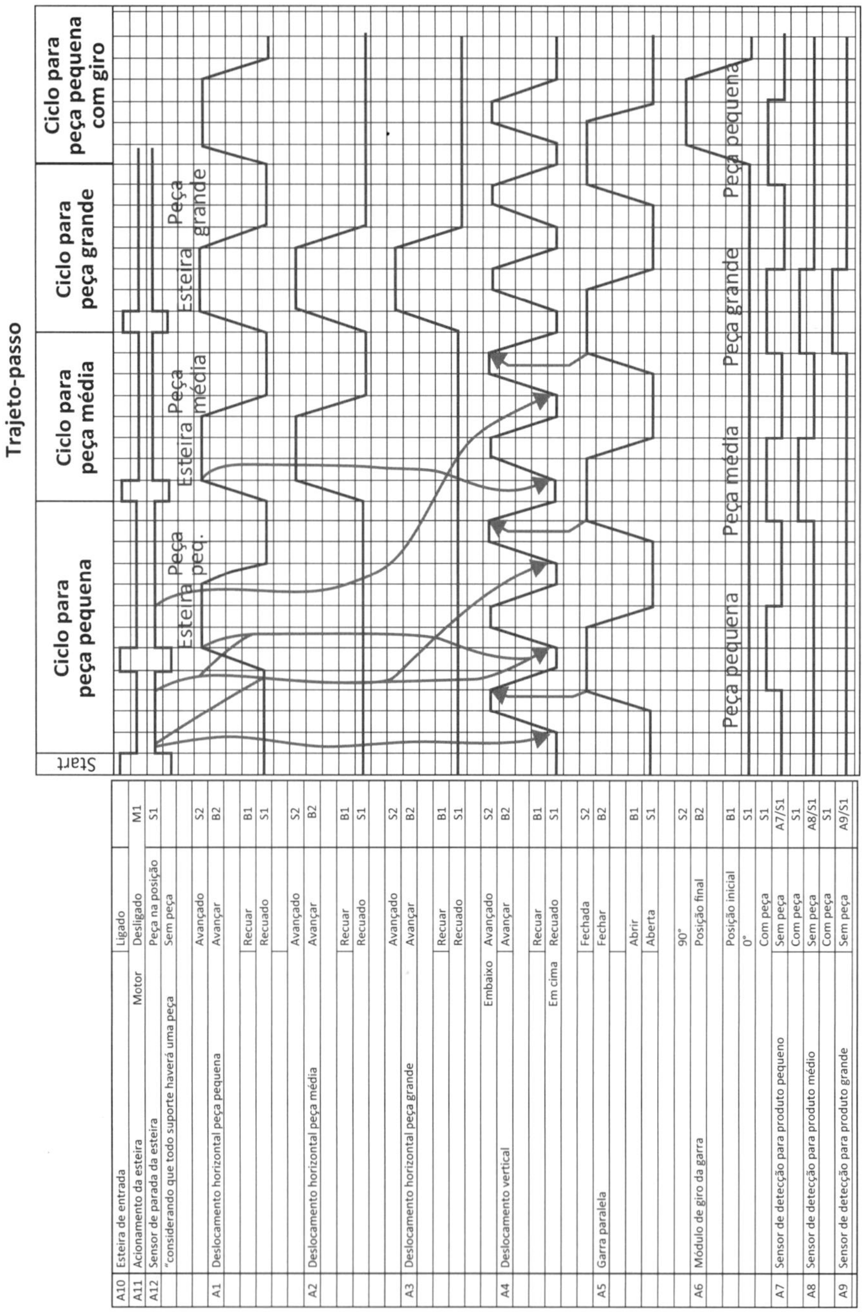

Figura 9.41 Diagrama de passo dos movimentos dos atuadores do manipulador pneumático com sistema de identificação, separação e posicionamento de peças.

c) Esquemáticos pneumáticos e eletropneumáticos

O processo estudado foi reproduzido e simulado no software *Fluidsim 3.6 Portable* da empresa Festo, cujo circuito pneumático está descrito na **Figura 9.42** e o eletropneumático, nas **Figuras 9.43a** e **9.43b**:

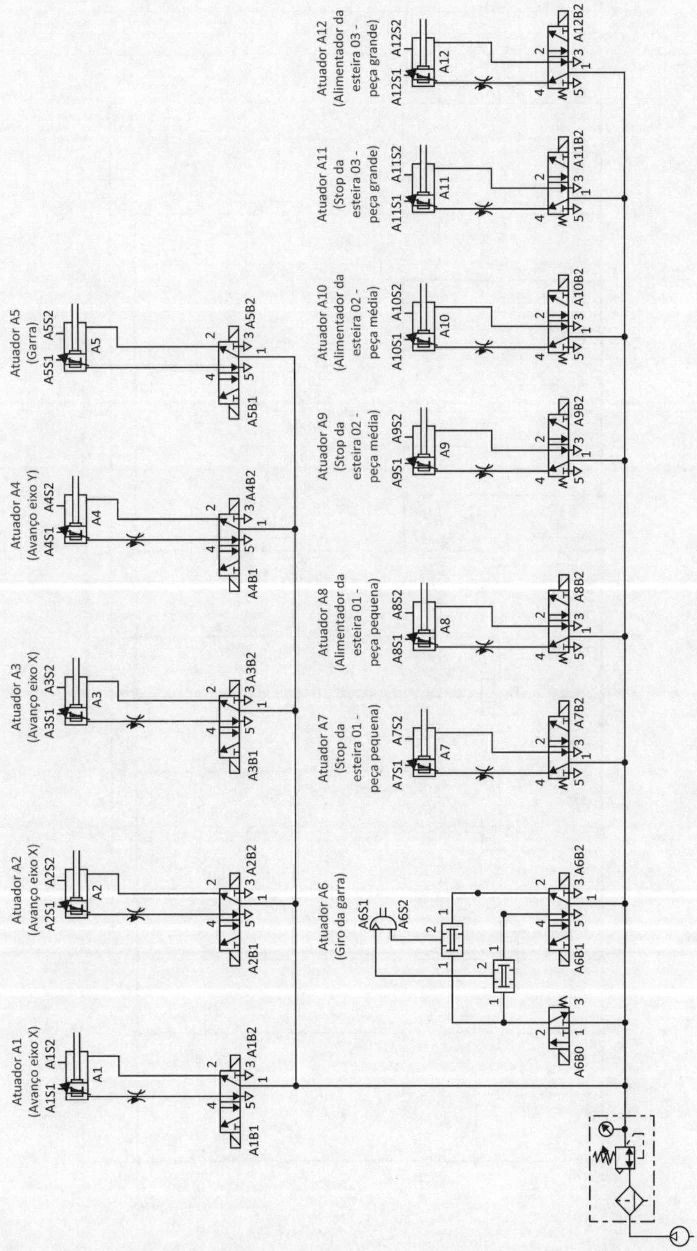

Figura 9.42 Circuito pneumático dos atuadores do dispositivo manipulador pneumático com sistema de identificação, separação e posicionamento de peças.

Fonte: Reprodução feita no software *Fluidsim* com reprodução autorizada pela Festo.

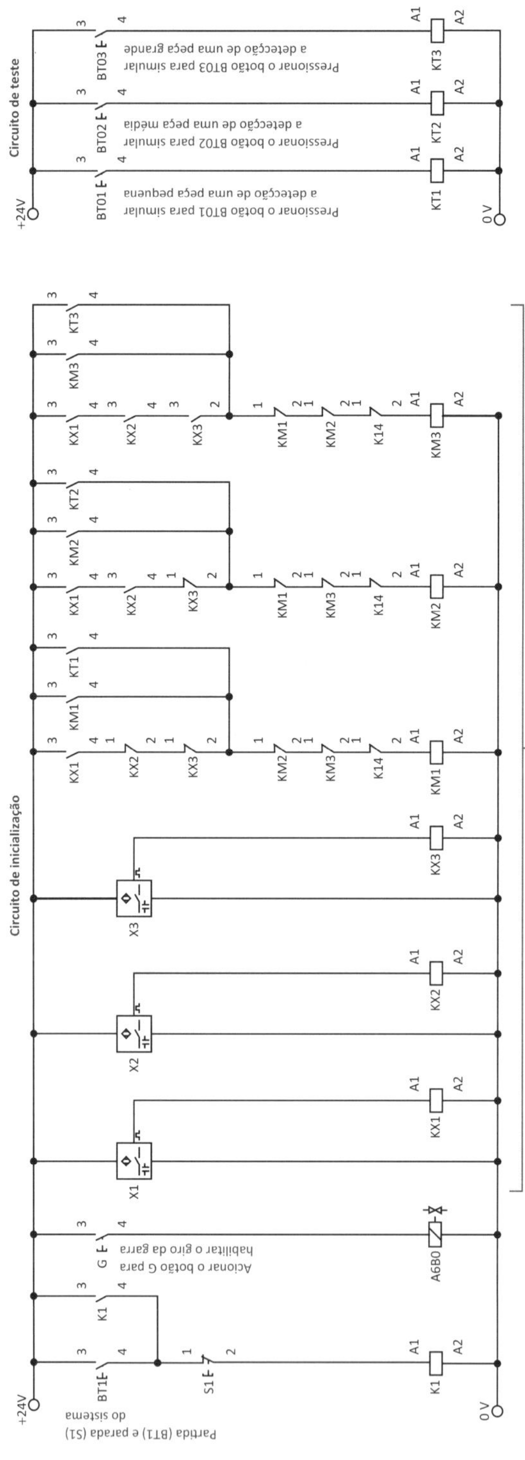

Figura 9.43a Circuito eletropneumático dos atuadores do dispositivo manipulador pneumático com sistema de identificação, separação e posicionamento de peças.

Fonte: Reprodução feita no software *Fluidsim* com publicação autorizada pela Festo.

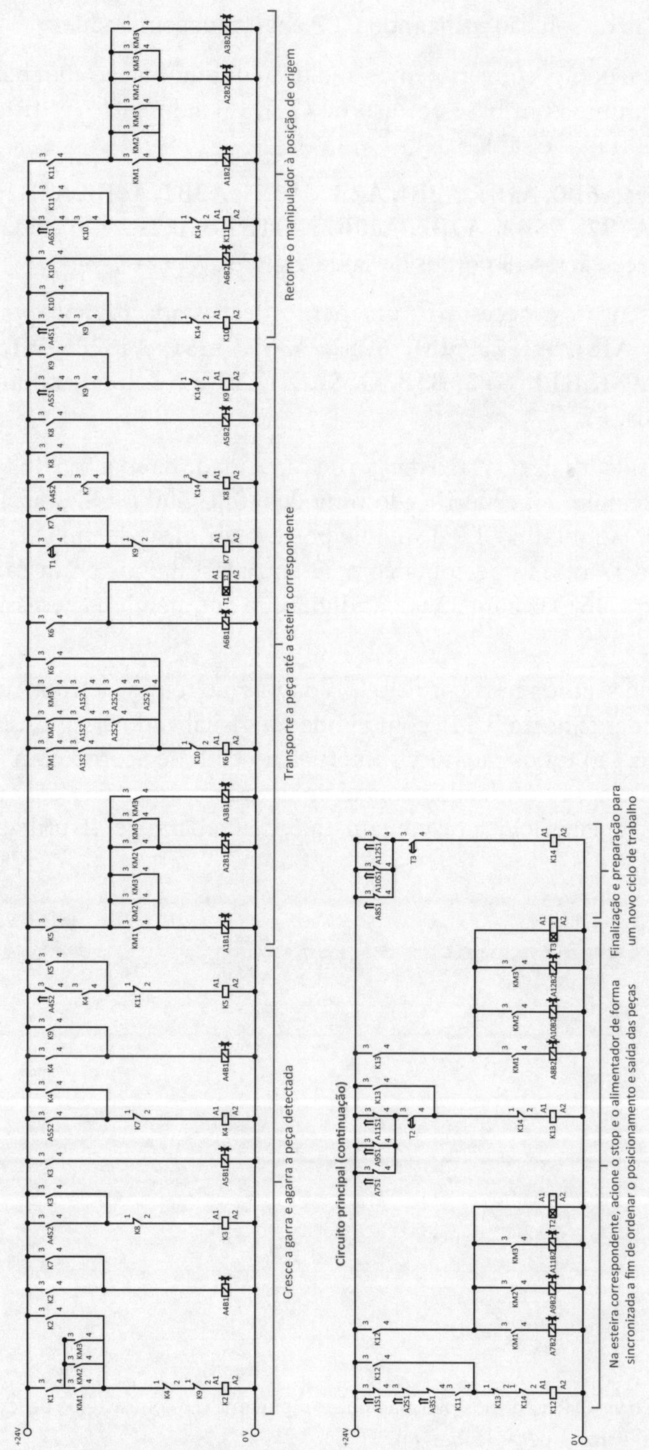

Figura 9.43b Circuito eletropneumático dos atuadores do dispositivo Manipulador pneumático com sistema de identificação, separação e posicionamento de peças.

Fonte: Reprodução feita no software *Fluidsim* com publicação autorizada pela Festo.

d) Elaboração de solução utilizando CLP em linguagem Ladder

A partir deste ponto, converteremos a solução de automação com base em eletropneumática para uma com base em uso de CLP. Inicialmente, verifica-se o número necessário de entradas e saídas (IO).

Os solenoides **A6B0, A1B1, A2B1, A2B2, A3B1, A3B2, A4B1, A4B2, A5B1, A5B2, A6B1, A6B2, A7B2, A8B2, A9B2, A10B2, A11B2** e **A12B2** são saídas para o CLP, portanto são necessários 18 pontos de saída digital.

Para cada sensor, é necessário um ponto de entrada digital; portanto **A10S1, A11S1, A12S1, A1S1, A1S2, A2S1, A2S2, A3S1, A4S1, A4S2, A5S1, A5S2, A6S1, A7S1, A8S1, A9S1, BT1, BT2, BT3, G, S1, X1, X2 e X3**, totalizando 24 pontos de entradas digitais.

Essas necessidades de IO estão dentro da capacidade da maioria dos CLP de médio porte; nesse exemplo, foi especificado o modelo SLC 500 MODELO 1747 L532E da Rockwell Automation, um CLP de médio porte e por meio de um cartão de entradas digitais modelo 1746 I32 que conta com 32 entradas digitais e um cartão de saídas digitais modelo 1746 O32 com 32 saídas digitais, o que atende as necessidades do projeto com sobra.

A abordagem seguida nesse projeto foi adaptar o circuito eletropneumático para a linguagem Ladder (**Figura 9.44**), como pode ser visualizado a seguir. Note-se que os relés K1, K2 etc. são todos memórias internas no CLP de acordo com a **Figura 9.44**. No projeto em tela, são utilizados dois temporizadores, mas não contadores ou funções avançadas, apenas lógica de contato, que, de maneira geral, utiliza pouquíssima memória do CLP.

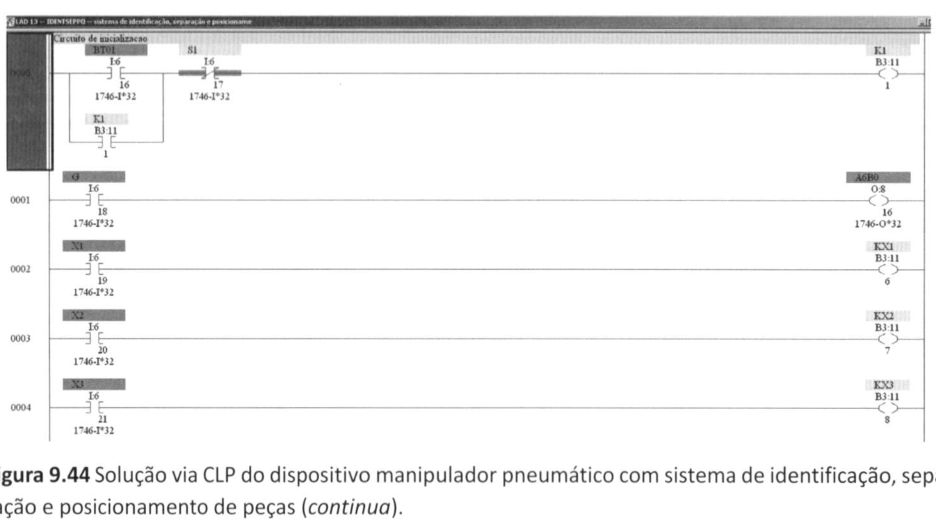

Figura 9.44 Solução via CLP do dispositivo manipulador pneumático com sistema de identificação, separação e posicionamento de peças (*continua*).

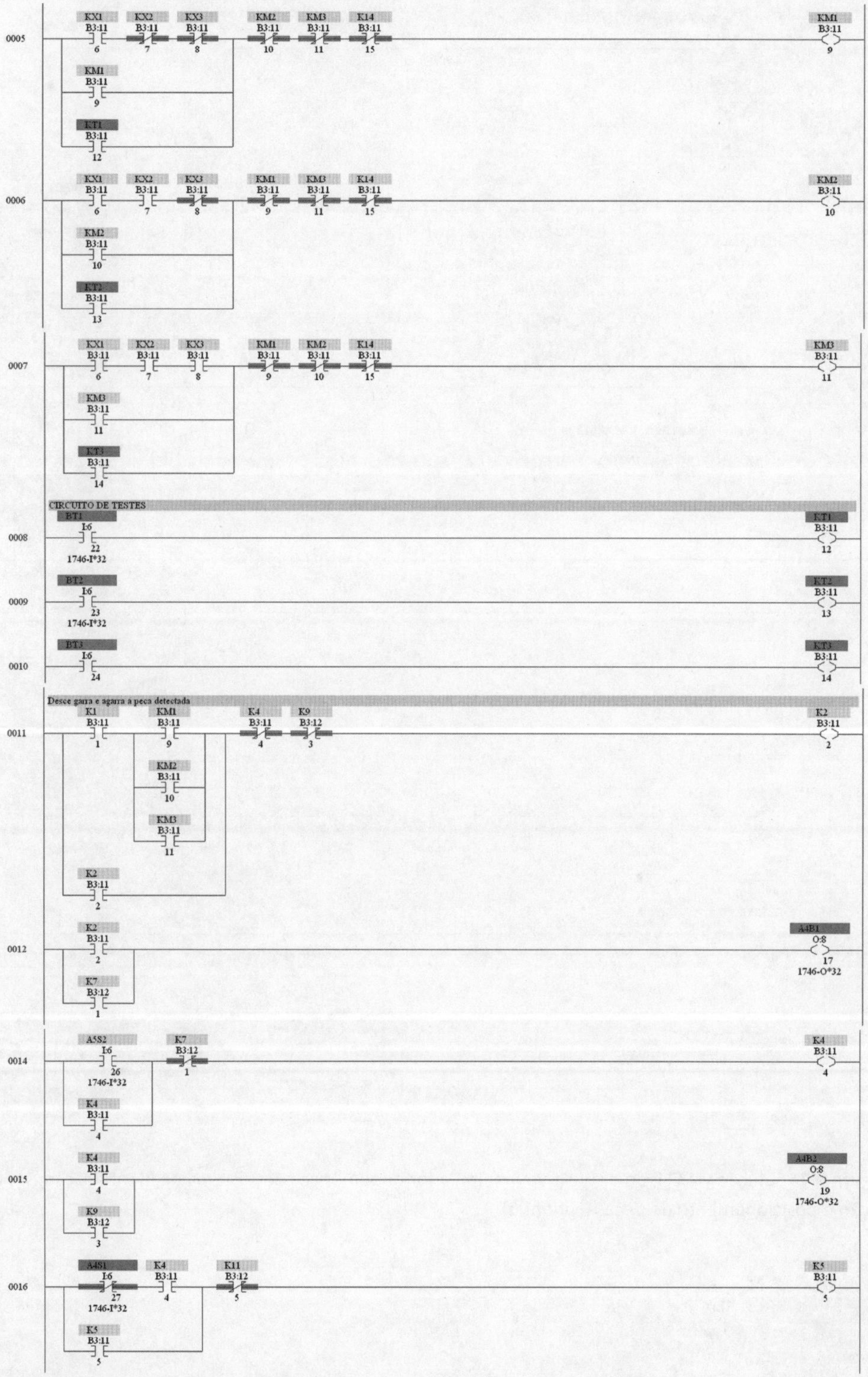

Figura 9.44 Solução via CLP do dispositivo manipulador pneumático com sistema de identificação, separação e posicionamento de peças (*continua*).

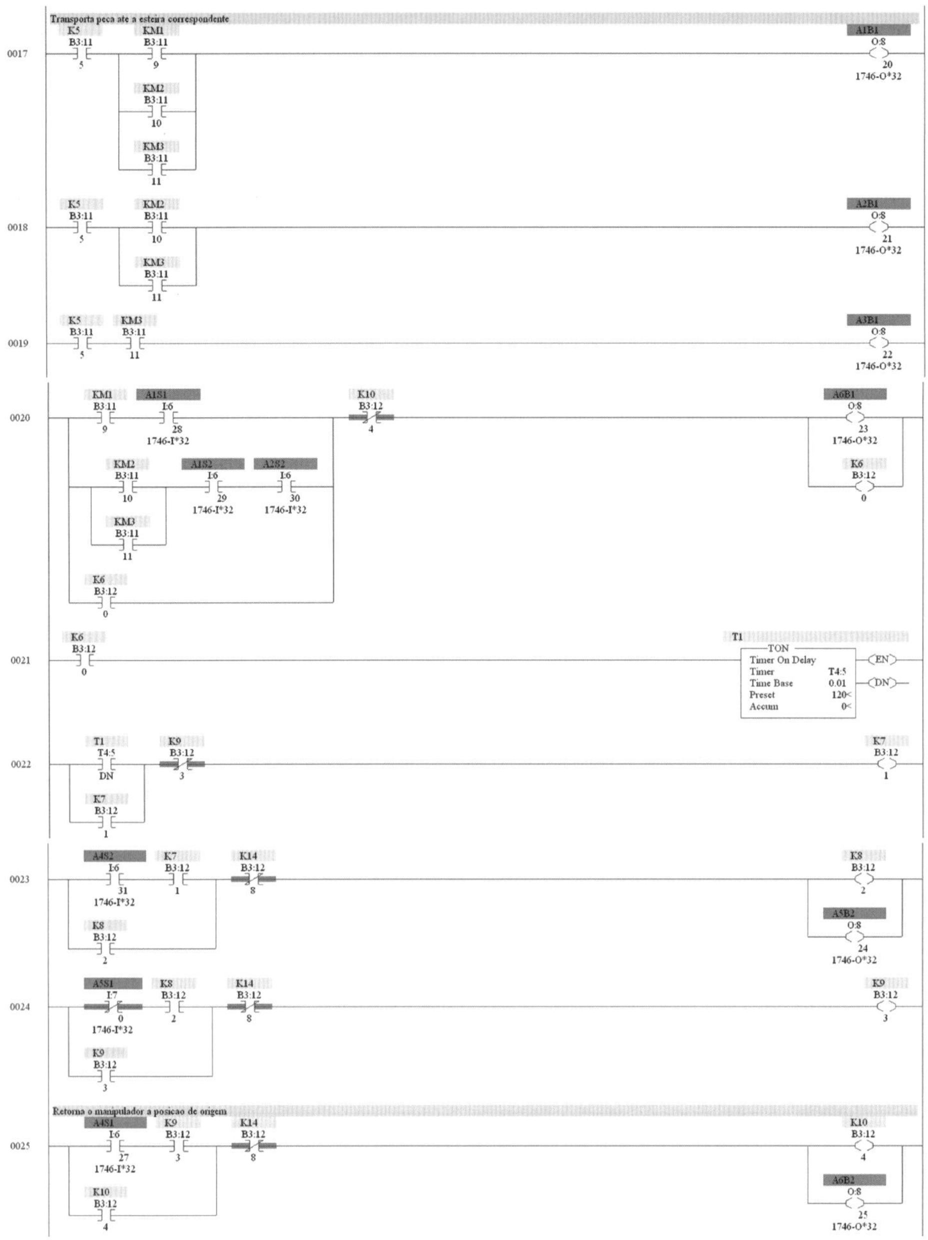

Figura 9.44 Solução via CLP do dispositivo manipulador pneumático com sistema de identificação, separação e posicionamento de peças (*continua*).

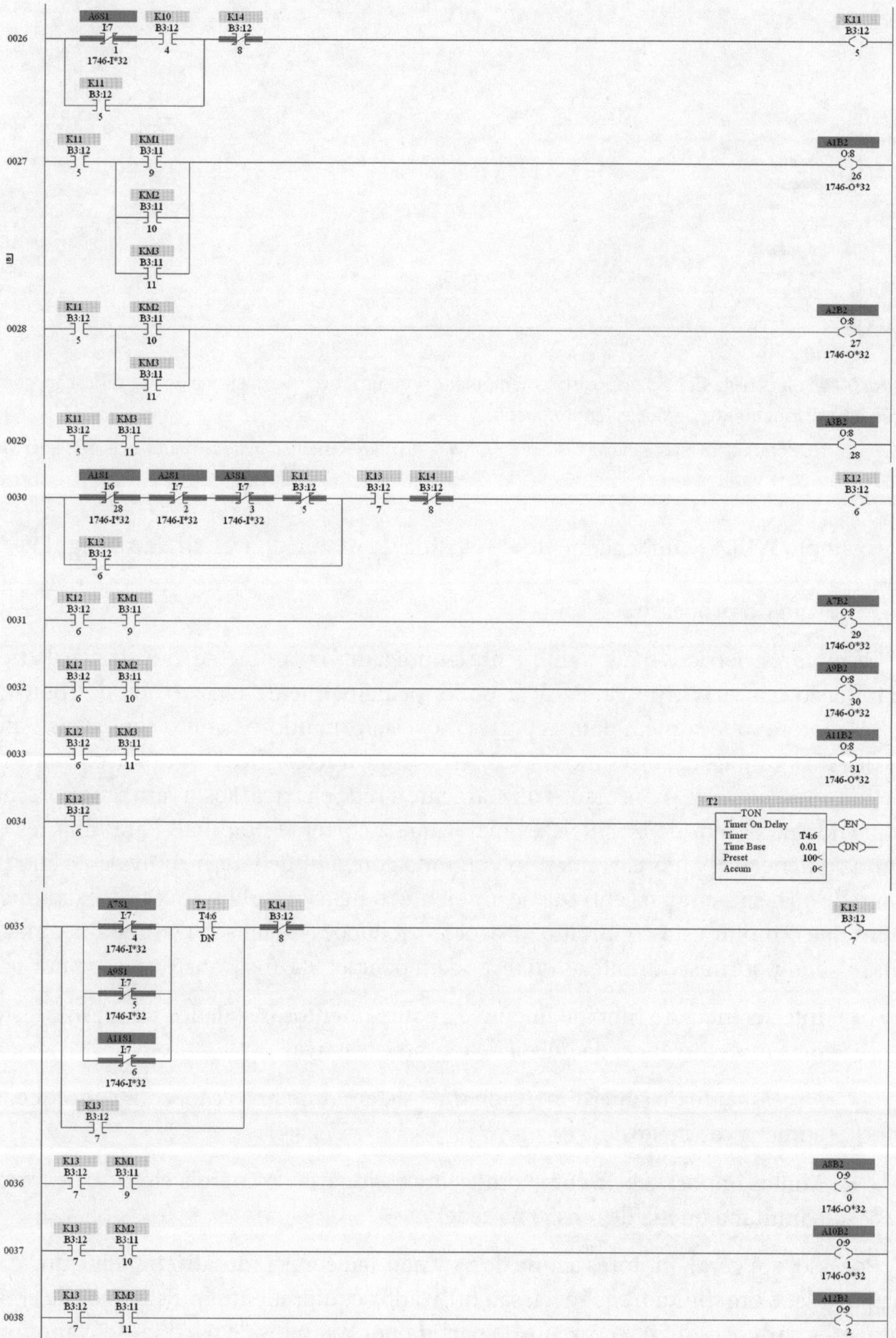

Figura 9.44 Solução via CLP do dispositivo manipulador pneumático com sistema de identificação, separação e posicionamento de peças (*continua*).

Figura 9.44 Solução via CLP do dispositivo manipulador pneumático com sistema de identificação, separação e posicionamento de peças (*continuação*).

Fonte: Lógica elaborada pelo autor no software RSLogix500 com publicação autorizada pela Rockwell.

Exemplo 9.10.4 Sequenciamento de partida de motor, chave estrela-triângulo

a) Descrição do processo

Os motores elétricos mais comumente empregados no ambiente industrial é do tipo de indução trifásico, tipo gaiola de esquilo, principalmente em virtude da robustez desses motores que contêm poucas partes móveis, tornando-os muito confiáveis. Apesar das suas vantagens, esses motores apresentam característica de grande corrente de partida, pois, ao serem conectados diretamente à rede elétrica, absorvem uma corrente de partida na ordem de 4 a 10 vezes maior que a corrente nominal. Para motores de grande potência, as altas correntes, interagindo com a impedância equivalente entre o ponto de fornecimento, na entrada do ambiente industrial (subestação), e o barramento em que o motor está conectado, provocam reduções de tensão ("afundamentos de tensão") temporárias, durante as quais podem ocorrer alguns transtornos, como:

- Interferência no funcionamento de equipamentos instalados no mesmo sistema em decorrência da queda de tensão excessiva.
- Necessidade de superdimensionar os sistemas de proteção, com consequente aumento de custos.
- Multas impostas pela companhia concessionária de energia elétrica, de forma a limitar a queda de tensão na rede.

Por isso, em geral, motores acima de 5 cv não são conectados diretamente durante sua partida. Com muita frequência, são utilizados equipamentos ou arranjos de equipamentos para se reduzir a corrente de partida por métodos de partida eletromecânicos (com relés) ou eletrônicos (com dispositivos de partida soft-starter).

O sistema de partida indireta mais usado é o de estrela-triângulo, que consiste em ligar, numa primeira instância, as bobinas do enrolamento do motor numa configuração estrela e, portanto, alimentando cada bobina com $\frac{1}{\sqrt{3}} = (0{,}5773)$ vezes a tensão nominal do motor (**Figura 9.45a**). Quando o motor atingir aproximadamente a metade de sua rotação nominal, a ligação das bobinas é mudada para a configuração triângulo, o que alimenta o motor com sua tensão nominal (**Figura 9.45b**); essa mudança pode ser feita por um operador, por relés temporizados ou por contatores controlados, como é o caso para esta experiência.

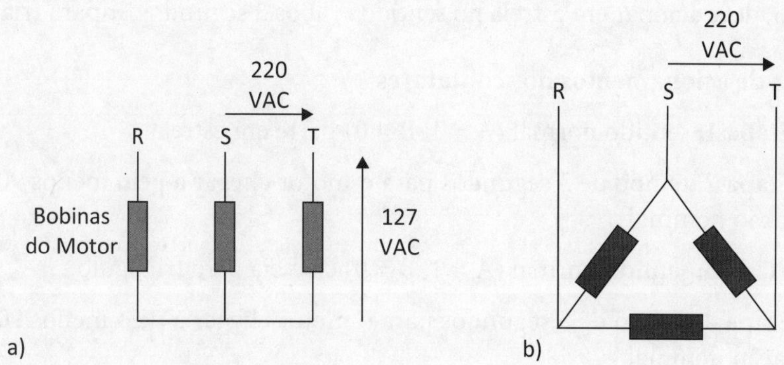

Figura 9.45 Tipos de ligações de motores: estrela (a) e triângulo (b).

Uma solução para o problema é a utilização de quatro contatores, como mostrado na **Figura 9.46**; os contatores A, C e D são para mudar de delta para estrela, enquanto o contator B é para inverter o sentido de rotação.

A partida deverá ocorrer primeiramente em estágio **estrela** e permanecer nesse estado por 3 segundos, devendo, então, ir para o estágio **triângulo**.

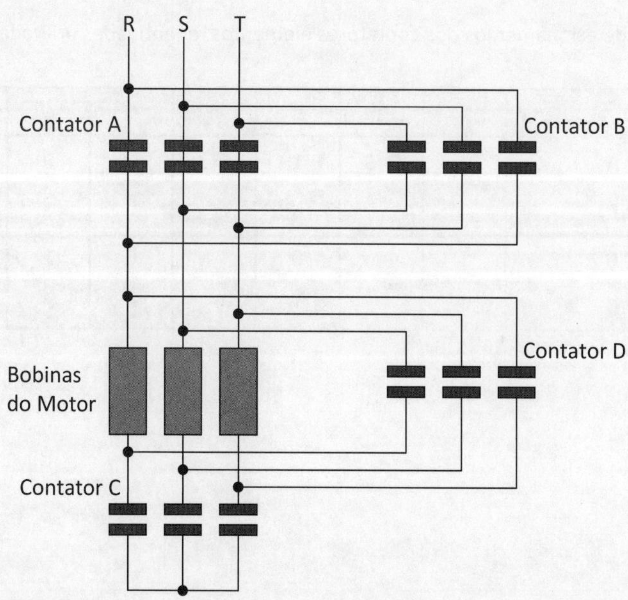

Figura 9.46 Esquema elétrico do motor e contatores para partida estrela-triângulo.

b) Descrição do problema de automação

Nesta montagem, deve-se acionar o motor pelo botão "Liga", e deve ainda ser possível desligá-lo em qualquer instante que for necessário pelo botão "Desliga". O motor contará ainda com uma chave de sentido de rotação, sendo que se arbitrou o valor lógico 1 para sentido normal e 0 para o sentido inverso no caso de o sentido de rotação ser mudado com o motor funcionando, e este deverá parar. O motor, independentemente do sentido, deve acionar em estrela no sentido e, após 3 segundos, ir para triângulo.

c) Estados de acionamentos dos contatores

- **Etapa 1:** sentido normal (A = 1, B = 0) parte em estrela.
- **Etapa 2:** tempo de 3 segundos para o motor chegar a pelo menos 90% da rotação nominal.
- **Etapa 3:** sentido normal (A = 1, B = 0) chaveia para triângulo.
- **Etapa 4:** tempo de 3 segundos para o motor chegar a pelo menos 90% da rotação nominal.
- **Etapa 5:** motor desligado (botão de desligar ou mudança de sentido).
- **Etapa 6:** sentido inverso (A = 0, B = 1) parte em estrela.
- **Etapa 7:** tempo de 3 segundos para o motor chegar a pelo menos 90% da rotação nominal.
- **Etapa 8:** sentido inverso (A = 0, B = 1) chaveia para triângulo.

A **Tabela 9.5** apresenta os estados de acionamentos dos contatores.

Tabela 9.5 Estados de acionamentos dos contatores elementos, quantidades utilizadas e condições de operação

Etapa	1	2	3	4	5	6	7	8
Contator A	1	T=3	1	T=3	0	0	T=3	0
Contator B	0		0		0	1		1
Contator C	1		0		0	1		0
Contator D	0		1		0	0		1

Na **Figura 9.47** pode-se observar o Ladder elaborado para essa funcionalidade.

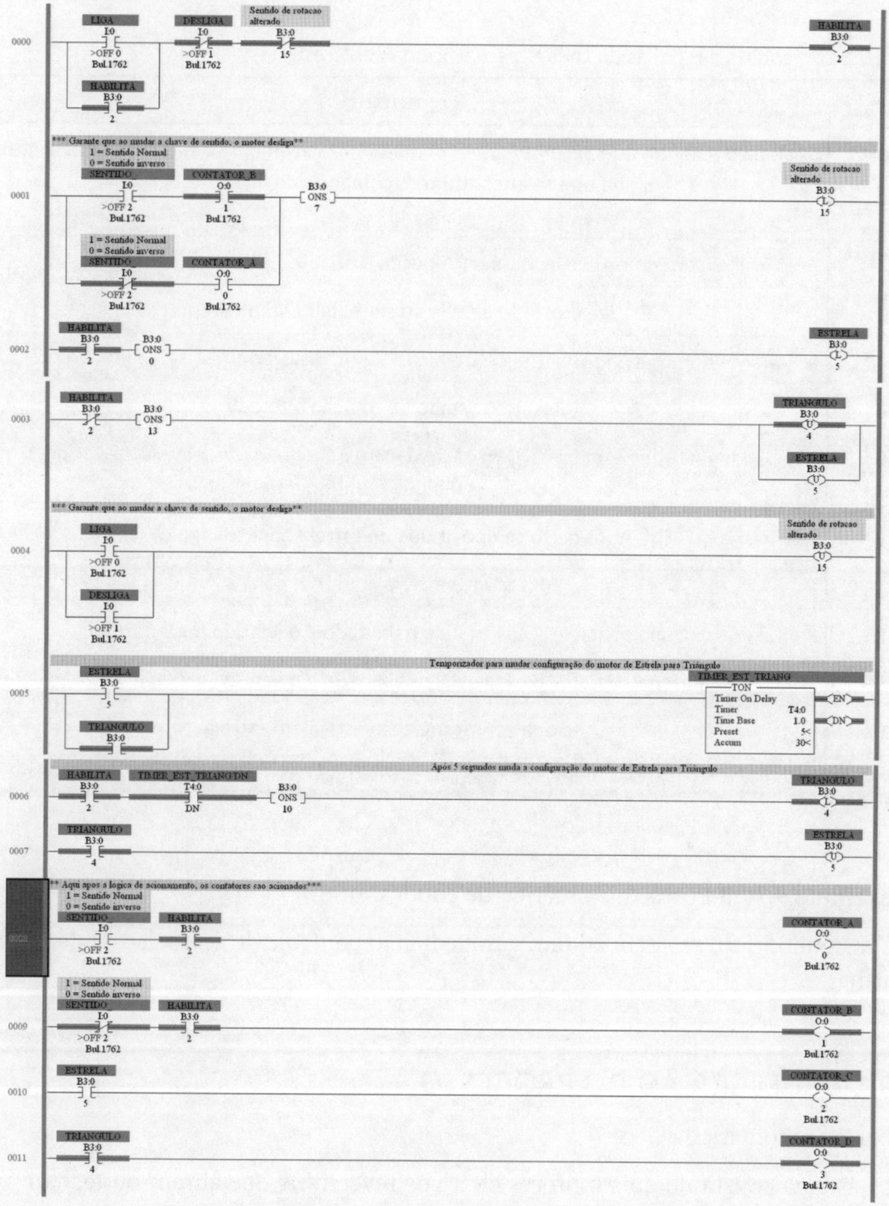

Figura 9.47 Solução via CLP para partida estrela-triângulo.

Fonte: Lógica elaborada pelo autor no software RSLogix500 com publicação autorizada pela Rockwell.

A **Tabela 9.6** apresenta alguns comentários do endereçamento para o diagrama Ladder da **Figura 9.47**, como segue.

Tabela 9.6 Comentário das linhas do Ladder para o acionamento estrela-triângulo

Linha	Comentários
0	Aciona o *habilita*, que permite que as demais linhas acionem ou não; note que é nesta linha que se encontram os comando de liga e desliga
1	Por meio de instrução sensível à borda (ONS), é detectado se houve mudança de sentido na chave; essa informação é utilizada para parar o motor
2	Liga o estado estrela ao ser habilitado o sistema
3	Garante que os estados estrela e triângulo sejam desligados ao desabilitar o sistema
4	Reseta o estado de rotação alterada
5	Aciona o timer para tempo em partida estrela, nota-se um selo efetuado com o comando triângulo que mantém o timer ativo
6	Após certo tempo, muda de estrela para triângulo
7	Intertrava estrela com triângulo
8	Aciona contator A caso esteja habilitado e o sentido for o normal
9	Aciona contator B caso esteja habilitado e o sentido for o inverso
10	Aciona contator C caso esteja em estrela
11	Aciona contator D caso esteja em triângulo

Exemplo 9.10.5 Portão automático de condomínio

Um condomínio residencial tem garagem cujo controle de acesso se dá da seguinte forma:

9.10.1 DESCRIÇÃO DO PROCESSO

Portão automático

O sistema consta de dois motores elétricos reversíveis que abrem ou fecham portões basculantes como mostrado na **Figura 9.48**.

O procedimento de entrada ou saída da garagem se dá da seguinte forma:

O motorista possui um controle remoto com dois botões, CH1 e CH2; ao apertar o botão CH1, se os dois portões estiverem fechados, o portão 1 (rua) abre por meio do acionamento do motor M1_UP até que o sensor de aberto desse portão (LSH_P1) seja ativado; após completamente aberto, um tempo de 10S será contado, após o qual será acionado o motor M1_DOWN até que o sensor de fechado desse portão (LSL_P1) seja ativado.

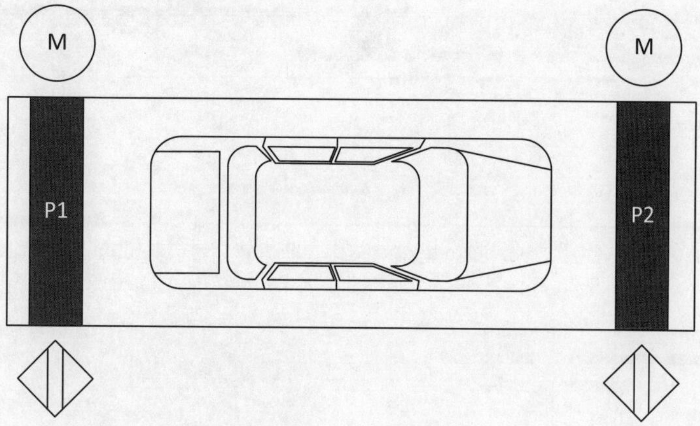

Figura 9.48 Esquema do portão automático para condomínio.

Ao apertar o botão CH2, se os dois portões estiverem fechados, o portão 2 (condomínio) abre por meio do acionamento do motor M2_UP até que o sensor de aberto desse portão (LSH_P2) seja ativado; após completamente aberto, um tempo de 10S será contado, após o qual será acionado o motor M2_DOWN até que o sensor de fechado desse portão (LSL_P2) seja ativado.

a) Crie uma solução em linguagem Ladder para esse problema.

b) Em decorrência de situações emergenciais, foi pedido pelo condomínio que houvesse duas chaves na portaria que forçassem os portões para abertura. Programe essa lógica no Ladder do item a. As chaves são retentivas e individuais aos portões denominadas OVERRIDE_P1 e OVERRIDE_P2.

c) Considerando-se que existem 120 vagas de garagem neste condomínio, crie uma lógica de controle de acesso para a hipótese de se tentar abrir o portão da rua para entrada de mais que 120 acionando uma saída do CLP ligada ao letreiro "LOTADO".

d) Em decorrência de constantes acidentes, o condomínio decidiu colocar dois sensores sob os portões, denominados CARRO_1 e CARRO_2, capazes de detectar a presença de carros sob os respectivos portões. Altere a lógica para que o portão não desça enquanto houver um carro sob ele.

Uma possível solução do item **a** encontra-se na **Figura 9.49**.

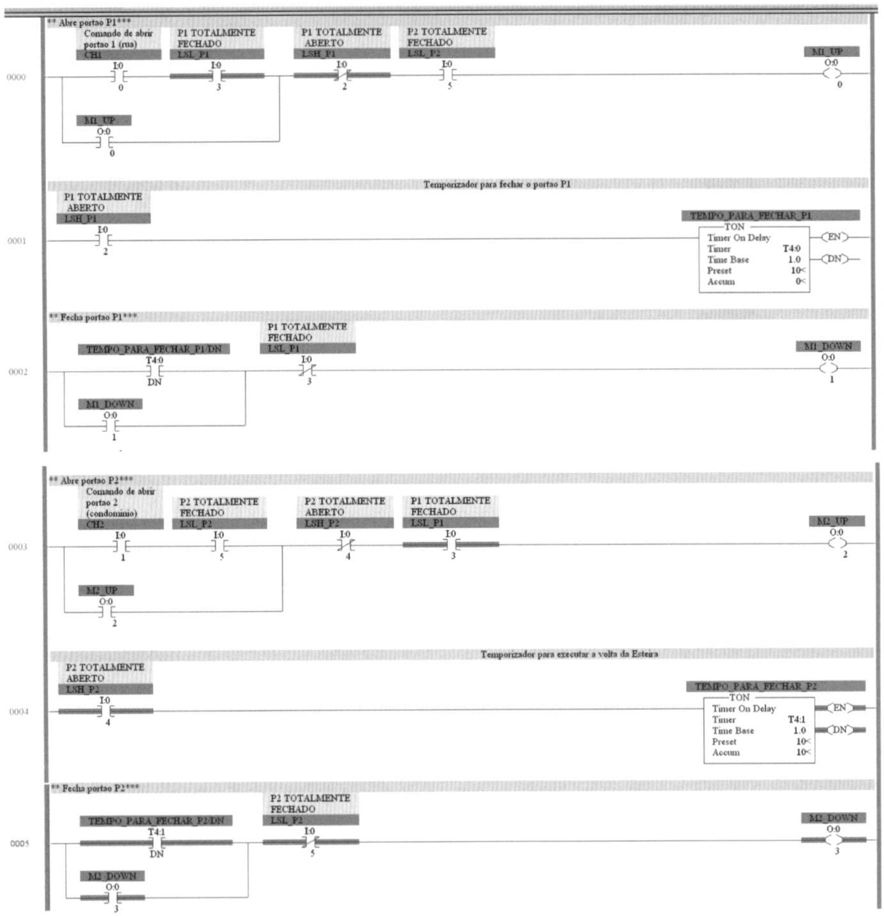

Figura 9.49 Solução para o item **a** – portão de condomínio.

Uma possível solução do item **b** encontra-se na **Figura 9.50**. Observa-se, nas linhas 000 e 003, que as linhas de override (forçar) estão antes do sensor de totalmente aberto; isso se dá para impedir que o motor seja acionado de forma contínua, o que poderia danificá-lo.

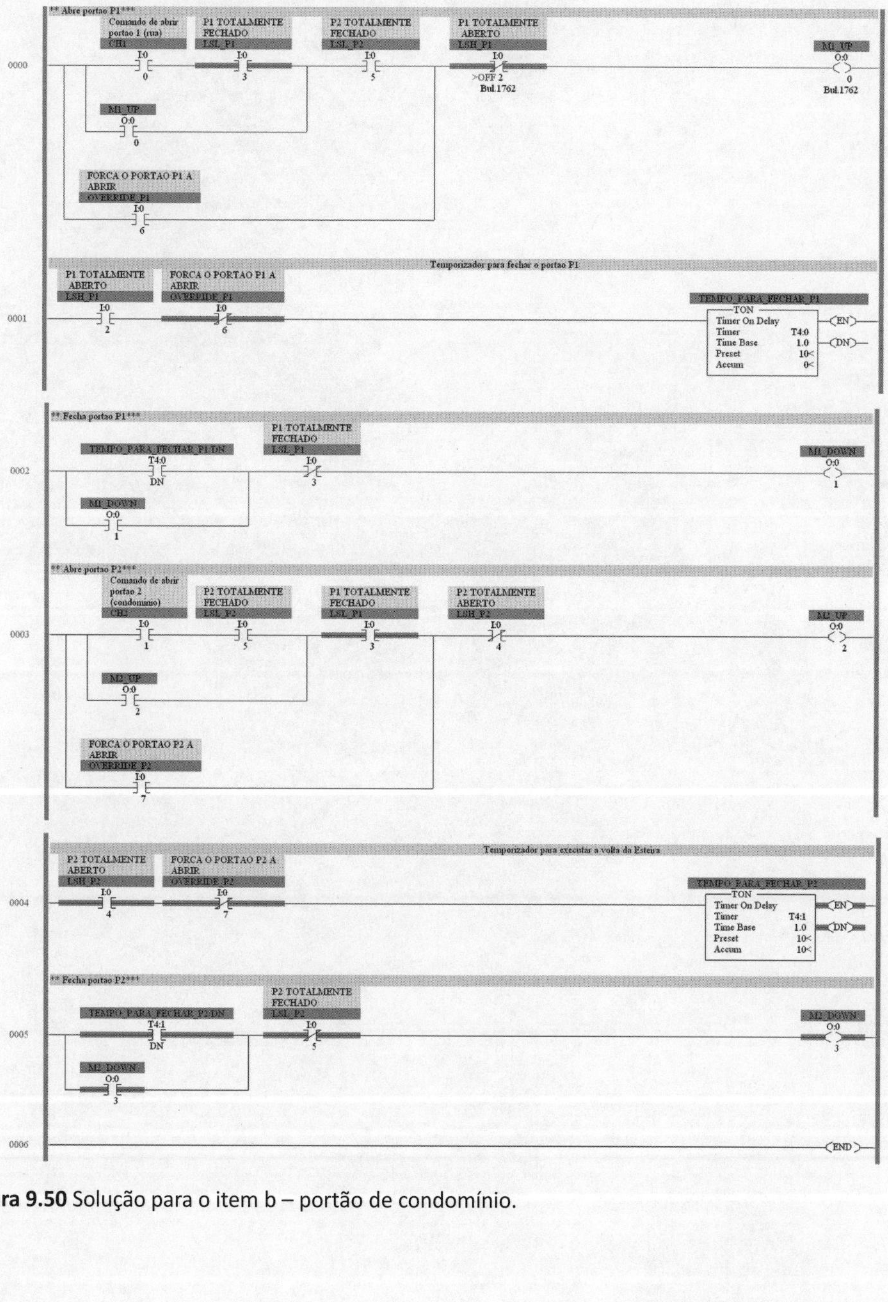

Figura 9.50 Solução para o item b – portão de condomínio.

CAPÍTULO 10

Princípios básicos e introdutórios de microcontroladores em automação

Neste capítulo será apresentado de maneira encadeada um panorama geral em microcontroladores para automação e uma contextualização da aplicação da clássica família de microcontroladores 8051, na qual a escolha dessa família visou, primordialmente, constituir uma relação sequencial com o Capítulo 11. Posteriormente, um resumo de seu funcionamento é destacado, de maneira a apresentar conceitos gerais de microcontroladores, bem como suas técnicas de interfaceamento para automação, aliada a projetos diversos adaptados em nível básico. Finalmente, são propostos três projetos de uso geral em automação industrial, cujas versões adaptadas podem ser implementadas pelos alunos em kits de desenvolvimento ou sistemas montados em sala de aula.

10.1 MICROPROCESSADORES/MICROCONTROLADORES E SEU PANORAMA EM AUTOMAÇÃO INDUSTRIAL

10.1.1 UM POUCO DE HISTÓRIA

Em 1822, Charles Babbage, um matemático inglês, inventou uma máquina mecânica de um metro de altura, composta por engrenagens, manivelas, rodas e alavancas, que propunha revolucionar o trabalho de um matemático. Com ela, podiam-se criar tabelas de valores para qualquer polinômio, ou seja, trabalhar uma equação com duas incógnitas e tabular completamente funções quadráticas com oito casas decimais. E esse fato deu a seu inventor a alcunha de "o pai do computador".

Numa era mais recente, em 1946, foi inventado o primeiro computador eletrônico do mundo, denominado ENIAC. Esta 1ª geração de computadores usava a tecnologia da válvula, que apresentava grande aquecimento durante o processamento de dados. O ENIAC era formado por 18 mil válvulas que o energizavam, causando queimas constantes de fusíveis, o que atrapalhava em muito o processamento de dados. Além da pouca capacidade de processamento, esse computador podia executar cerca de cinco mil operações matemáticas em um segundo.

Em 1952, surge a 2ª geração de computadores, composta por transistores, que eram cem vezes menores que as válvulas e realizavam um número maior de cálculos. Entrando no anos 1960, a IBM projeta um computador que podia processar dados por meio de leituras feitas em cartões perfurados; entretanto essa tecnologia esbarrava na trabalhosa tarefa de perfuração de cartões, que, dependendo do programa, chegava a centenas de cartões perfurados, que continham os programas.

A 3ª geração seria composta por circuitos digitais integrados em pastilhas de silício (material predominantemente utilizado em eletrônica) com aproximadamente 1 cm^2 de área, conhecidos como "circuitos integrados" (CI).

Por fim, na década de 1970, chegamos à 4ª geração, que é constituída por circuitos programáveis (uP). Estes começaram a ser empregados em microcomputadores de maneira a aumentar a eficiência no processamento da informação. A Intel foi precursora desses dispositivos e, a partir de então, os sistemas de processamento de dados foram otimizados cada vez mais por meio da aplicação desses dispositivos.[1]

Figura 10.1 Exemplo de parte de uma placa atual de um sistema microprocessado, com destaque ao controlador no centro da imagem.

Fonte: http://www.istockphoto.com/br/foto/microcontroller-tecnologia-placa-de-circuito-gm167085386-21949026.

1 DALTRINI, B. M.; JINO, M.; MAGALHÃES, L. P. *Introdução a sistemas de computação digital.* São Paulo: Makron Books, 1999.

Assim, em uma evolução natural, microcontrolador inicialmente adveio da arquitetura de um microprocessador, mas ao longo do tempo agregou em único componente um arranjo de periféricos, de maneira que um único componente se comportasse fisicamente como um sistema completo.

10.1.2 MICROPROCESSADORES/MICROCONTROLADORES

Um sistema de computação digital consiste de três componentes básicos: a CPU (unidade central de processamento), as memórias de dados e de programa e as interfaces de entrada e saída, conforme mostrado na **Figura 10.2**. O papel da CPU é controlar o fluxo de dados entre os diversos componentes, sendo que a ULA (unidade lógico-aritmética), que fica no interior da CPU, é responsável pela maior parte do processamento lógico e aritmético.

Expandindo-se o conceito, um microprocessador é um elemento que agrega todas as funções de um sistema de computação digital em uma única pastilha, ou seja, é uma CPU integrada em um único chip.

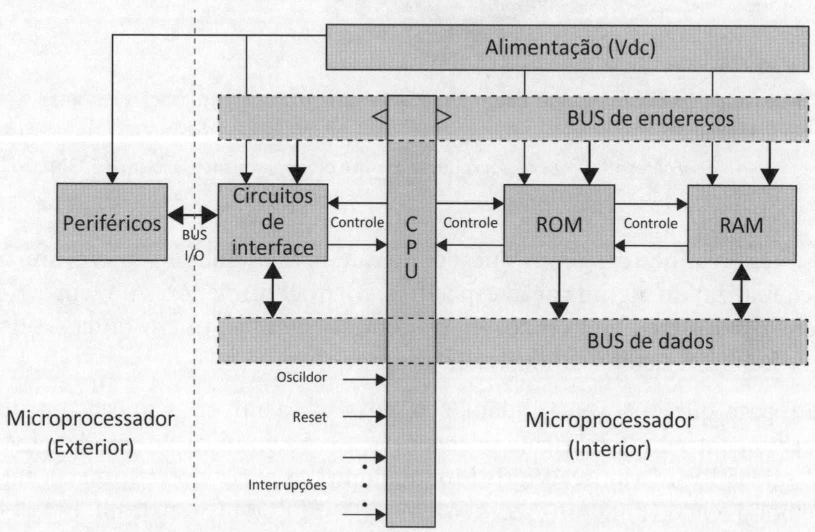

Figura 10.2 Computação digital – Arquitetura em blocos básica de um microprocessador.

Na mesma linha, um computador com base no uso de microprocessador é denominado "microcomputador". Isso é possível porque os microprocessadores são de uso geral e seu leque de aplicações pode ser moldado e otimizado de acordo com o programa de instruções nele carregado.

Já os microcontroladores agregam, além do microprocessador, todos os periféricos necessários para a implementação de um sistema completo (ou quase completo) dentro de uma única pastilha. Como os microcontroladores são dispositivos de processamento poderosos, seu grau de processamento ou de controle depende de como sua programação é realizada e para qual aplicação específica ele estará destinado. Na **Figura 10.3**, é mostrada uma visualização 3D de um projeto de uma placa microcontrolada, na qual observamos o microcontrolador como elemento central na implementação, enquanto na Figura 10.4 é apresentada um exemplo de uma bancada de desenvolvimento.

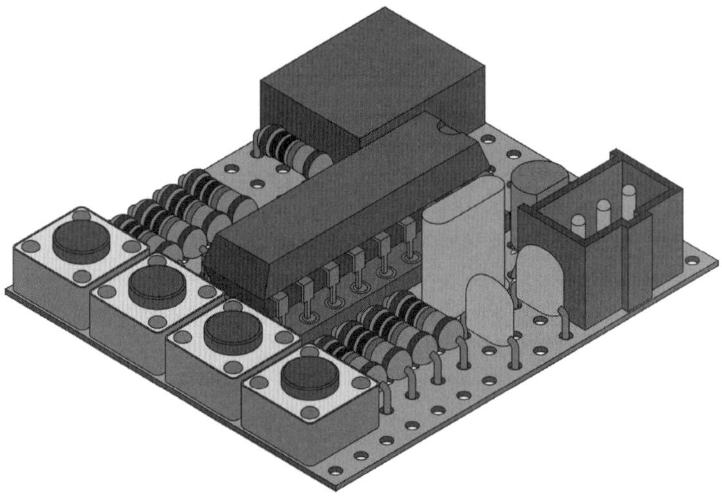

Figura 10.3 Visualização 3D do projeto de uma placa desenvolvida para utilização em um sistema embarcado microcontrolado.

Fonte: http://www.istockphoto.com/br/vetor/controlador-lanc-gm163832110-11014678.

Em síntese, via de regra, um microcontrolador está embarcado em um sistema eletrônico realizando alguma ação específica. Microcontroladores podem ser encontrados em dispositivos eletrônicos eletrodomésticos (TV, micro-ondas, geladeiras etc.), bem como em sistemas industriais e automotivos.

Assim, para que essa versatilidade seja possível, dentro dos microcontroladores podem ser encontrados facilmente portas de acesso, comunicação serial, conversores AD/DA, saídas PWM (Pulse Width Modulation), temporizadores (timers), interrupções, memória RAM (Random-Access Memory), EEPROM (Electrically Erasable Programmable Read-Only Memory), etc.

10.1.3 O MICROCONTROLADOR

Como supracitado, um microcontrolador é um componente eletrônico que já tem incorporados vários blocos necessários de um sistema completo, ou quase completo, de processamento de informações.

Um sistema mínimo de processamento, com base em microprocessadores, deve ter uma CPU, memórias RAM, ROM ou EEPROM, interfaces para entrada e saída de periféricos paralelos ou seriais e, opcionalmente, temporizadores e contadores.

Os microcomputadores possuem vários CIs, que realizam essas funções isoladamente, já um microcontrolador tem, em uma única pastilha, a maioria ou todas essas funções incorporadas, sendo por isso amplamente utilizado em aplicações voltadas para controle e automação industriais, indústria automotiva, controle de periféricos e uma infinidade de outras aplicações que requerem um controle específico.

Figura 10.4 Bancada de desenvolvimento com o microcontrolador, periféricos como o display LCD e laptop para programação/descarregamento dos códigos desenvolvidos.

Fonte: http://www.istockphoto.com/br/foto/engenheiro-fundo-com-microcontrolador-gm539946492-96309183.

Vale ressaltar que, apesar de atualmente o emprego de inteligência artificial (AI – Artificial Intelligence) e aprendizado de máquina (ML – Machine Learning) no contexto de programação, otimização e utilização de sistemas microprocessados embarcados, com aplicações, por ex., em Internet das coisas (IoT – Internet of Things) estarem se tornando comuns e com benefícios inegáveis aos processos industriais, a abordagem tradicional e simplificada para um primeiro entendimento do aluno no ambiente de sistemas embarcados não perde a importância, pois visa a constituir a base do conhecimento que irá evoluir naturalmente com o amadurecimento do estudante na área e na profissão escolhida.

10.2 CONTEXTUALIZAÇÃO DO 8051 EM AUTOMAÇÃO MODERNA

Com o avanço da eletrônica digital e das tecnologias VLSI (Very-Large-Scale Integration), a utilização dessas tecnologias por parte de grandes empresas apresenta um crescimento constante, sendo uma tendência irreversível. Nesse contexto, a aplicação de microcontroladores em ambientes industriais vem sendo muito requisitada e adotada em virtude das implementações de baixo custo, nas quais aplicações com placas baseadas em PIC, Arduíno, Raspberry Pi, ESP32, entre outras, vêm ganhando espaço a anos.

Olhando mais detalhadamente sob o ponto de vista de custos, a aplicação de microcontroladores possibilita desenvolvimentos em empresas de todos os portes, desde projeto mais avançados de linhas de montagem completas até projetos mais simples e dedicados de automação de baixo custo.

Nesse contexto, uma das famílias de microcontroladores das mais famosas é a MCS-51 da Intel, que inclui o 8031/32, 8051/52, 8751, entre outros, que são microcontroladores de 8 bits. Na **Figura 10.5**, é mostrado um 8051 original em encapsulamento DIP40 padrão, enquanto na **Figura 10.6** é apresentada em síntese uma descrição básica da pinagem do 8051.

Figura 10.5 Microcontrolador original 8051 da Intel em sua pastilha DIP 40 tradicional.

Fonte: https://pt.wikipedia.org/wiki/Intel_8051#/media/Ficheiro:KL_Intel_P8051.jpg.

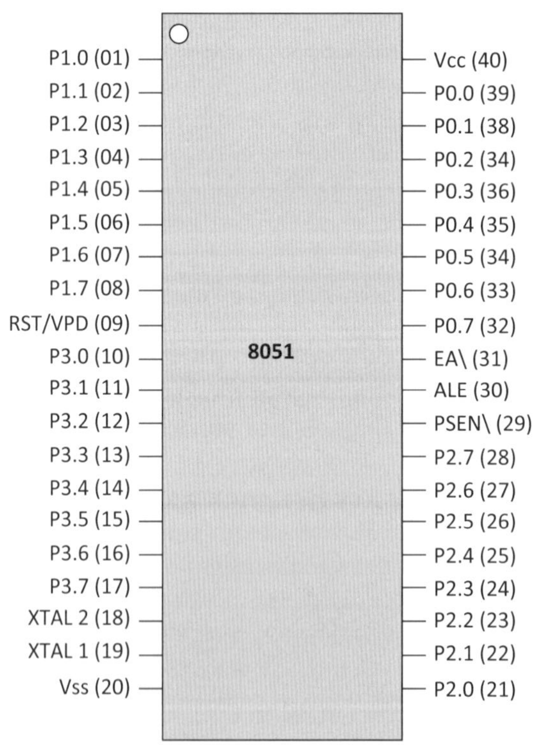

Figura 10.6 Pinagem descritiva do 8051 em pastilha DIP 40 tradicional.

Aqui fica a pergunta: por que podemos ainda utilizar o 8051? Desenvolvidos pela Intel em meados dos anos 1980 como uma série de microcontroladores para atuar em sistemas embarcados, os microcontroladores da família MCS-51 ainda são populares hoje em dia.

Constantemente vêm sendo atualizados e incrementados em sua família, tanto que atualmente se encontram modelos muito mais poderosos, econômicos e baratos que os pioneiros da família.

Do ponto de vista de um estudante, é natural questionar por que estudar ou desenvolver projetos com 8051, principalmente se esse é o seu primeiro contato com o universo de sistemas microcontrolados. Tem-se a falsa impressão que seria mais adequado atualmente ir direto para famílias de microcontroladores mais avançados, como os ARM (fabricados pelas empresas Analog Devices, Cypress, Infineon, Microchip, NXP, Silicon Labs, STMicroelectronics, Texas Instruments, entre outras), por exemplo, que são mais sofisticados e muito mais poderosos. Infelizmente, essa ideia acaba sendo frustrante para alguns alunos.

Outra questão recorrente é: por que o 8051 ainda hoje em dia é popular? Sua popularidade e a consequente possibilidade de estudá-lo, num primeiro momento, derivam do fato de ele estar em sintonia com dois conceitos básicos e fundamentais em projetos envolvendo sistemas embarcados. São eles: reutilização e métricas de projeto.

Assim, o que é reutilização? Diversas empresas no mercado fabricam elementos de eletrônica digital (CPU, microprocessador, microcontroladores etc.), sendo que os ciclos de desenvolvimentos dessas tecnologias são lentos e custosos.

Do ponto de vista de engenharia é muito mais vantajoso se utilizar Intellectual Property (IP) Cores, que são licenças de projetos ou parte de licença de projetos que empresas que desenvolveram um determinado dispositivo por completo vendem a outras empresas que, naquele momento, não necessitam que seu projeto parta do zero. Os IP licenciados são normalmente núcleos consolidados; assim, pode-se trabalhar e desenvolver novos dispositivos sem grandes mudanças e com portabilidade de código, visto que o núcleo-base se mantém.

Quando se observa o mercado de microcontroladores, nota-se uma enorme quantidade de fabricantes e empresas desenvolvedoras dos mais diversos tipos de microntroladores. Entretanto, muitos se baseiam em famílias já existentes. Por exemplo, os chips Exynos da Samsung e os chips AX da Apple, apesar de distintos, utilizam núcleos IP ARM.

Assim, consegue-se observar e evidenciar o potencial do reúso de IP. Do ponto de vista de desenvolvedores e estudantes, a quantidade de arquiteturas e implementações possíveis torna-se reduzida e viável; se não, para cada modelo e fabricante, haveria uma arquitetura e um modelo distinto.

Veja no link um exemplo de IP do 8051:

https://www.oreganosystems.at/products/ip-cores/8051-ip-core

Nesse link, referente à companhia Oregano Systems, é apresentado um bom exemplo de IP do 8051 que pode ser livremente utilizado para as mais diversas aplicações, sejam elas utilizando o 8051 como parte de um circuito integrado complexo, sejam para a implementação de um 8051 core básico. A companhia Oregano apresenta essa variante 8051 como uma arquitetura atualizada para execução de comandos mais rápidos e dinâmicos.

O microcontrolador 8051 em si é barato e de fácil aquisição. Adicionalmente, se observarmos a comunidade de projetistas familiarizados com a arquitetura do 8051, verificamos uma enorme quantidade de pessoas habilitadas a trabalhar com ele. Aqui, elencamos apenas essas duas razões, mas que já garantem ao 8051, apesar de sua longevidade, uma grande relevância ainda hoje em dia

E as métricas de projeto? Ao se projetar um sistema embarcado, é necessário observar alguns fatores. O projetista de um sistema embarcado deve se certificar que os principais parâmetros do projeto estão contemplados.

São eles:

a) poder de processamento;

b) confiabilidade;

c) consumo de energia;

d) custo;

e) time-to-market;

f) manutenção.

Dependendo de quão complexo é o firmware implementado, o sistema microntrolado deve necessitar de um poder de processamento suficiente para a implementação sem falhas do sistema proposto. Entretanto, utilizar dispositivos com maior poder de processamento significa maior custo, o que demonstra que se deve casar a necessidade de sua implementação com o elemento a ser utilizado. O leque de processamento do 8051 vai de 1 MIPS (original 8051) até 450 MIPS (milhões de instruções por segundo).

Um sistema embarcado necessita de testes e rodadas de análises para ser confiável. Isso gasta tempo e aumenta muito o custo do projeto. Nesse quesito, o 8051, pelo tempo de mercado e versões disponíveis, é extremamente confiável.

Do ponto de vista de consumo de energia, é importante observar se o sistema tem suprimento energético suficiente para o tipo e tempo de operação. Se for utilizar bateria, é necessário cuidado com a autonomia. Existem versões do 8051 de baixa potência que podem suprir as mais diversas aplicações.

Custo sempre é uma questão estratégica, na qual se começa a pensar, normalmente, mesmo antes de o projeto sair do papel. Nesse quesito, o 8051 tem, como citado, IP livres e os chips em si são baratos.

O time-to-market (tempo para entrar no mercado) é um fator importante, pois representa aumento nos custos de projeto e perda de competitividade em relação aos concorrentes. Como o 8051 é um dispositivo consolidado há tempos e possui uma arquitetura interna relativamente simples e robusta, o tempo de engenharia de projeto para se colocar um produto baseado nesse dispositivo no mercado acaba por ser enxuto.

Adicionalmente, sendo o 8051 amplamente dominado por milhares de projetistas profissionais, a manutenção e a versatilidade de modificação dos projetos, em relação aos originais propostos, mesmo após já estarem distribuídos no mercado, são outras vantagens do 8051.

Enfim, qual o panorama atual do 8051? Apesar de a Intel ter parado oficialmente a produção do 8051 em 2007, existem no mercado tecnológico mais de 20 empresas que fabricam o 8051 e seus núcleos IP.

O 8051 original tinha 4 KB de ROM e 128 bytes de RAM. Com o passar do tempo, modernas variantes do 8051 foram atualizados com diversos novos recursos. A adição de protocolos de comunicação, interfaceados ou não, como I2C (Inter-Integrated Circuit), SPI (Serial Peripheral Interface), USB (Universal Serial Bus), barramento CAN (Controller Area Network) ou LIN (Local Interconnect Network), Ethernet, Wi-Fi, ZigBee e Bluetooth alavancaram o uso do 8051 em sistemas modernos de sensores.

Também se podem encontrar geradores PWM on-chip, comparadores analógicos, conversores A/D e D/A, timers extras, mais fontes de interrupção, modos de economia de energia. Portanto, a família MCS-51 ainda é muito popular e assim permanecerá por muitos anos.

Para o estudante, utilizar o 8051 como primeiro elemento de estudo e aprendizado continua a ser interessante e de grande valia e, por isso, é o foco parcial deste capítulo. Após se familiarizar com a arquitetura básica do microcontrolador, sua ambientação em um sistema embarcado e a elaboração de códigos assembly para as mais diversas aplicações em automação, o estudante começa a se preparar para trabalhos posteriores mais avançados, incluindo programações em mais alto nível.

Como já citado, há diversas variantes do 8051 na família MCS-51; assim, pode-se trabalhar com qualquer uma delas que satisfaça sua implementação. Também é importante verificar sempre a eficiência do código utilizado.

Desse modo, o objetivo deste capítulo é cumprido, no qual, além de se constituir uma relação sequencial para perfeito entendimento do Capítulo 11, o aluno estará apto a progredir tecnicamente, podendo lidar futuramente com elementos mais avançados em automação, como microcontroladores de famílias mais avançadas disponíveis no mercado e linguagens de programação de mais alto nível.

10.3 SÍNTESE DO FUNCIONAMENTO DO 8051

10.3.1 A CPU DO 8051

Como todo microntrolador, o 8051 conta com uma CPU dedicada a realizar e controlar todas as ações interpostas pelo sistema a ser projetado. A CPU simplificadamente é composta pelos seguintes blocos:

- ULA (unidade lógica e aritmética);
- unidade de sinalização e controle;

- registradores e contadores;
- unidades de entrada e saída.

Na **Figura 10.7**, são apresentados o microcontrolador original 8051/8031 e a expansão 8082/8032 em diagramas de blocos funcionais.

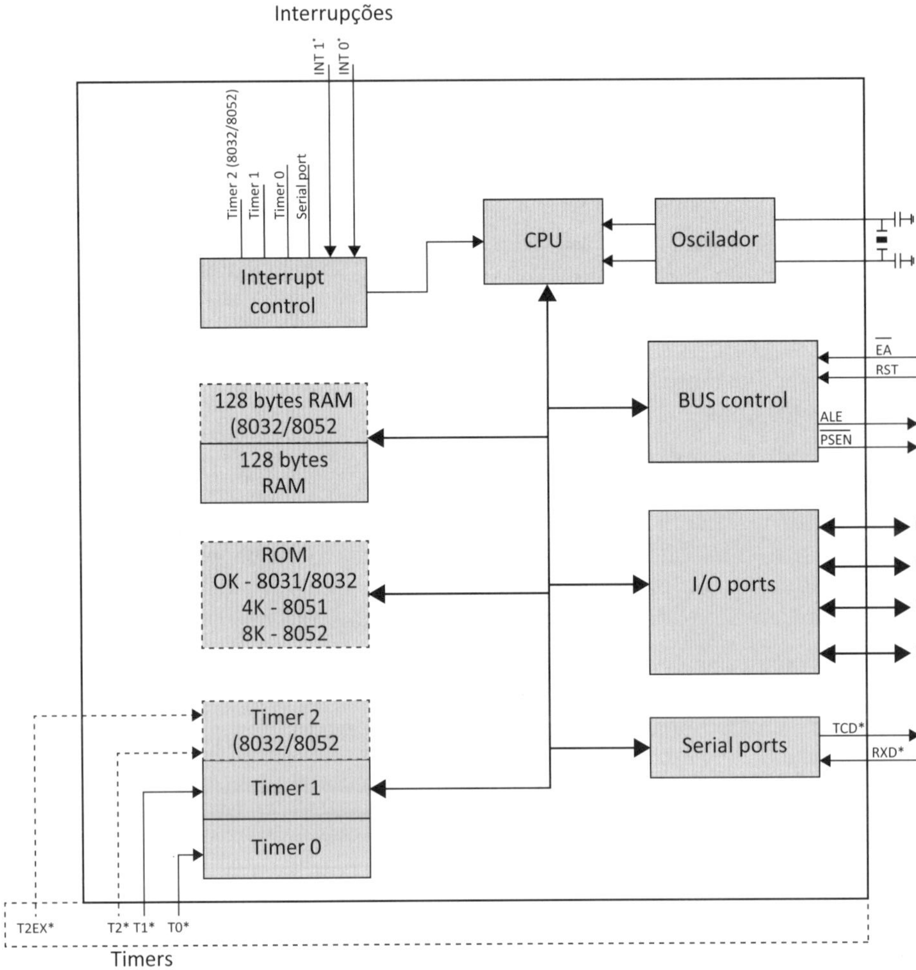

Figura 10.7 Microcontrolador original 8051/8031 e a expansão 8082/8032 em diagramas de blocos funcionais.

Agora, vamos observar mais detalhadamente cada um desses blocos básicos.

a) ULA:

   A ULA é responsável por executar operações lógicas e aritméticas, gerando uma palavra binária diferente na saída, resultado de sua operação. Ela é a unidade funcional da CPU.

b) Unidade de sinalização e controle:

Essa unidade comanda e controla todas as unidades da CPU para garantir um funcionamento sincronizado e lógico.

c) Registradores e contadores:

São unidades básicas com funções predefinidas de armazenamento temporário na CPU.

d) Unidades de entrada e saída:

São as interfaces de entrada e saída de dados e informações. Exemplos clássicos de elementos conectados a essas interfaces são: teclado; mouse; scanner (entradas) e monitor; impressora (saídas). O 8151 tem 32 pinos de entrada/saída, totalizando, assim, 4 portas de 8 bits. Na **Figura 10.8**, é mostrado um diagrama simplificado operacional de uma das portas do 8051.

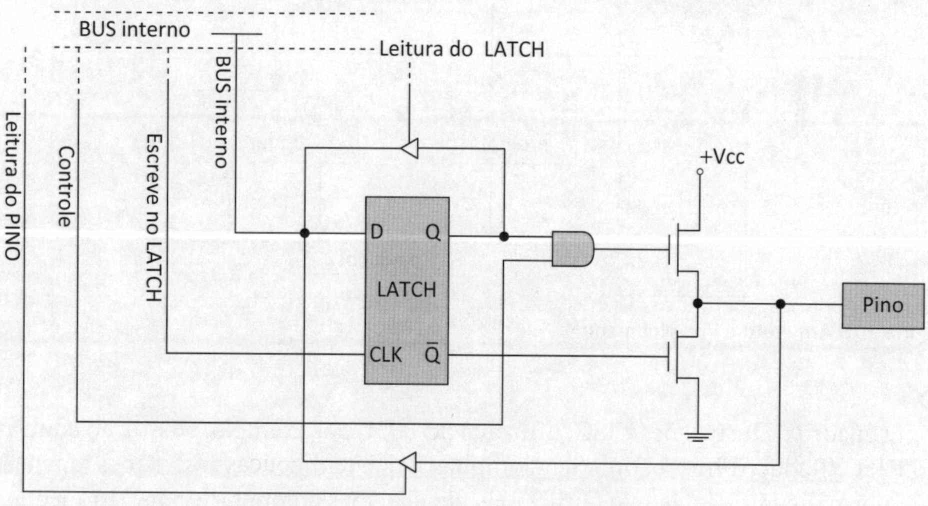

Figura 10.8 Esquemático básico das portas de entrada e saída do 8051.[2]

Todas as portas são idênticas, entretanto as portas P1, P2 e P3, como não são utilizadas também para endereçamento, apresentam internamente um o resistor pull-up (20 a 40kΩ). Assim, caso seja utilizada P0 também como porta de dados, esse resistor deve ser colocado externamente.[2]

---

2 Adicionalmente, mais detalhes desse e todos os demais pontos aqui resumidos sobre o 8051 podem ser encontrados na referência Nicolosi (2001), que fica como sugestão de leitura e estudo, devido ao seu panorama técnico e didático apresentados de maneira a facilitar a compreensão por parte do leitor/aluno.

10.3.2 ARQUITETURA E SET DE INSTRUÇÕES

A arquitetura está diretamente ligada a como internamente foi projetado o microcontrolador. O desempenho do microcontrolador depende da arquitetura interna, pois está vinculado à forma como será gerida a relação hardware/software. Quanto ao 8051, a arquitetura utilizada é a de Von-Neumann, a qual apresenta um quadro de instruções (instruction set) tipo CISC (Complex Instruction Set Computer).

A arquitetura de Von-Neumann tem como principal característica o compartilhamento dos dutos de endereçamento e dados. Esse compartilhamento é realizado entre as memórias de programa e memórias de dados, ou seja, não pode haver troca simultânea de informações entre a CPU e as memórias de dados e o programa. O acesso é realizado ora por uma, ora por outra, nunca simultaneamente.

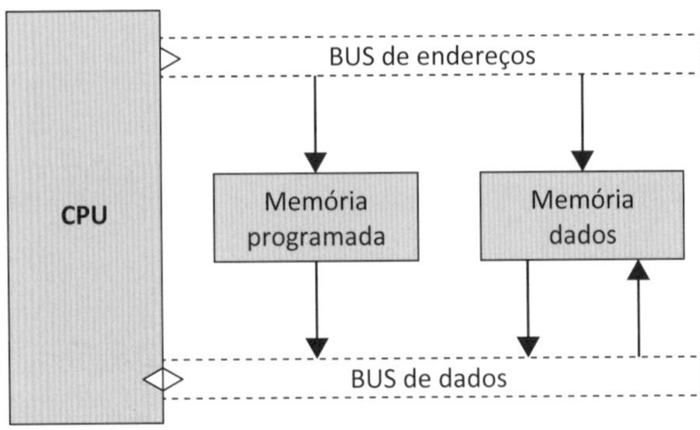

Figura 10.9 Arquitetura Von-Neumann.

O quadro de instruções CISC, utilizado no 8051, por exemplo, possui, ao contrário do RISC (Reduced Instruction Set Computer), que tem poucas instruções (apenas as que normalmente são as mais utilizadas em sistemas computacionais), um leque de instruções muito amplo. Esse fato possibilita a implementação de instruções complexas que ocupam várias posições de memória de código e vários ciclos de máquina (veja detalhes adiante), mas que possibilitam implementar determinadas operações em apenas uma instrução em vez de um arranjo sequencial de instruções mais simples (caso RISC).

10.3.3 MEMÓRIAS

Em suma, memórias são dispositivos para armazenamento de informações e são cruciais para o funcionamento do 8051 ou de qualquer outro sistema microprocessado.

Do ponto de vista de armazenamento de informações, elas podem ser classificadas como voláteis ou não voláteis. As voláteis perdem as informações nelas armazenadas com o desligamento de sua fonte de alimentação e baseiam-se em capacitores ou flip-flops. As não voláteis não perdem as informações armazenadas com o desligamento de sua fonte de alimentação e baseiam-se em arranjos de dispositivos eletrônicos.

Assim, de maneira breve, daremos um panorama nos principais tipos de memórias:

- memórias RAM;
- memórias ROM, PROM, EPROM, EEPROM e FLASH.

10.3.3.1 Memórias RAM

São memórias voláteis, ou seja, perdem as informações armazenadas com o corte de sua alimentação e são de acesso aleatório, no qual qualquer endereço pode ser acessado a qualquer momento sem a necessidade de passar por endereços intermediários.

Elas podem ser dinâmicas ou estáticas. Nas dinâmicas, conhecidas como DRAM (Dynamic RAM), resumidamente, a célula básica é o capacitor (acesso por meio de transistor como chave). Elas são memórias grandes (acima de megabytes, chegando atualmente a gigabytes), entretanto, necessitam de circuitos de refresh. São mais densas e, portanto, mais baratas.

Nas estáticas, conhecidas como SRAM (Static RAM), resumidamente, a célula básica é o Latch. Elas são memórias na faixa de kilobyte (chegando atualmente a megabytes). São menos densas e, portanto, seu custo é mais alto que o das DRAM.

10.3.3.2 Memórias ROM

As memórias ROM podem ser subdivididas em algumas configurações que evoluíram ao longo do tempo.

Inicialmente, a ROM (programável pelo fabricante) vinha pré-programada pelo fabricante e o usuário só tinha acesso à leitura. Na sequência, a PROM (Programmable ROM) era programável pelo usuário uma única vez por dispositivo externo especial. A EPROM (Erasable PROM) apresentou a possibilidade de ser reprogramável várias vezes por dispositivo externo, sendo seu apagamento, normalmente, por meio de luz ultravioleta. Essa facilidade de reprogramar o dispositivo e, assim, deixar mais dinâmica a fase de projetos motivou o desenvolvimento da EEPROM (Electrically EPROM), que é reutilizável por meio de dispositivo eletrônico simples, muitas vezes já implementado na própria placa de desenvolvimento.

Por fim, a memória tipo FLASH, que, em síntese, é uma memória do tipo EEPROM, entretanto com uma arquitetura para apagamento por setor. Ela se tornou popular por ser um dispositivo de baixo custo e confiável, podendo ser gravada ou apagada por meio de porta USB, como no exemplo dos pen drives.

10.3.4 INTERRUPÇÕES

A interrupção, como a própria nomenclatura já expõe, é uma ferramenta com a qual o microcontrolador interrompe o processo que vinha executando e passa a executar outro processo de maior prioridade naquele momento a pedido de algum periférico, interno ou externo.

É uma das ferramentas mais importantes de qualquer sistema microprocessado, pois agrega muita facilidade ao sistema, que não precisa ficar monitorando periféricos para observar a necessidade de se executar uma rotina de maior importância naquele determinado momento.

As interrupções apresentam algumas características básicas:

a) **Mascaramento:** possibilidade de se ativarem ou desativarem as interrupções, o que ocorre, via de regra, por habilitações no programa. Existem dispositivos que não permitem que se desabilitem as interrupções.

b) **Vetorizada ou não vetorizada:** diz-se que as interrupções são vetoradas se os endereços das interrupções são fixos (vetor fixo de interrupções). Quando existe a possibilidade de escolher quais posições da memória de programa receberão a interrupção, diz-se que esta é não vetorada.

c) **Acionamento:** pode ser realizado basicamente a partir das características de um sistema digital. Ele pode ser por borda de descida, borda de subida ou por nível do sinal lógico de comando.

d) **Prioridade:** possibilidade de adotar uma ordem de atendimento entre algumas ordens. Quando os pedidos de interrupções chegam juntos ao microcontrolador, define-se qual será atendido primeiro, bem como, quando uma interrupção está em execução, define-se se um novo pedido de interrupção deve esperar ou não a finalização da subrotina.

No caso do 8051, as interrupções são mascaradas, vetoradas e com opção de escolha de nível ou de borda para acionamento das interrupções externas.

O 8051 tem cinco formas de chamamento de suas interrupções. Duas por periféricos externos, que podem ser sensores, chaves etc.; e três por periféricos internos (dois timers e uma comunicação serial). Verificaremos agora o funcionamento básico de cada uma delas.

a) **Interrupção externa INT0:** no 8051, existe um pino P3.2 cuja função secundária, além da primária como porta, é ser um pino físico para interrupção INT0. O endereço dessa interrupção é 03h na memória de código.

b) **Interrupção externa INT1:** no 8051, existe um pino P3.3 cuja função secundária, além da primária como porta, é ser um pino físico para interrupção INT1. O endereço dessa interrupção é 10h na memória de código.

c) **Interrupção pelo timer0:** interrupção gerada pelo periférico interno, no qual, após uma contagem de tempo predeterminado, o 8051 interrompe a rotina em execução. O endereço dessa interrupção é 0Bh na memória de código.

d) **Interrupção pelo timer1:** interrupção gerada pelo periférico interno, no qual, após uma contagem de tempo predeterminado, o 8051 interrompe a rotina em execução. O endereço dessa interrupção é 1Bh na memória de código.

e) **Interrupção pela Serial:** interrupção gerada pelo periférico interno, no qual, após receber ou enviar uma palavra pelo canal de comunicação serial, o 8051 interrompe a rotina em execução. O endereço dessa interrupção é 23h na memória de código.

Nota: Esses endereços das interrupções estão na memória de código e estão logo no início da área de programação, necessitando, assim, dos devidos cuidados na implementação da programação, de maneira a não sobrepor as respectivas posições de memória.

10.3.5 TIMER/COUNTER

Um dos periféricos internos mais utilizados em um microcontrolador é o timer/counter. Em síntese, é uma unidade autônoma que gera um aviso ao microntrolador a cada fim do ciclo programado de contagem. No caso específico do 8051, este conta com dois timers totalmente distintos.

A contagem a ser programada pode ser incrementada por meio de eventos em pinos externos (assim, sendo um contador de eventos) ou por meio do próprio clock do microcontrolador. Em síntese, o funcionamento dos timers é apresentado na **Figura 10.10**, na qual se pode notar os elementos que os timers controlam e como eles executam sua função no hardware.

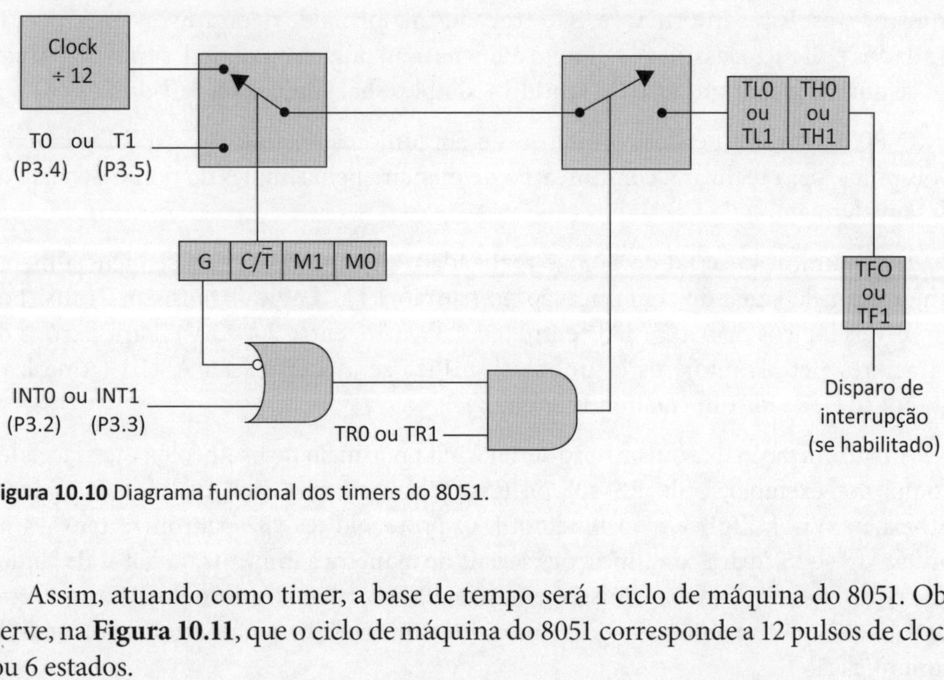

Figura 10.10 Diagrama funcional dos timers do 8051.

Assim, atuando como timer, a base de tempo será 1 ciclo de máquina do 8051. Observe, na **Figura 10.11**, que o ciclo de máquina do 8051 corresponde a 12 pulsos de clock ou 6 estados.

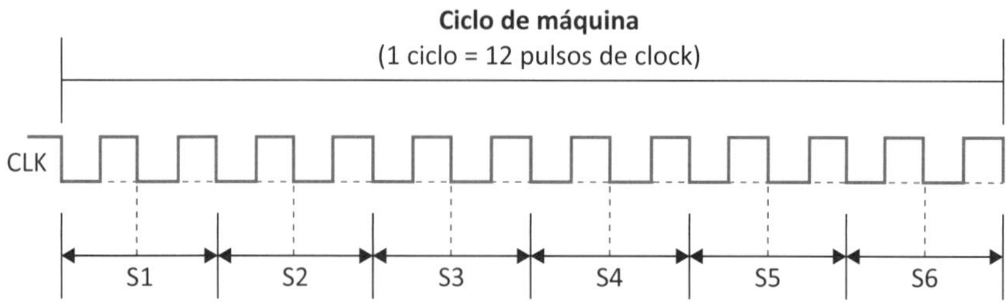

Figura 10.11 Ciclo de máquina do 8051.

A programação é realizada por meio de dois registradores TCON e TMOD, enquanto a palavra de carga fica a cargo de TH e TL (0 ou 1).

Os timers podem ser programados em quatro modos distintos de operação: modo 0 – 10 bits (contagem máxima 8192); modo 1 – 16 bits (contagem máxima 65536); modo 2 autoreload – 8 bits (contagem máxima 256); e modo 3 (contador de 8 bits misto).

Esta é a grande vantagem do uso de timers: o microcontrolador fica livre para processar toda a dinâmica do sistema nele embarcado, sem a necessidade de ficar travado enquanto realiza uma contagem de tempo. Ao finalizar a contagem, o timer avisa o microcontrolador, normalmente por meio de interrupção.

10.3.6 COMUNICAÇÃO DE DADOS

Os dispositivos modernos necessitam se comunicar entre si para obter a troca de informações. Essas informações são trocadas na forma de dados. Essa comunicação de dados pode ser classificada quanto à forma – analógica ou digital, serial ou paralela – e quanto à configuração do sentido – simplex, half-duplex ou full-duplex.

O 8051 tem um periférico interno de comunicação serial, tipo full-duplex com dois pinos, para realizar a comunicação de maneira bem simples do ponto de vista de desenvolvimento.

A comunicação serial do 8051 é realizada transmitindo-se bits sequencialmente um a um pelo canal de comunicação no padrão TTL (Lógica Transistor-Transistor) em níveis lógicos de 0 a 5V ("0" entre 0 e 0,8V e "1" entre 2,4 e 5V). Para a troca de caracteres (letras, números e símbolos), utiliza-se a codificação ASCII (American Standard Code for Information Interchange).

A padronização da transmissão serial é feita por meio de protocolos interfaceados como, por exemplo, USB, RS-485 ou RS-232, ou mesmo, com uso de adaptadores Ethernet, Wi-Fi, ZigBee e/ou Bluetooth. O protocolo RS-232 padroniza tensões na ordem de +/-25V para comunicações seriais de maneira a minimizar efeitos de ruídos que podem afetar uma transmissão em níveis TTL com o aumento da distância. Esse sistema facilita transmissões a distância, minimizando erros atribuídos ao canal de comunicação.

O 8051 pode trabalhar com comunicação serial síncrona ou assíncrona; assim, o que seria cada uma delas? Na comunicação síncrona, como o próprio nome diz, a transmissão de dados está sincronizada com um pulso de clock que dita o ritmo da transmissão. O transmissor gera esse pulso de sincronismo. No receptor, o dado é recuperado por meio do sincronismo do dado recebido com o pulso de clock também recebido. O 8051, nesse modo de comunicação, utilizará o pino RX para transmissão dos dados e o pino TX para envio dos pulsos de sincronismo.

No caso da comunicação assíncrona, o sincronismo da comunicação é realizado no receptor por meio do monitoramento de bits de sinalização – o start bit e o stop bit. Por meio deles, o dispositivo receptor consegue obter corretamente o sinal recebido, desde que estejam ambos, transmissor e receptor, operando sob o mesmo baud-rate (taxa de transmissão).

Como o 8051 tem comunicação serial no modo full-duplex, o sistema pode transmitir e receber sinais pelo canal serial simultaneamente. Isso é possível graças a dois registradores especiais denominados SBUF (Serial Buffer). Para transmitir sinais, basta escrever os dados nesses registradores, assim como, para receber sinais, bastar ler os dados recebidos que estarão armazenados nos registradores. Na **Figura 10.12**, é apresentada, de maneira simplificada, a atuação do registrador especial SBUF.

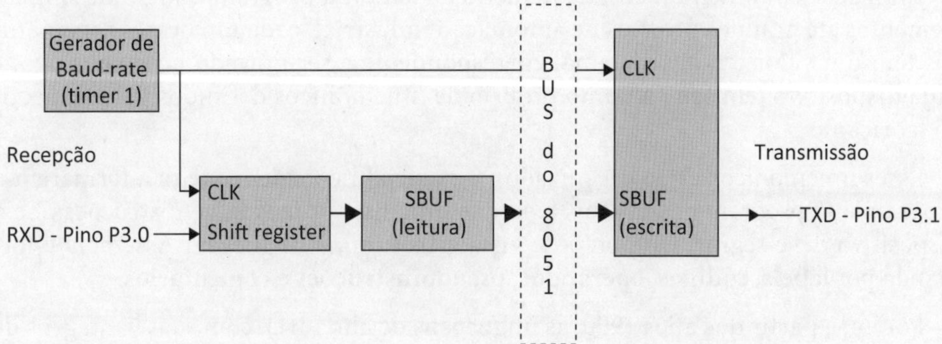

Figura 10.12 Apresentação em blocos do funcionamento do registrado SBUF.

Normalmente, trabalha-se com a interrupção serial acionada, assim, o microcontrolador, seu hardware, monitora a chegada de dados na comunicação serial avisando ao programa quando uma nova palavra chegou ao SBUF.

10.3.7 PROGRAMAÇÃO ASSEMBLY

Observe o trecho de código a seguir (implementação do clássico "Hello, World!" em um Assembler de MS-DOS, código este facilmente encontrado na internet):

```
; "Hello, World" for Intel Assembler (MSDOS)
MOV ax,cs
```

```
MOV ds,ax
MOV ah,9
MOV dx, offset Hello
INT 21h
XOR ax,ax
INT 21h
Hello:
DB: "Hello, World",10,10,"$"
```

Atualmente, com o aumento da popularidade de linguagens de alto nível, o código supradescrito em Assembly pode parecer fora de propósito. Porém, este é um dos mitos que queremos desfazer neste capítulo, mostrando que é importante, sim, aprender Assembly, principalmente como uma linguagem inicial e de fundamental importância para entendimento do hardware e da arquitetura de um sistema microprocessado.

Como a primeira linguagem a existir (excluindo-se a linguagem pura de máquina), o Assembly foi dominante tecnicamente durante muito tempo, sendo considerado uma linguagem de baixo nível.

Com base em mnemônicos, de maneira a facilitar a programação desde simples elementos até grandes projetos de automação industrial, cada um desses mnemônicos tem um valor em hexadecimal correspondente a ser gravado no dispositivo, e cada dispositivo tem seu conjunto próprio de mnemônicos definidos pelo respectivo fabricante.

Esses mnemônicos estão organizados sequencialmente de maneira a formarem o programa. O programa nada mais é do que uma lista ordenada de instruções que o dispositivo deve seguir. Do ponto de vista estrutural, a linguagem Assembly é formanda por **labels**, **códigos**, **operandos**, **pseudoinstruções** e **comentários**.

Porém, a partir dos anos 1990, as linguagens de alto nível, com suas vantagens de produtividade e minimização dos erros, foram conquistando espaço.

Entretanto, do ponto de vista de eficiência, a linguagem Assembly é única. Ela possibilita a realização de um código enxuto e eficiente tanto do ponto de vista de processamento como do ponto de vista de utilização de hardware. Assim, em situações críticas, normalmente se recorre ao Assembly.

Aparentemente, então, se desempenho não é fator preponderante, há uma inutilidade da programação em Assembly. Não é bem assim. Conhecer como o compilador traduz linguagens de alto nível a linguagens de baixo nível gera as condições necessárias para se fazer uma boa escolha de como implementar determinada tarefa.

Provavelmente, a melhor maneira de se entender a fundo determinada arquitetura de microcontrolador, observando-se a operação de seu hardware, é trabalhando e programando em Assembly. Como o acesso às funcionalidades se dará diretamente no microcontrolador, esse fato gerará um ganho de experiência e de profundidade ímpar para o estudante, durante seu processo de aprendizado e amadurecimento técnico.

Dessa maneira, a linguagem de programação Assembly permite ao estudante ter uma plena noção de como funcionam os elementos internos de hardware de determinado sistema. Assim, o estudante melhorará o raciocínio e o entendimento sobre sistemas digitais e computacionais, tornando-se um profissional capaz de entender plenamente os diversos sistemas e apto para evoluir com solidez para linguagens de mais alto nível.

Com esse foco, toda a estrutura deste capítulo se baseou em programação Assembly do microcontrolador 8051 para esse conjunto ser uma sólida porta de entrada para a automação via sistemas microcontrolados. Após, o estudante terá todo o background para a utilização de linguagens de mais alto nível de maneira sólida e com conhecimento de causa.

Sugere-se assim que todas as propostas a serem apresentadas adiante para o 8051 neste capítulo sejam trabalhadas/programadas, na sequência, também em linguagem C, por exemplo, além de assembly, ficando como sugestão para leitura e aprofundamento no tema o livro do Nicolosi e Bronzeri (2009).

10.4 TÉCNICAS BÁSICAS DE INTERFACEAMENTO PARA AUTOMAÇÃO MICROCONTROLADA

O uso dos microcontroladores tem se difundido amplamente no decorrer dos anos em virtude de sua capacidade de atuar com dispositivos como teclados, interruptores, motores, displays de LCD, entre outros, de maneira simples e, muitas vezes, intuitiva. Na área industrial, diferentes combinações desses elementos geram distintas e numerosas quantidades de aplicações das mais diversas.

Nesse contexto, as técnicas de interfaceamento são, em síntese, métodos/circuitos utilizados para implementar a interação do microcontrolador com dispositivos de entrada/saída.

Figura 10.13 Exemplo de um sistema industrial automatizado e sua interface com o usuário.

Fonte: http://www.istockphoto.com/br/foto/dedo-bot%C3%A3o-do-painel-de-controle-gm174757751-22104997.

Para responder adequadamente às demandas, essas técnicas precisam resolver os problemas inerentes aos projetos dos sistemas automatizados atuais. Para isso, é importante atingir um equilíbrio entre parâmetros como custo, potência e viabilidade de fabricação.

A **Figura 10.14** mostra um diagrama que detalha as diferentes técnicas de interfaceamento que podem ser configuradas nos microcontroladores. Estas estão divididas entre analógicas e digitais, com a apresentação de uma subdivisão para comunicações seriais. Os subitens, na sequência, retratam resumidamente o papel desses elementos representados.

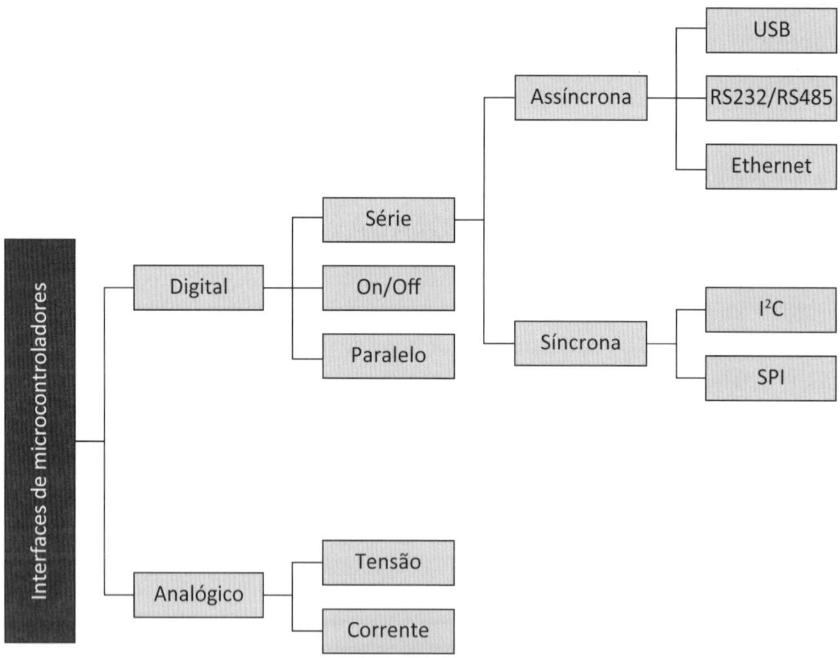

Figura 10.14 Organograma das variáveis e implementações possíveis de interface.

10.4.1 INTERFACES DIGITAIS

É sabido que existem dois grandes grupos de interfaces em um ambiente microcontrolado – as digitais e as analógicas –, que dependem da origem ou modelo de entrada/saída adotado.

Como exemplos de elementos de entrada digitais em ambientes de automação industrial, podemos mencionar os interruptores de pressão, de nível, ou de limite. Essas interfaces normalmente operam com tensões de 12 V ou 24 V. Do ponto de vista do 8051, seu nível de tensão de trabalho é TTL (0 a 5 V), necessitando, assim, de uma interface para condicionar esses sinais. Uma boa opção de interfaceamento, quando se necessita de isolamento elétrico, é a conexão dos circuitos de entrada digitais às portas por meio do uso de optoacopladores.

Os elementos de saída digitais (atuadores) podem ser solenoides, atuadores de solenoides, relés e indicadores. Os microcontroladores, em geral, não apresentam capacidade de fornecer a corrente necessária de maneira a suprir as necessidades de pleno funcionamento da maioria dos dispositivos de saída. Assim, os elementos digitais de saída necessitam de drivers de interfaceamento para o perfeito casamento dos dispositivos a serem conectados no microcontrolador. A plena implementação dos circuitos de drivers dependerá dos requisitos de tensão/corrente de cada configuração. Outro ponto importante é que, muitas vezes, as soluções implementadas se sobrepõem à quantidade de portas disponíveis do microcontrolador (observando-se o caso do 8051, constatam-se disponíveis quatro portas no máximo, o que normalmente não é observado de fato por causa das funções secundárias associadas a algumas portas, conforme anteriormente comentado). Para esses casos, é necessário utilizar a técnica de expansão em memória, sendo esta mais adequada e comumente utilizada. Essa técnica altera a maneira de envio dos dados aos dispositivos (alocados como posições de memória RAM externa), porém, da mesma forma, são necessários drivers para condicionamento dos sinais.

10.4.2 INTERFACES ANALÓGICAS

Como exemplos de interfaces de entrada analógica, há componentes como potenciômetros, termoacopladores e sensores (p. ex., fluxo, óticos, magnéticos ou de temperatura). Para condicionar esses sinais, o microcontrolador primeiramente necessita de conversores AD conectados nas entradas. Esses conversores AD no sistema podem ser internos ao microcontrolador ou externos, como com o 8051 original. Nas situações em que o microcontrolador tenha incorporado o conversor AD, os circuitos de entrada/saída podem ser conectados diretamente às portas.

Como dispositivos de saída analógicos, podem-se mencionar sistemas de aviso sonoro, geração de formas de onda, sinais analógicos diversos etc. No 8051, há a necessidade de um conversor AD externo, formado por uma rede R2R, por exemplo. Técnicas de conversão AD/DA e sua respectiva utilização não serão abordadas neste capítulo, ficando como sugestão de estudo.

10.4.3 DRIVERS DE INTERFACEAMENTO

Dependendo das características e do princípio de funcionamento dos dispositivos de entrada/saída que se deseja utilizar em determinada solução, será necessária a utilização de circuitos condicionadores, conhecidos popularmente por "drivers", conforme supracitado. As portas do 8051 apresentam valores de tensão e corrente padrões (lógica TTL e capacidade de 80 uA de corrente drenada em nível alto e 10 mA em nível baixo), o que normalmente impede o microcontrolador de atuar diretamente com as soluções de entrada/saída necessárias para aquele projeto. Esses circuitos drivers realizam funções específicas que permitem ao microcontrolador acionar ferramentas ou obter informação de componentes externos. Nos próximos itens, serão explorados, ainda que brevemente, alguns tipos e algumas topologias que se pode utilizar como drivers para sistemas microcontrolados.

10.4.3.1 Drivers com transistores bipolares

Drives utilizando transistores bipolares ainda são comuns quando se precisa de uma baixa resistência de condução, como é o caso de um acionamento de motor qualquer. A capacidade de corrente é amplificada de maneira a suprir a necessidade do elemento atuador. Entretanto, normalmente, as bases dos transistores bipolares necessitam de uma quantidade de corrente para acionamento que ultrapassa o limite do microcontrolador. Uma solução interessante é o uso de transistores na configuração Darlington para interfacear um dispositivo qualquer, conforme mostrado na **Figura 10.15**. Observe, na figura, o diodo roda-livre, utilizado para descarregar a energia acumulada no dispositivo, evitando, assim, a queima dos transistores por estresse elétrico.[3]

Os transistores, nesta configuração, atingem níveis de ganho de corrente muito altos em consequência de a corrente ser amplificada pelo primeiro transistor, e o resultado dessa amplificação ser novamente amplificado. Essa interface também pode ser utilizada em diversas outras configurações, como motores, incluindo os motores de passo. Nesta configuração, variando os valores do tempo de chaveamento dos transistores em uma implementação conhecida como PWM (Pulse Width Modulation), consegue-se, por exemplo, acionar motores DC com diferentes velocidades, além de ligá-los ou desligá-los.

3 Quando um sistema elétrico indutivo é desligado, a energia armazenada no campo magnético das bobinas presentes em componentes como relés, motores ou solenoides tende a descarregar produzindo uma tensão com polaridade oposta à tensão normalmente aplicada. Esta pode resultar em tensões acima do limite operacional do dispositivo e causar danos tanto ao dispositivo de interface como, eventualmente, ao próprio microcontrolador. Por essa razão, é adequado e prudente instalar um diodo reverso, denominado "diodo roda livre", para dissipar essa energia no próprio elemento e, assim, proteger a chave de comutação.

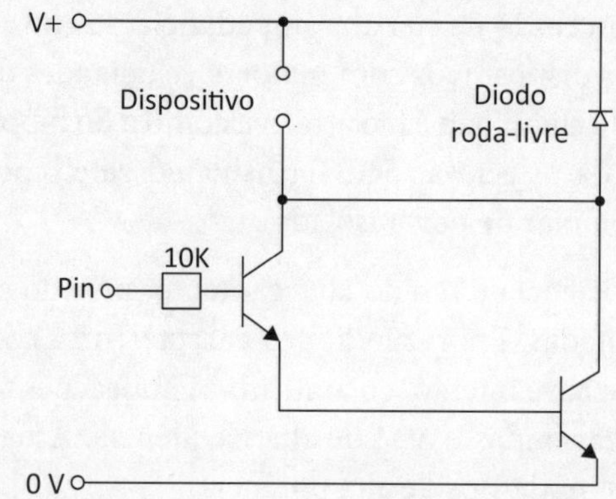

Figura 10.15 Apresentação de um driver de saída utilizando transistores Darlington.

10.4.3.2 Drivers pares Darlington integrados

Muitas vezes, mais de um elemento é interfaceado ao mesmo tempo. Por exemplo, quando necessitamos de drives para um motor de passo, necessitamos ao menos de quatro simultaneamente. Assim, se for necessário interfacear vários dispositivos de saída, pode-se utilizar um driver integrado tipo Darlington implementado em um circuito integrado, como o ULN2003, que é um driver comumente utilizado em razão de sua versatilidade.

O ULN2003 é um arranjo de transistores Darlington de altas tensão e corrente. Consiste em sete pares Darlington de tipo NPN que apresentam saídas com diodos roda livre de proteção. A corrente de coletor média de cada Darlington é na ordem de 500 mA. As aplicações que podem ser utilizados incluem drivers para relés, drivers de lâmpadas, drivers de linha e buffers. Finalizando, o ULN2003 tem um resistor de base em série de 2,7 kΩ para cada par Darlington, podendo operar diretamente com dispositivos TTL ou CMOS 5 V.

10.4.3.3 Drivers com transistores MOSFET/IGBT de potência

A interface de saída, quando se deseja controlar um determinado dispositivo por tensão, requer que a tensão aplicada a ele seja modulada de alguma maneira. Observando-se os dois itens anteriores, verificou-se como pode ser feito esse chaveamento com a utilização de transistores bipolares em configuração bastante usual, utilizando par Darlington. Os MOSFETs de potência igualmente, conforme apresentado na Figura 10.16 que utiliza um motor DC como carga, podem modular o funcionamento dos dispositivos de saída, mas utilizando um princípio diferente. Os dispositivos MOSFET são controlados por tensão, diferentemente do transistor bipolar, que é controlado por corrente. Isso significa que a ativação e a desativação do dispositivo são controladas por uma fonte de tensão conectada à porta do MOSFET, não necessitando de níveis de corrente em razão de sua alta impedância de entrada, facilitando-se, assim, o acionamento dos dispositivos com maiores velocidades de chaveamento. O revés é que a resistência da chave não é tão atrativa como a do bipolar: Assim, a "junção" desses dois elementos dá origem ao IGBT (insulated gate bipolar transistor ou, em português, transistor bipolar de porta isolada).

O IGBT tem alta eficiência e rápido chaveamento, unindo as boas características das tecnologias supracitadas. Em razão de sua característica construtiva que permite essa alta velocidade de chaveamento, encontram-se aplicações também em elementos que necessitam sintetizar ondas PWM de alta frequência. Atualmente, é muito utilizado em equipamentos modernos de alta potência.

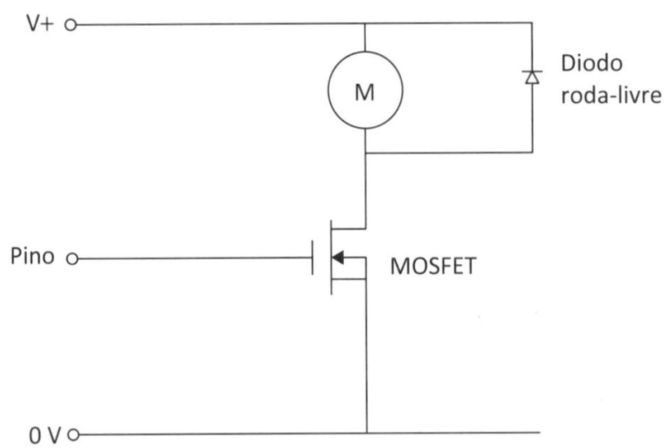

Figura 10.16 Apresentação de um driver de saída utilizando transistor MOSFET.

10.4.4 DISPOSITIVOS DE INTERFACE/ATUADORES

De maneira resumida, serão apresentados alguns elementos básicos de interface/atuadores, de maneira a situar o leitor, ainda que de maneira básica e simplificada, quanto aos elementos mais comumente encontrados.

10.4.4.1 Solenoide

Na indústria, as válvulas de solenoides são muito utilizadas para controlar fluxos ou fluidos. Também podem ser utilizadas para operar cilindros pneumáticos, controlando a pressão do ar que atuará nos cilindros. O princípio de funcionamento do se baseia na geração de um campo magnético pela circulação de corrente por uma bobina. Assim, aproximando um núcleo de material ferroso à bobina, sua tendência será entrar na bobina por causa das linhas de força do campo magnético. Dessa maneira, a energia elétrica é convertida em energia mecânica, podendo ser utilizada em variadas soluções de controle de variáveis de um processo qualquer.

10.4.4.2 Relé

O relé é um dispositivo eletromagnético, que consiste basicamente de um solenoide, contatos móveis e uma mola para restauro de posição. Os relés podem ser acionados mediante drivers de interface, caso a corrente ou a tensão não sejam compatíveis com o microcontrolador. O driver "detecta" a presença do nível adequado no pino de entrada e aciona o relé para comutar a fonte de tensão aplicada ao dispositivo final.

Quando se conecta uma tensão nominal à bobina do relé, o núcleo é magnetizado e atrai os contatos móveis. Assim, o contato móvel sai de sua posição inicial, abrindo (NF) ou fechando (NA) o contato. No momento que se retira a alimentação da bobina, a força de magnetização desaparece e a mola puxa o contato móvel de volta à posição inicial.

10.4.4.3 Motor de passo

O motor de passo é um atuador elétrico incremental que desloca certo ângulo a cada pulso recebido do drive de controle. O número de passos por volta dita sua resolução, que pode ser, por exemplo, 0,72º, 1,8º, 3,6º, 7,5º, 15º até 90º graus, ou seja, 500, 200, 100, 48, 24 e 4 passos por volta.

O número de passos que o motor incrementa é igual ao número de pulsos recebidos e a velocidade do motor é proporcional à frequência de entrada desses pulsos. Por se tratar de um dispositivo simples (sem escova, sem comutadores etc.), é eficiente e tem baixo custo, sendo interessante para aplicações como scanners, impressoras, câmeras fotográficas, dosadores, bomba peristáltica, etc.

A estrutura de um motor de passo é simples. Os motores possuem um rotor com ímã permanente, relutância variável ou híbrido e um estator com bobinas. Não contêm escovas ou comutadores, aumentando, assim, e em muito, sua vida útil (algo em torno de 12 anos). Do ponto de vista de operação, os motores de passo são acionados por energização sequencial de suas bobinas, denominada "pulsos", e essa energização faz o motor rotacionar em pequenos incrementos denominados "passos".

Uma maneira de melhorar a resolução do motor de passo é a utilização de micropasso. Este é sempre definido na resolução do driver. Ao se observar em um driver de motor de passo simples a opção passo completo, esta também será a resolução do motor observada. Dessa maneira, mesmo os drivers mais simples também oferecem a resolução meio-passo, que dobrará a resolução do motor. Já os modelos de drives mais modernos, como o ST10-PLUS da Applied Motion, permitem trabalhar com várias configurações de micropasso, deixando mais dinâmica a implementação de acordo com a necessidade.

10.4.4.4 Motores DC

Os motores elétricos, em geral, baseiam seu funcionamento nas forças exercidas pelo campo eletromagnético criado ao fazer circular uma corrente elétrica por bobinas.

As bobinas do estator se mantêm em posição mecânica fixa e no seu interior. Outras bobinas compõem o rotor, no qual circula outra corrente, sendo, assim, capazes de girar sobre seu próprio eixo.

Em aplicações industriais, pode-se achar uma grande variedade de motores aplicados a diferentes soluções. Os motores de DC, junto com os motores de passo, são dois dos mais utilizados em aplicações microcontroladas. O tipo de driver utilizado para interfacear o motor dependerá do nível de potência requerido por este, podendo ser par Darlington, MOSFET de potência, ou mesmo IGBT. Se a demanda é trabalhar com vários motores, uma solução simples e barata é utilizar o circuito integrado L293D como driver. Esse circuito permitirá o controle de dois motores de DC, usando quatro linhas de dados do microcontrolador para controle.

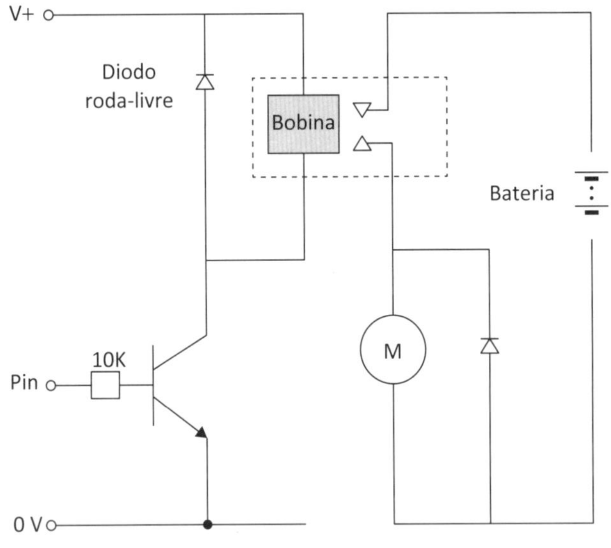

Figura 10.17 Interface de um motor DC com alimentação independente.

Adicionalmente, uma maneira de evitar o ruído elétrico que pode afetar o microcontrolador é utilizar fontes de alimentação separadas para o driver e para o motor. Naturalmente, será necessário utilizar dois circuitos de alimentação para que o motor possa ser controlado. Observe na **Figura 10.17** um exemplo de implementação com relé que utiliza alimentações em separado.

10.5 PROJETOS EMBARCADOS EM DISPOSITIVOS DE PEQUENO PORTE

Os projetos a seguir se basearam em implementações para serem emuladas em placas de desenvolvimento do 8051 (adaptadas para utilizar os elementos de hardware comumente encontrados em placas de desenvolvimento didático, como leds, micro-chaves, motor de passo, displays LCD, etc.). Com as devidas adaptações nos códigos e hardwares, as soluções podem ser adotadas e implementadas em diversos kits de desenvolvimento do mercado ou mesmo diretamente em um 8051 devidamente montado e interfaceado. Cabe ressaltar que nesse primeiro momento de estudo do aluno, objetivo deste capítulo, não serão utilizados nos projetos que seguem protocolos Ethernet ou de comunicações sem fio (Wi-Fi, Bluetooth, Zigbee, etc), nem se propôs interfaces gerenciadas por aplicativos de celular. Tais melhorias e funcionalidades podem vir a ser implementadas pelos alunos, conforme forem amadurecendo nos projetos.

Na sequência, serão apresentados alguns projetos distintos de implementações versando sobre os mais diversos dispositivos embarcados, de maneira a situar e habilitar o estudante em projetos iniciais utilizando microcontroladores. Os códigos Assembly (*.asm) relativos aos projetos apresentados a seguir foram implementados no kit didático XM852 da empresa EXSTO (HYPERLINK "http://www.exsto.com.br" www.exsto.com.br), sendo desenvolvidos de maneira simplificada, sem otimização, em disciplina de graduação, e podem ser obtidos por download no site da editora Blucher e utilizados livremente, ficando como sugestão a implementação deles, ou parte destes, com linguagem C.

10.5.1 ALARME AUTOMOTIVO SIMPLIFICADO

Uma montadora de veículos deseja oferecer em seus modelos populares um alarme básico de baixo custo. O carro em questão é um *hatch* de duas portas (ou seja, quatro sensores – portas laterais, capô e porta-malas) e um controle "remoto" com três botões (liga, desliga e pânico).

O sistema deve utilizar as quatro chaves do kit como sendo os quatro sensores nas portas do carro. Os dois primeiros leds serão as setas dianteiras e traseiras (um para cada lateral do veículo), o terceiro representará a sirene do alarme e o último será o led de monitoramento da ativação do alarme. O controle "remoto" será acionado por três chaves tipo microchave, emulando no próprio kit didático o acionamento de maneira simplificada.

Ao acionar o alarme, se alguma porta estiver aberta, ele deve disparar. Quando o alarme estiver acionado, se alguma porta for aberta, ele deve disparar. Ao acionar o alarme, as setas devem piscar, deve-se escutar um bip e o led de monitoramento deve ficar piscando. Ao desacionar o alarme, as setas devem piscar duas vezes, devem-se escutar dois bips e o led de monitoramento deve permanecer apagado. O botão de pânico dispara o alarme independentemente de estar acionado e um segundo clique no botão desaciona o alarme. O alarme disparado deve piscar as setas (laterais alternadas) e manter a sirene ligada.

Solução proposta:

O projeto foi realizado partindo da premissa que o alarme automotivo é composto por três módulos:

- controle "remoto" de três botões (simplificado sem interface sem fio);

- módulo com sensores para detecção de porta aberta;
- módulo para acionamento de lâmpadas/leds.

Suas principais características adotadas foram:

- indicador único referente ao acionamento do alarme;
- indicador único referente ao desligamento do alarme;
- botão de pânico operável em qualquer momento do alarme;
- avisos sonoros e visuais sobre a atividade do alarme.

Assim, podemos descrever o funcionamento do dispositivo, resumidamente, da seguinte maneira:

- Ativar alarme:
  - ▷ Apertar o botão P3.5 do controle remoto;
- Desativar alarme:
  - ▷ Apertar o botão P3.4 do controle remoto;
- Função pânico:
  - ▷ Apertar o botão P3.3 do controle remoto.

O monitoramento se iniciará com a ativação do botão P3.5 quando o veículo estiver com todas as portas fechadas. Será perceptível pelo usuário a ativação porque o led P1.0 estará piscando. Interrompendo o monitoramento do alarme, as setas direita e esquerda do veículo piscarão duas vezes, assim como soarão dois bips.

Importante: o usuário deve atentar para a eventualidade de o alarme ser acionado quando alguma das portas estiver aberta, situação em que ele disparará e as setas direita e esquerda ficarão piscando.

Para essa implementação, foram adotadas as seguintes entradas e saídas:

- P1.7 – sensor de abertura da porta direita;
- P1.6 – sensor de abertura da porta esquerda;
- P1.5 – sensor de abertura do porta-malas;
- P1.4 – sensor de abertura do capô;
- P1.3 – sirene/buzina;
- P1.2 – luz de pânico;
- P1.1 – seta esquerda;
- P1.0 – seta direita;
- P3.5 – botão para acionar o alarme;
- P3.4 – botão para desligar o alarme;
- P3.3 – botão para acionar o sistema de pânico.

Na **Figura 10.18**, é apresentado o esquemático elétrico de uma possível implementação do sistema Alarme Automotivo.[4]

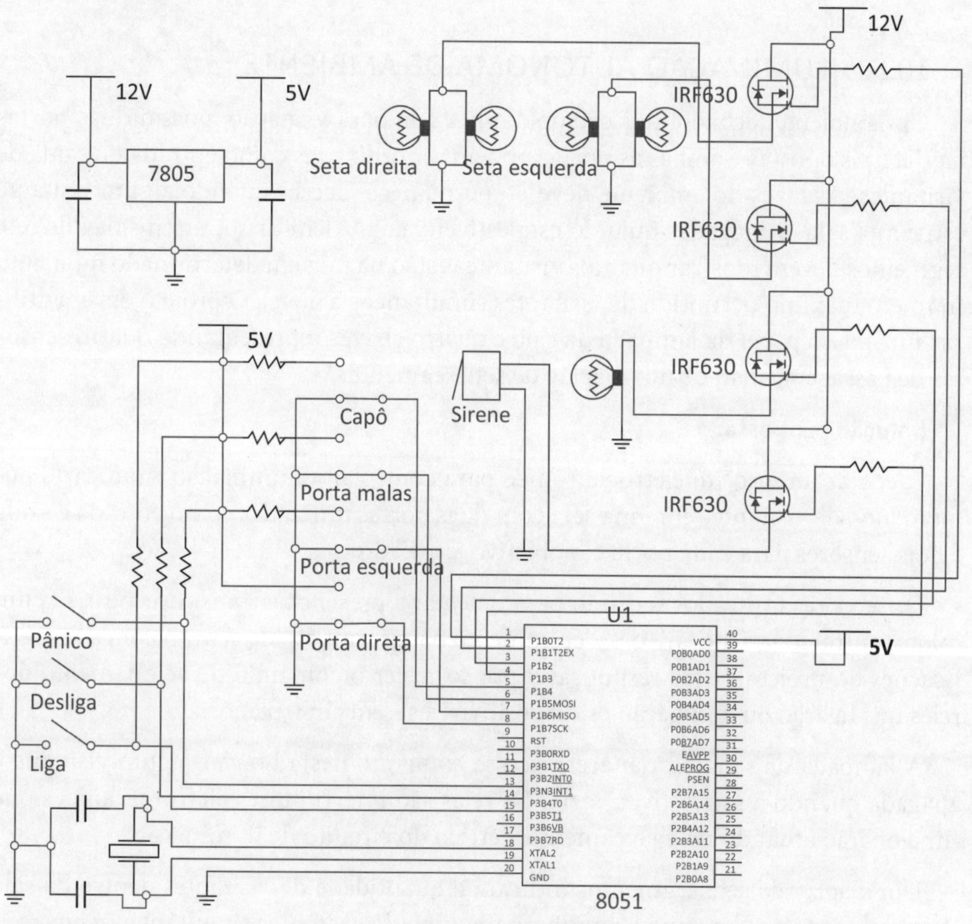

Figura 10.18 Esquemático de uma possível implementação do alarme automotivo simplificado.

4 Em todos os esquemáticos apresentados neste capítulo, elementos como LEDs, microchaves e componentes de kits didáticos são geralmente representados como itens de bancada. Isso visa ilustrar como a emulação em um kit didático de desenvolvimento pode ser implementada. Estes esquemáticos, elaborados em disciplinas de graduação, não buscam otimização ou alto desempenho. Seu propósito não é representar fielmente um sistema prático, mas sim fornecer ao aluno uma visão geral simplificada da implementação do sistema emulado em um kit didático, em um ambiente de laboratório. Importante destacar que alguns componentes como drivers, diodos roda-livre, interfaces, capacitores de debouncing, resistores pull-up, cristais, reset, fontes, entre outros, podem estar omitidos para facilitar a visualização. Cabe ao leitor verificar a necessidade desses elementos e complementá-los conforme necessário. Por fim, sempre que viável, priorizou-se a comunicação serial com PCs nos projetos para adicionar um elemento educativo, embora na maioria das vezes os sistemas microcontrolados operem de forma autônoma, ou seja, sem um PC agregado.

Com base nos dados descritos na solução proposta para esse item, sugere-se elaborar a sua respectiva programação Assembly para o 8051, nos termos do projeto apresentado. Uma possível solução de programação encontra-se disponível no site da editora Blucher.

10.5.2 ILUMINAÇÃO AUTÔNOMA DE AMBIENTE

Um ambiente fechado, por exemplo, uma sala para visitação, possui duas portas nas laterais opostas e ambas as portas podem ser utilizadas como entrada ou saída de visitantes. As luzes do ambiente deverão permanecer acesas quando algum visitante estiver na sala, e apagadas quando esta estiver vazia. Além disso, um display de sete segmentos deverá mostrar quantos visitantes estão na sala em determinado momento (número máximo permitido de visitantes simultâneos é nove). O projeto deverá utilizar um led no papel da lâmpada da sala e quatro chaves representando quatro sensores de passagem, além de um display de sete segmentos.

Solução proposta:

Executar um projeto eletroeletrônico para controlar a iluminação e indicar o número total de visitantes em uma sala com duas portas utilizadas como entrada e saída e dois sensores para cada porta é o objetivo almejado.

Os sensores utilizados servirão para detectar a presença e transmitir o sinal a um microcontrolador. Este fará o processamento da informação de acordo com as especificações do projeto e será responsável por fornecer o comando de acionamento dos relés que ligarão ou desligarão os dispositivos a serem controlados.

A lâmpada da sala permanecerá acessa enquanto nesta houver algum visitante e apagada quando a sala estiver vazia. Os relés são interruptores eletromecânicos que funcionarão atuando no chaveamento elétrico do circuito de iluminação.

Um display de sete segmentos indicará a quantidade de visitantes dentro da sala em um determinado tempo e o número máximo de visitantes simultâneos é nove.

O código é robusto a ponto de identificar quando uma pessoa está parada na porta e quando ela retorna, executando a conta correta do número de visitantes.

Os dispositivos elétricos e eletrônicos que podem ser utilizados no projeto são, dentre outros, os seguintes:

- microcontrolador 8051;
- relé de 5V/127V;
- relé de 5 V_{CC} / 110 V_{AC};
- transistor BC557;
- capacitores;
- resistores;

- lâmpada;
- display de sete segmentos (com driver);

Uma proposta de diagrama elétrico do projeto está ilustrada na **Figura 10.19**. Na proposta, é importante indicar as portas de ligação de entrada e de saída do microcontrolador utilizadas para que não haja conflito com o código desenvolvido:

- **Porta P1.0:** sinal de saída para a lâmpada;
- **Portas P2.0 a P2.7:** display de sete segmentos;
- **Porta P3.2:** sensor 1 (identifica a entrada na porta 1);
- **Porta P3.3:** sensor 2 (identifica a saída na porta 1);
- **Porta P3.4:** sensor 3 (identifica a entrada na porta 2);
- **Porta P3.5:** sensor 4 (identifica a saída na porta 2).

É necessário que a posição dos sensores 1 e 2 estejam lado a lado, o mais próximo possível um do outro (distância em torno de 1 cm) e alinhados na mesma direção e sentido para o devido funcionamento do projeto. O mesmo é válido para os sensores 3 e 4.

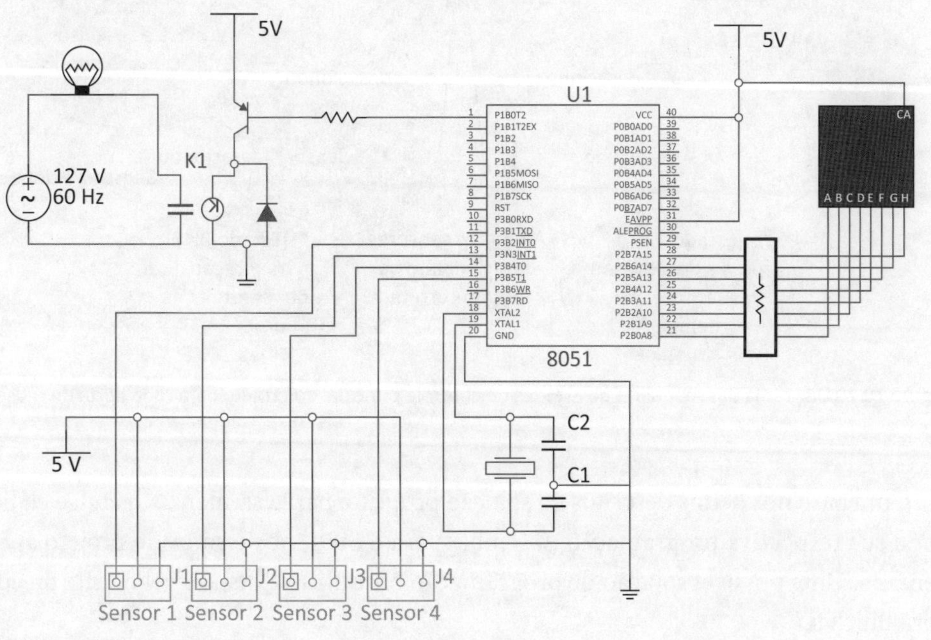

Figura 10.19 Esquemático de uma possível implementação do projeto de iluminação.

O projeto utiliza a lógica de máquina de estados para controlar as sequências de comando principal. Essa lógica é apresentada nos diagramas mostrados na **Figura 10.20**, de maneira a ficar clara a metodologia utilizada na implementação.

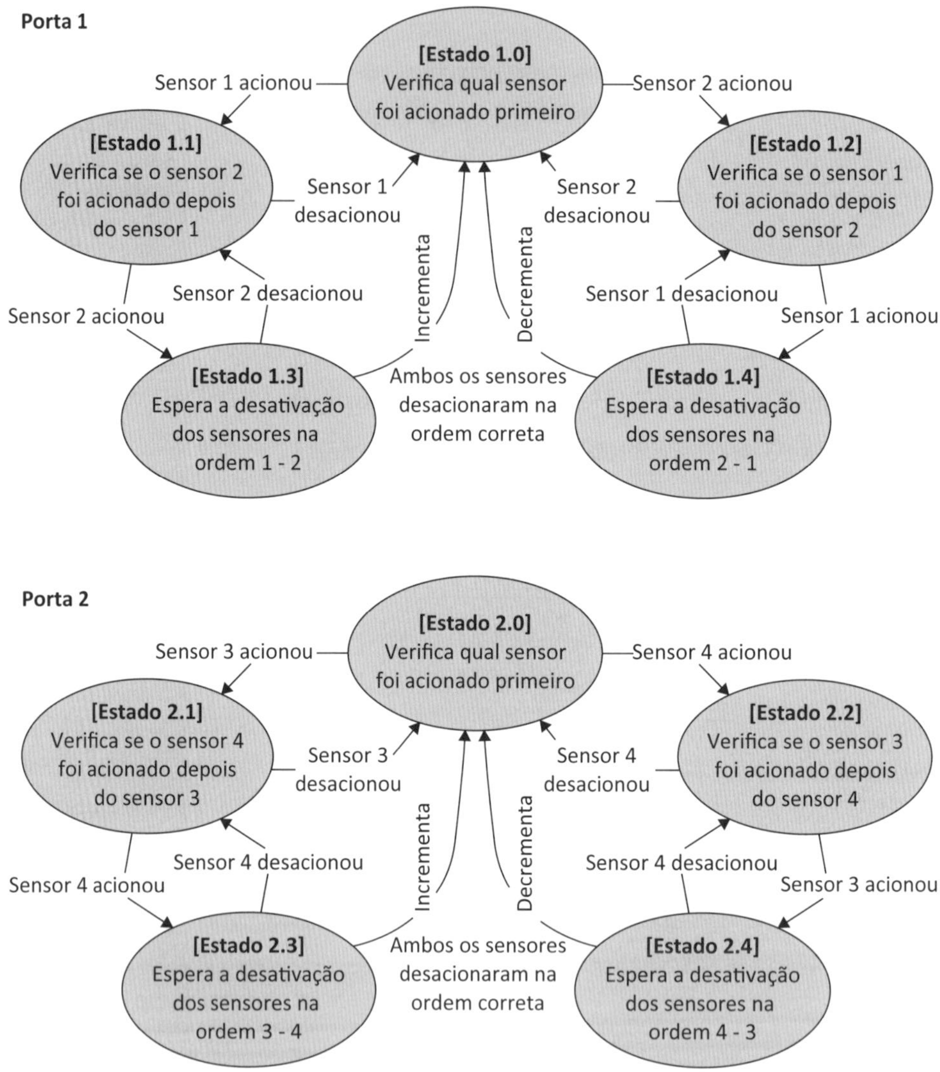

Figura 10.20 Diagrama das máquinas de estados do controle principal do projeto para cada porta do museu.

Com base nos dados descritos na solução proposta para esse item, sugere-se elaborar a sua respectiva programação Assembly para o 8051, nos termos do projeto apresentado. Uma possível solução de programação encontra-se disponível no site da editora Blucher.

10.5.3 RELÓGIO DIGITAL COM ALARME

O desafio agora é implementar um relógio digital simples. O valor da hora deve ser mostrado em quatro displays (p. ex., 23:58) e a base de tempo deverá ser gerada pelo timer (T0 ou T1) do 8051. O usuário poderá ajustar a hora e o alarme. Quando disparar o alarme, os leds deverão piscar até que ele seja desligado, emulando um alarme sonoro.

Solução proposta:

O objetivo deste projeto é a implementação de um relógio digital com o microcontrolador 8051 programado em linguagem Assembly. Em síntese, relógios digitais são dispositivos eletrônicos que, com base em circuitos eletrônicos, normalmente referenciados a partir de um clock advindo de um cristal oscilador, são capazes de mostrar horários de forma muito precisa.

O horário deverá ser mostrado em displays de sete segmentos. Além do funcionamento correto do relógio, deverá ser possível editar o horário e também definir-se um horário que ative um alarme.

Para implementação do projeto, os componentes necessários, dentre outros, são:

- microcontrolador 8051;
- capacitores 22nF e 1 μF;
- resistores 300 Ω e 10k Ω;
- microchaves;
- leds (ou alarme);
- display de sete segmentos (quatro dígitos com driver).

Na **Figura 10.21**, é apresentado o esquemático de uma possível implementação do relógio digital.

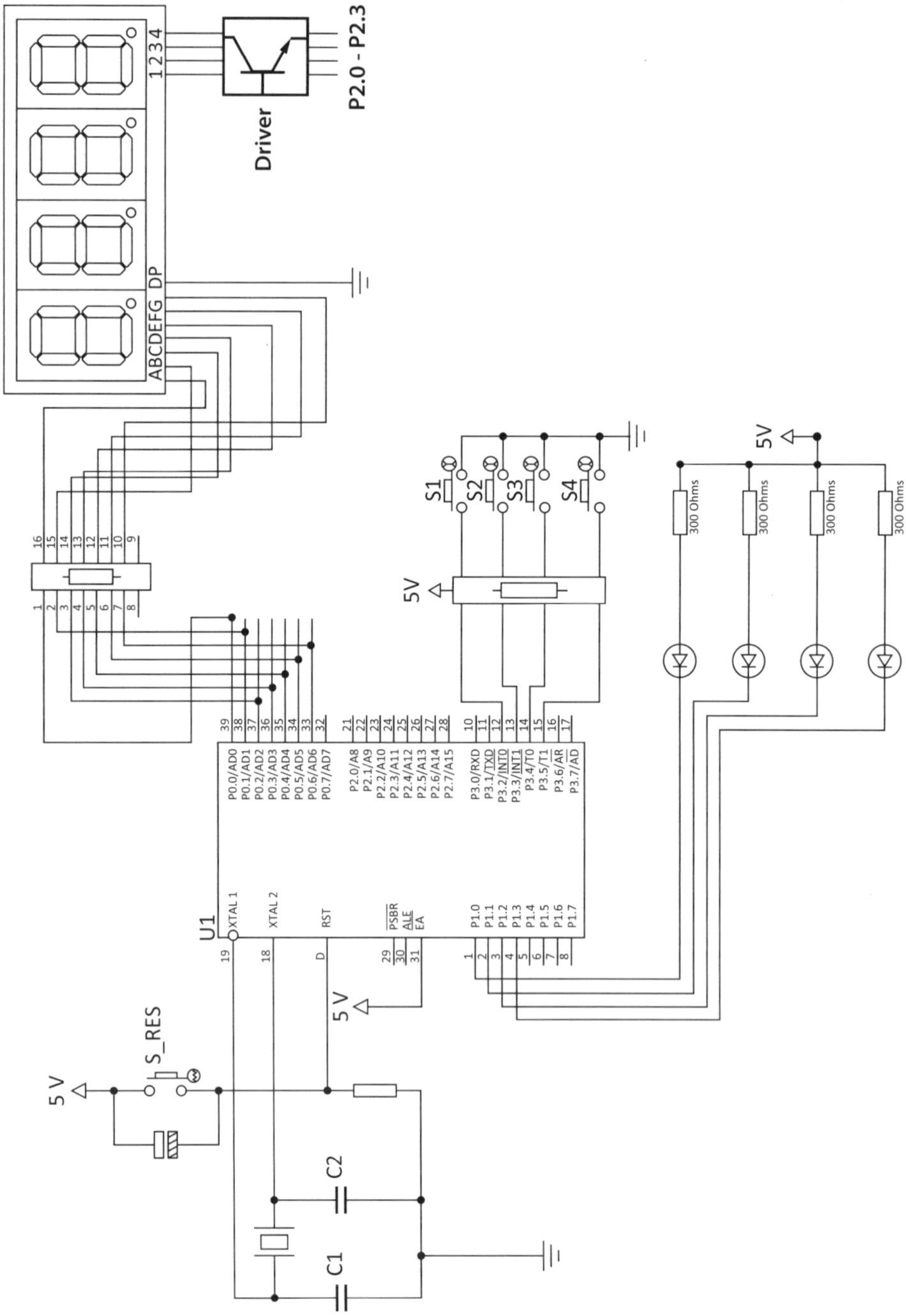

Figura 10.21 Esquemático de uma possível implementação do relógio digital simplificado.

Com base nos dados descritos na solução proposta para este item, sugere-se elaborar a sua respectiva programação Assembly para o 8051, nos termos do projeto apresentado. Uma possível solução de programação encontra-se disponível no site da editora Blucher.

10.5.4 MÁQUINA DE CAFÉ AUTOMÁTICA SIMPLES

O objetivo aqui é desenvolver o projeto completo de uma máquina de café simples para escritórios comerciais (com cafés grátis). A máquina deverá contar com um sensor que monitore se há ou não copo descartável na máquina.

Inicialmente, o LCD deverá mostrar:

ESCOLHA O CAFÉ

O usuário deverá escolher o café via teclado do PC com as seguintes opções:

C → Café Curto (1 dose de água e 1 dose de café);

V → Café Longo (2 doses de água e 2 doses de café);

B → Capuccino (2 doses de água, 2 doses de leite, 1 dose de café e 1 de chocolate);

N → Café com Leite (2 doses de água, 2 doses de leite e 2 doses de café);

M → Leite com Chocolate (2 doses de água, 2 doses de leite e 2 doses de chocolate).

Após a escolha, deverá aparecer no LCD o tipo de café escolhido na 1ª linha e, na 3ª linha, a frase INSERIR O COPO.

Quando o usuário inserir o copo (microchave acionada), inicia-se a montagem do café (durante o processo no LCD deverá aparecer PREPARANDO O CAFÉ).

O motor de passo fará o papel da extrusora da máquina, enquanto os leds farão o papel das válvulas (água, café, leite e chocolate). O motor de passo deverá rodar uma vez e o respectivo led (válvula) para cada ingrediente deverá ficar acionado durante 2 segundos por dose (independentemente do ingrediente).

Ao final do processo, o LCD deverá mostrar:

CAFÉ PRONTO RETIRAR O COPO

Quando o usuário retirar o copo (desacionar a microchave), a máquina volta ao início do ciclo.

Observação 1: caso acidentalmente o usuário retire o copo da máquina, o processo é interrompido e a máquina sempre volta ao início do ciclo.

Observação 2: durante o acionamento da válvula de água, também há o acionamento de uma resistência para aquecimento da água do café, via serpentina, ou seja, a válvula de água e a resistência de aquecimento são acionadas em paralelo e são representadas por apenas um led.

Observação 3: o usuário deverá colocar e retirar o copo descartável da máquina, bem como adicionar açúcar e pegar o palito para mexer a bebida.

Solução proposta:

Para iniciar a utilização da máquina de café, o usuário verá na tela de LCD a mensagem:

ESCOLHA O CAFÉ

Próximo à tela de LCD, deve constar um menu (uma ilustração) contendo todas as opções de café. Para escolher uma das opções, o usuário deverá digitar no teclado a sigla correspondente ao café desejado. O **Quadro 10.1** ilustra o menu contendo todos os cafés.

Quadro 10.1 Opções de bebidas da máquina de café

Letra	Tipo de bebida
C	Café Curto
V	Café Longo
B	Cappuccino
N	Café com Leite
M	Leite com Chocolate

Após escolher a bebida, por exemplo, "Café com Leite", o usuário verá a seguinte mensagem no visor de LCD:

Café com Leite INSERIR O COPO

O usuário deverá, então, posicionar o copo para que este receba os ingredientes do café. A máquina não fornece copos; assim, o usuário deverá retirar um deles no suporte próximo à máquina de café. Inserido o copo, o usuário verá a seguinte mensagem no visor:

Café com Leite PREPARANDO A BEBIDA:

Enquanto isso, o café estará sendo preparado e transferido para o copo. O tempo de preparo de cada café varia. O usuário não deve retirar o copo até que apareça a seguinte mensagem:

BEBIDA PRONTA RETIRAR O COPO

Quando o usuário retirar o copo, a máquina voltará ao estado inicial, aparecendo a mensagem "ESCOLHA O CAFÉ" novamente.

Caso o usuário retire o copo antes da finalização do preparo do café, a operação de preparo será abortada e a máquina voltará a seu estado inicial, aparecendo novamente a mensagem "ESCOLHA O CAFÉ".

Nenhuma bebida da máquina contém açúcar, com exceção do leite com chocolate, pois o chocolate já é adoçado. Caso o usuário deseje acrescentar açúcar à sua bebida, deverá acrescentá-lo manualmente.

A **Figura 10.22** mostra um circuito passível de implementação para o controle de uma máquina de café.

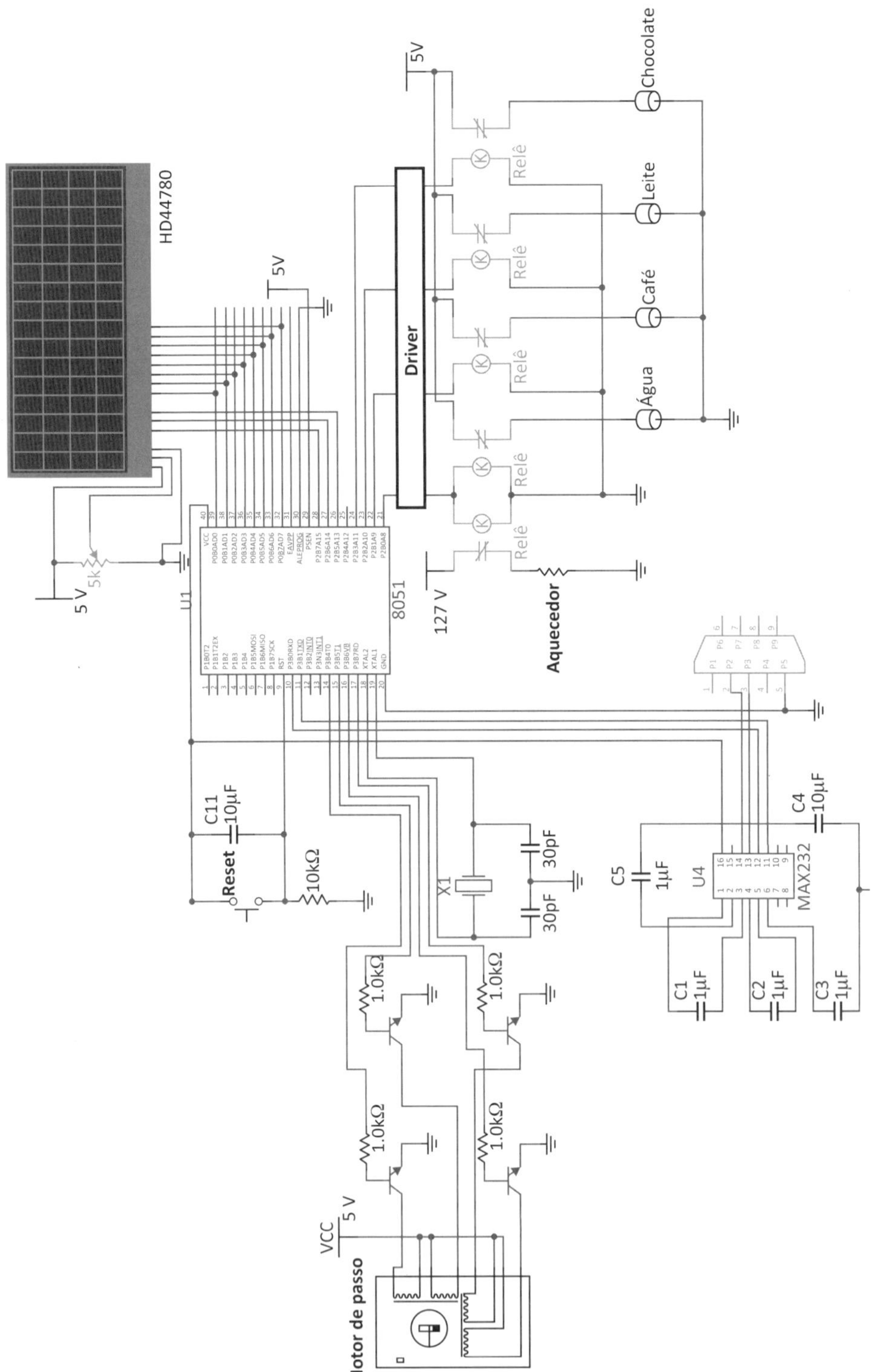

Figura 10.22 Esquemático de uma possível implementação da máquina de café.

Com base nos dados descritos na solução proposta para esse item, sugere-se elaborar a sua respectiva programação Assembly para o 8051, nos termos do projeto apresentado. Uma possível solução de programação encontra-se disponível no site da editora Blucher.

10.5.5 COFRE DIGITAL DE HOTEL

O objetivo dessa proposta é a implementação de um projeto de cofre digital básico (similar aos observados em hotéis). O cofre deverá contar com um sensor (uma microchave) que monitore o fechamento ou não da porta. Se a porta estiver aberta, o LCD deverá mostrar:

COFRE ABERTO FAVOR FECHAR A PORTA

Se a porta estiver fechada, o LCD deverá mostrar:

FAVOR PROGRAMAR NOVA SENHA

Após digitar uma senha de quatro letras ou números no teclado do PC, o motor de passo deverá dar meia-volta, fechando, assim, a tranca do cofre, e o LCD deverá mostrar:

COFRE TRANCADO DIGITE A SENHA

Após digitar a senha correta, o motor de passo deverá dar meia-volta no sentido oposto, abrindo, assim, a tranca do cofre e possibilitando o reinício do ciclo de funcionamento.

Solução proposta:

O modelo proposto de solução terá um sensor (microchave) que monitorará se a porta do cofre está aberta ou fechada. Além disso, trabalhará com base numa senha eletrônica de 4 dígitos, que será enviada por comunicação serial do teclado do computador para o cofre. O controle de fechar ou abrir o cofre será representado por um motor de passo, responsável por girar ou não seu cursor (trava), abrindo ou trancando o cofre.

O display LCD será responsável por informar ao usuário quais ações deverão ser efetuadas, com base em como o sistema se encontra no momento. Por exemplo, se o cofre estiver com a porta fechada e trancado, o display avisará que é necessário digitar a senha, por outro lado, se o cofre estiver fechado, porém sem estar trancado, o display deverá avisar que é necessário digitar uma nova senha para realizar o trancamento.

Para implementação do projeto, os componentes necessários, dentre outros, são:

- microcontrolador 8051;
- CI MAX232;
- capacitores 22nF e 1μF;
- resistores 10k Ω;
- microchave;
- motor de passo com driver;
- display LCD.

A **Figura 10.23** mostra um circuito passível de implementação para o cofre digital.

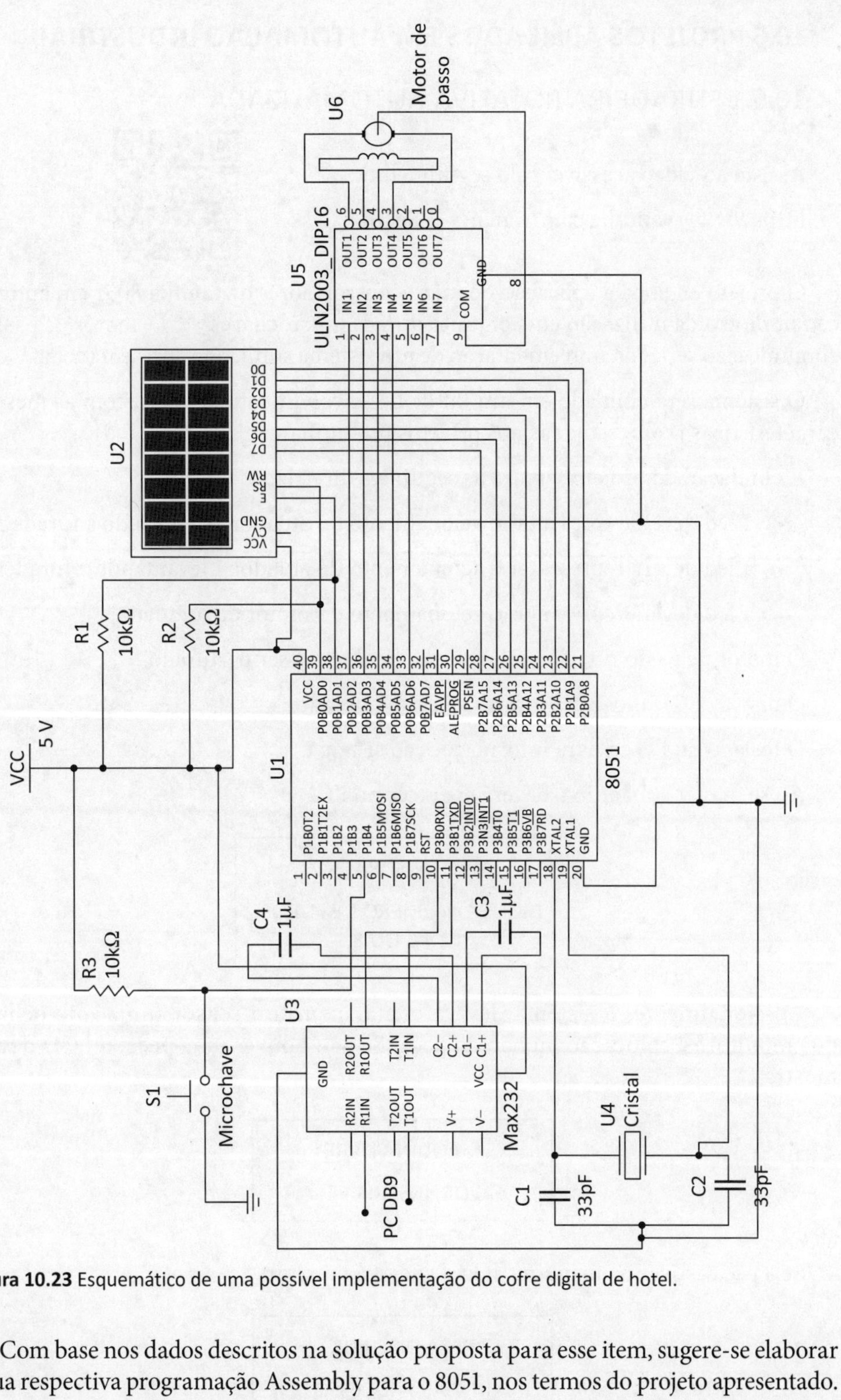

Figura 10.23 Esquemático de uma possível implementação do cofre digital de hotel.

Com base nos dados descritos na solução proposta para esse item, sugere-se elaborar a sua respectiva programação Assembly para o 8051, nos termos do projeto apresentado. Uma possível solução de programação encontra-se disponível no site da editora Blucher.

10.6 PROJETOS APLICADOS EM AUTOMAÇÃO INDUSTRIAL

10.6.1 FURADEIRA ROTATIVA AUTOMATIZADA

Assista ao vídeo acessível pelo seguinte link:

https://www.youtube.com/watch?v=LSdB1OzJXsk

O projeto engloba a aplicação de microcontroladores da família 8051 em automação por meio da utilização em conjunto de leds, microchaves, LCD, motor de passo e comunicação serial na implementação de um sistema similar ao apresentado no vídeo.

O sistema será emulado em um kit de desenvolvimento do 8051, com as mesmas características já apresentadas nos projetos preliminares.

A emulação do projeto seguirá as seguintes diretrizes:

- 1 led deverá representar o acionamento do atuador 1 abaixando a furadeira;
- 1 led deverá representar o acionamento do atuador 1 levantando a furadeira;
- 1 led deverá representar o acionamento do motor da furadeira;

O motor de passo rotacionará o corpo do objeto a ser perfurado.

O display LCD mostrará informações ao operador.

O teclado do PC enviará informações ao sistema.

Ao se iniciar a máquina, deverá aparecer no LCD:

MAQ DE FURAÇÃO

DIGITE O NÚMERO DE FUROS
2 4 6 OU 8

Adicionalmente, o sistema deverá contar com um sensor (uma microchave) que monitore a colocação ou não da peça. Se não houver uma peça, o LCD deverá mostrar:

MÁQUINA LIVRE

FAVOR, INSERIR PEÇA

Se a peça estiver na máquina, o LCD deverá mostrar:

PEÇA INSERIDA

INICIAR PROCESSO

Digitando I, o LCD mostrará:

FURANDO

Após terminar a furação, o display deve mostrar:

FUROS PRONTOS FAVOR, RETIRAR A PEÇA (N) (Obs.: N é o número de peças impressas).

Após isso, reinicia-se o ciclo de funcionamento.

Durante o processo de furação, a furadeira deverá ser ligada, o atuador deverá abaixar a furadeira e, em seguida, levantá-la. O cilindro rotacionará o ângulo necessário (proporcional ao número de furos) e os furos continuarão a ser feitos nessa sequência. Por fim, é desligada a furadeira.

Uma tecla para interromper o processo e outra para reiniciar o processo durante a furação são necessárias.

Solução proposta:

Uma furadeira automática é projetada e tem como objetivo realizar furos automaticamente de acordo com o espaçamento de furo programado pelo computador, o que é realizado por meio de comandos executados pelo microcontrolador 8051.

Para a implementação do sistema, foram realizadas as seguintes adaptações no projeto proposto:

- Introdução de uma etapa de requerimento e verificação de senha de acesso para habilitar o funcionamento da máquina de perfuração;
- Adição de etapa de confirmação de número de furos;
- Rotação da furadeira no sentido horário durante o abaixamento e no sentido anti-horário durante sua subida também representada por dois led;
- Implementação de sensores de posição para identificar a posição de término da broca.

Na **Figura 10.24**, é apresentado o fluxograma do algoritmo de funcionamento para o sistema de furação automatizada proposto.

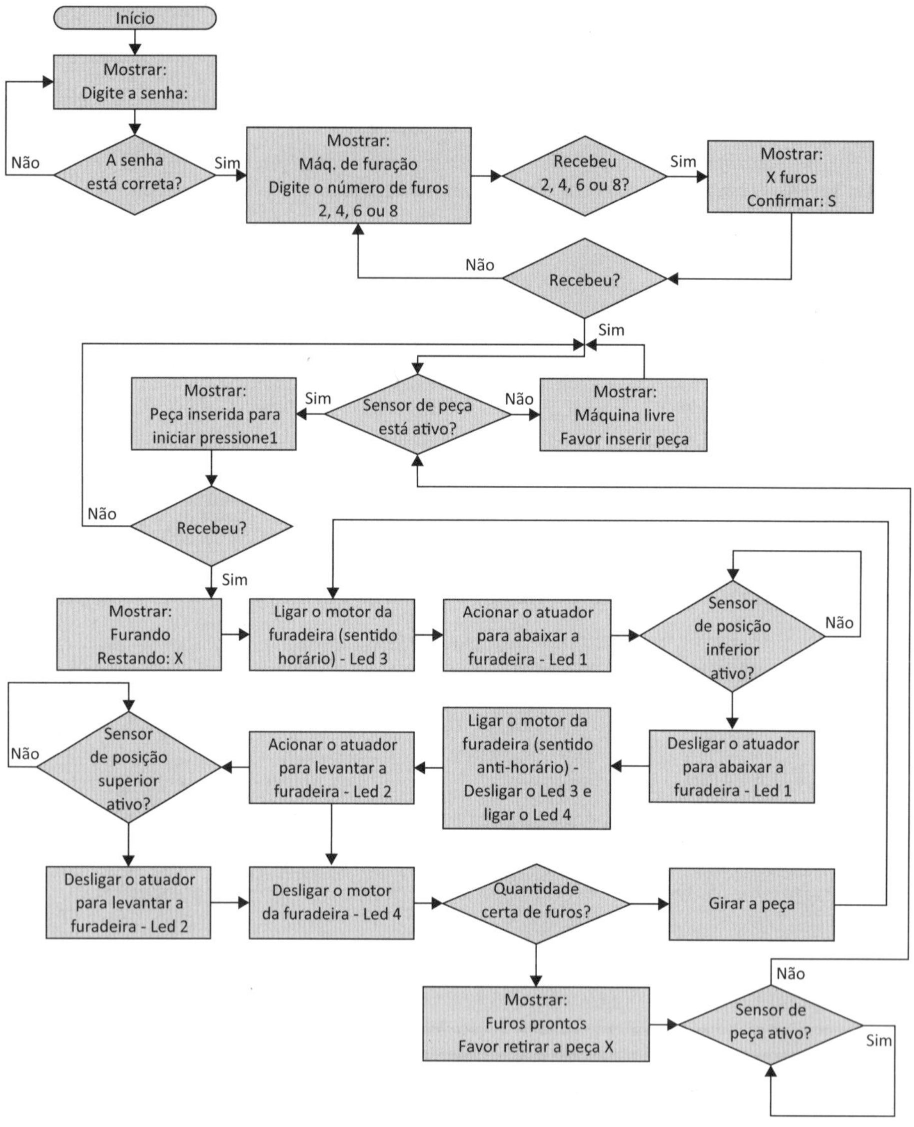

Figura 10.24 Fluxograma para programação da furadeira automatizada.

De acordo com o fluxograma da **Figura 10.24**, ao ser inicializada, a máquina apresenta no display LCD uma mensagem de solicitação de senha (DIGITE A SENHA). A mensagem é repetida até que o usuário entre com a senha correta por meio do teclado do PC.

Em seguida, é exibida a mensagem de apresentação da máquina (MAQ DE FURAÇÃO) e a especificação do número de furos (DIGITE O NÚMERO DE FUROS; 2 4 6 OU 8"). Essa mensagem é apresentada repetidamente até que o microcontrolador receba um número correspondente a qualquer quantidade de furos especificada. Depois de inserida uma quantidade válida de furos, é mostrada a quantidade selecionada de furos (X FUROS) e uma requisição de confirmação dessa quantidade (CONFIRMAR: S) para ser validada a partir da entrada de S também pelo teclado do PC. Caso seja recebida uma entrada diferente de S, o processo volta para o passo de solicitação do número de furos.

Após a confirmação do número de furos desejado, verifica-se se o sensor de peça está ativo. Se o sensor não detectar a peça inserida, é mostrada uma mensagem solicitando a inserção da peça a ser perfurada (MÁQUINA LIVRE; FAVOR INSERIR A PEÇA) até que uma peça seja detectada. Quando a peça é detectada, apresenta-se um aviso de solicitação de iniciar o processo pressionando-se a tecla "I" do PC (PEÇA INSERIDA; PARA INICIAR PRESSIONE I). Caso não seja recebida a entrada para inicialização do processo de perfuração, o processo volta para a etapa de verificação de estado do sensor para detecção de peças.

Durante o processo de perfuração, a máquina apresenta, no display LCD, o número de furos restantes (FURANDO; RESTANDO: X). O procedimento é iniciado com o ligamento do motor da furadeira em sentido horário, representado pelo acendimento do led 3. Já no passo seguinte, o acionamento do atuador para abaixar a furadeira é representado pelo acendimento do led 1, sendo que um sensor de posição inferior é utilizado para controlar o abaixamento do atuador. A ativação do sensor de posição ocorre quando o atuador atinge o nível máximo de abaixamento. Nesse instante, o atuador/led 1 é desligado. O motor da furadeira é ligado em sentido anti-horário – o led 3 é desligado e o led 4 é ligado – e o atuador é acionado para levantar a furadeira, o que é simbolizado pelo acendimento do LED2. A subida da furadeira é também controlada por sensor de posição superior.

Quando a furadeira atinge a posição de máxima elevação, o sensor de posição superior fica ativo e tanto o atuador/led 2 como o motor da furadeira/led 4 são desligados. Por fim, verifica-se se a quantidade realizada de furos corresponde à quantidade solicitada de furos solicitada: se não, o número de furos restantes é atualizado e exibido no display LCD, a peça é rotacionada e o processo de furação é repetido até completar a perfuração completa da peça; se sim, a mensagem de conclusão do processo de perfuração da peça é mostrada (FUROS PRONTOS; FAVOR RETIRAR A PEÇA X). Essa mensagem é exibida enquanto o sensor de peça estiver ativo, e, assim que a peça perfurada for retirada, o processo volta ao passo de verificação de peça inserida para iniciar a perfuração de uma nova peça.

Neste contexto, vale notar que a rotação da peça é representada pela rotação do motor de passos, sendo que o ângulo de rotação é determinado pelo número de furos solicitados – ou seja, 180° para dois furos, 90° para quatro furos, 60° para seis furos e 45° para oito furos.

Botões para interromper e para reiniciar o processo também são utilizados no controle do funcionamento da máquina. A seguir, listam-se os dispositivos sugeridos, dentre outros, para uma possível implementação de sistema adaptado.

- microcontrolador 8051;
- capacitores;
- resistores;
- microchaves;
- optoacopladores;
- atuadores (com relés);
- motor DC (com driver);
- motor de passo (com driver);
- display LCD.

Na **Figura 10.25**, é apresentada uma possível implementação de hardware para o projeto apresentado. São mostradas as interfaces principais para o projeto desenvolvido.

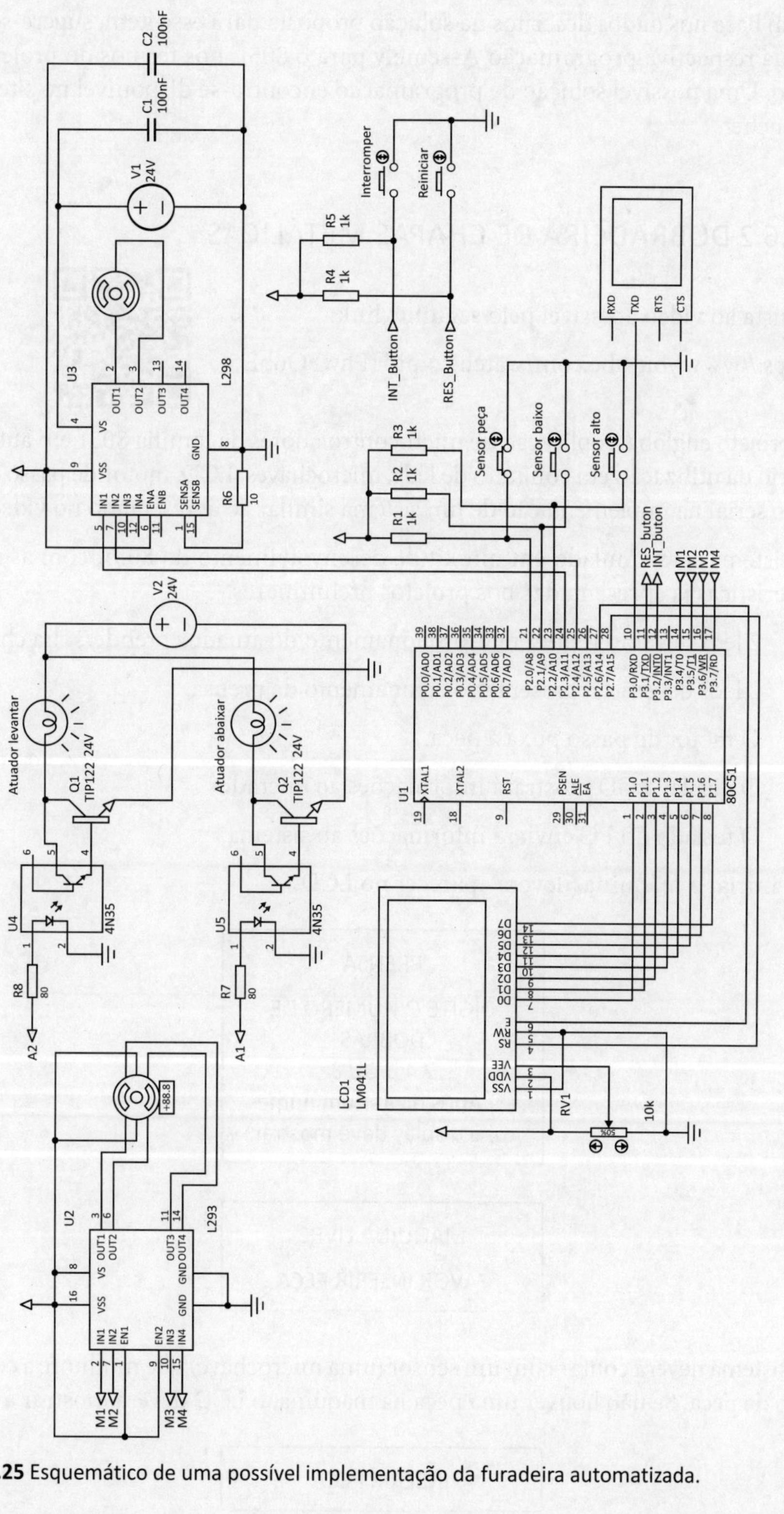

Figura 10.25 Esquemático de uma possível implementação da furadeira automatizada.

Com base nos dados descritos na solução proposta para esse item, sugere-se elaborar a sua respectiva programação Assembly para o 8051, nos termos do projeto apresentado. Uma possível solução de programação encontra-se disponível no site da editora Blucher.

10.6.2 DOBRADEIRA DE CHAPAS METÁLICAS

Assista ao vídeo acessível pelo seguinte link:

https://www.youtube.com/watch?v=puHFhwFO6bE

O projeto engloba a aplicação de microcontroladores da família 8051 em automação por meio da utilização em conjunto de leds, microchaves, LCD, motor de passo e comunicação serial na implementação de um sistema similar ao apresentado no vídeo.

O sistema será emulado em um kit de desenvolvimento do 8051, com as mesmas características já apresentadas nos projetos preliminares.

- 2 leds deverão representar o acionamento do atuador prende/solta chapa.
- 2 leds deverão representar o acionamento da prensa.
- O motor de passo puxa a peça.
- O display LCD mostrará informações ao operador.
- O teclado do PC enviará informações ao sistema.

Ao iniciar a máquina, deverá aparecer no LCD:

PRENSA DIGITE O NÚMERO DE DOBRAS 2 4 6 OU 8 (*) Após digitar um número, o display deve mostrar.

MÁQUINA LIVRE FAVOR INSERIR PEÇA

O sistema deverá contar com um sensor (uma microchave) que monitore a colocação ou não da peça. Se não houver uma peça na máquina, o LCD deverá mostrar a frase:

INSERIR PEÇA

Se a peça estiver na máquina, o LCD deverá mostrar:

PEÇA INSERIDA DOBRANDO

Após terminar a impressão, o display deverá mostrar:

PEÇA DOBRADA (N) FAVOR, RETIRAR A PEÇA (Obs.: N é o número de peças dobradas).

Após isso, reinicia-se o ciclo de funcionamento (passo*).

Durante o processo de dobradura, o atuador prende-chapa deverá prender a peça; em seguida, o motor de passo deverá puxar a peça (distância proporcional ao número de dobras). O atuador prensa deverá abaixar e levantar dobrando a peça. O atuador prende-chapa abre e o motor de passo retorna à posição original. O processo continuará a ser feito nessa sequência.

Uma tecla para interromper o processo e outra para reiniciar o processo durante a dobragem são necessárias.

Solução proposta:

Este projeto tem como base um tipo específico de máquina-ferramenta, que é a máquina de dobrar chapas (crimping machine). A operação de dobramento, em síntese, envolve a aplicação de uma dobra no material.

A máquina de dobrar chapas, por meio de transferência de potência de um motor elétrico, produz tensão suficiente para conformar chapas metálicas no formato desejável utilizando um sistema prensa-molde. Atualmente, com o avanço tecnológico, as máquinas de dobrar chapas passaram a ser orientadas por computador, permitindo a produção de dobras mais complexas e tornando o processo mais rápido e com maior qualidade.

Assim como outras máquinas e, em especial, as máquinas-ferramenta, sua operação pode ocasionar acidentes graves, os quais têm sido evitados com a implementação de automação e de controle dos processos, cabendo ao operador fornecer as variáveis relativas a cada processo executado pela máquina, bem como a supervisão desses processos.

Detalhadamente, no fluxograma da **Figura 10.26**, apresentam-se as etapas que o sistema deve executar.

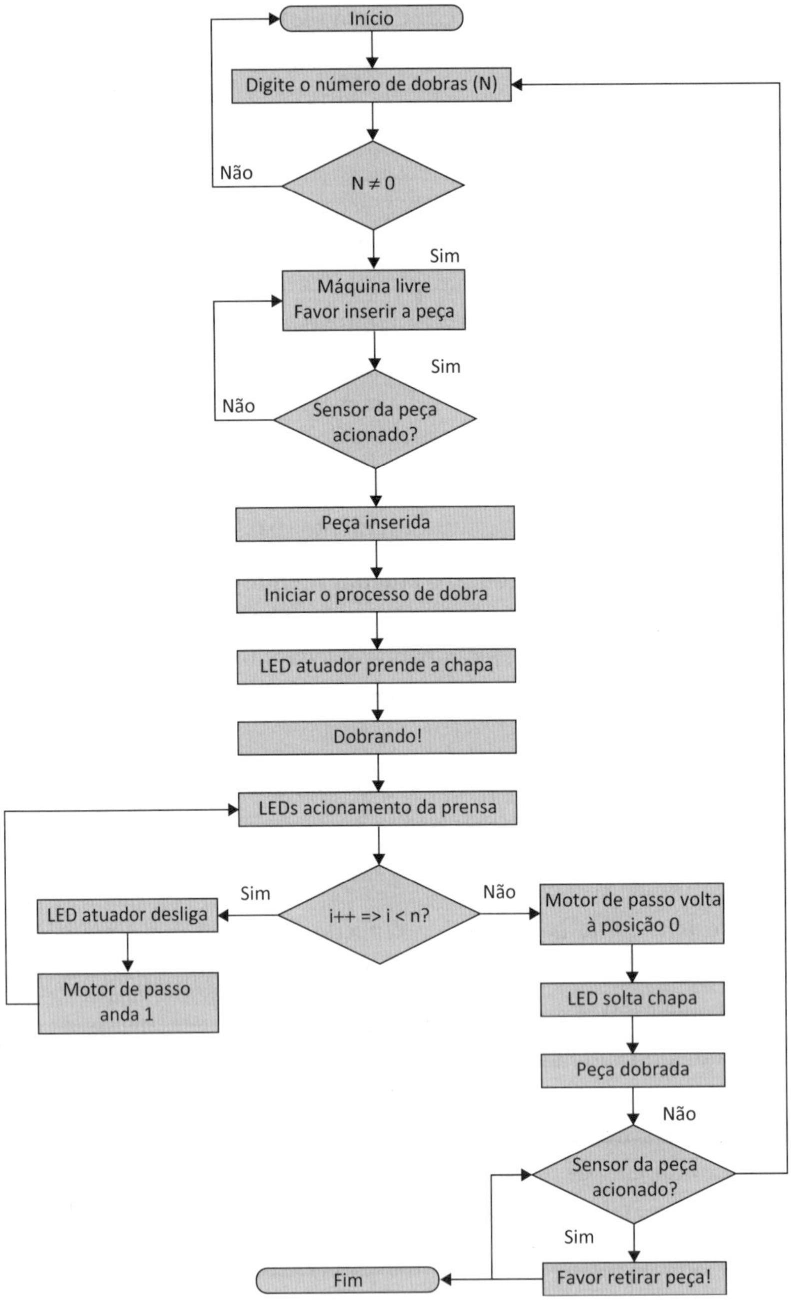

Figura 10.26 Fluxograma desenvolvido para implementação da dobradeira de chapas automatizada.

A solução adaptada utilizará dois leds para representar o acionamento do atuador prende/solta-chapa e outros dois leds para o acionamento da prensa. O motor de passo terá a função de puxar a peça. Já o display LCD mostrará informações ao operador enviadas pelo teclado do PC.

Ao se iniciar a máquina de dobrar, deverá aparecer no display LCD a seguinte mensagem: DIGITE O NÚMERO DE DOBRAS (N). Depois de digitado o número de dobras, o display deverá mostrar: MÁQUINA LIVRE. FAVOR, INSERIR A PEÇA. O sistema contará com um sensor (microchave) que monitora a colocação ou não da peça. Se não houver uma peça ou ela não for inserida ainda, o display LCD deverá mostrar a mensagem: PEÇA NÃO INSERIDA. Se a peça estiver na máquina de dobrar, o display LCD deverá mostrar a mensagem: PEÇA INSERIDA. DOBRANDO. Após terminar a impressão, o display deve mostrar a mensagem: PEÇA DOBRADA. FAVOR RETIRAR A PEÇA.

Durante o processo de dobradura, o atuador prende-chapa deverá prender a peça; em seguida, o motor de passo deverá puxar a peça (distância proporcional ao número de dobras). O atuador prensa deverá abaixar e levantar dobrando a peça. O atuador prende-chapa abre e o motor de passo retorna à posição original. O processo continuará a ser feito nessa sequência. Além disso, o sistema terá uma chave para interromper o processo e uma para reiniciá-lo.

Uma possível implementação de hardware para o sistema emulado é apresentado na **Figura 10.27**. Para que a implementação realize o processo de dobramento de chapas, utilizaram-se, dentre outros, os seguintes dispositivos:

- microcontrolador 8051;
- CI MAX232;
- capacitores;
- resistores;
- microchaves;
- atuadores (com seus relés e drivers);
- motor de passo (com driver);
- display LCD.

No esquemático, a máquina de dobrar chapas será composta por dois atuadores e um motor de passo. O primeiro atuador será utilizado para prender e soltar a peça na máquina, enquanto o segundo será utilizado para realizar as dobras nas peças, ou seja, ele abaixará para dobrar e, em seguida, levantará de modo que o motor de passo empurre a peça para efetuar a próxima dobra.

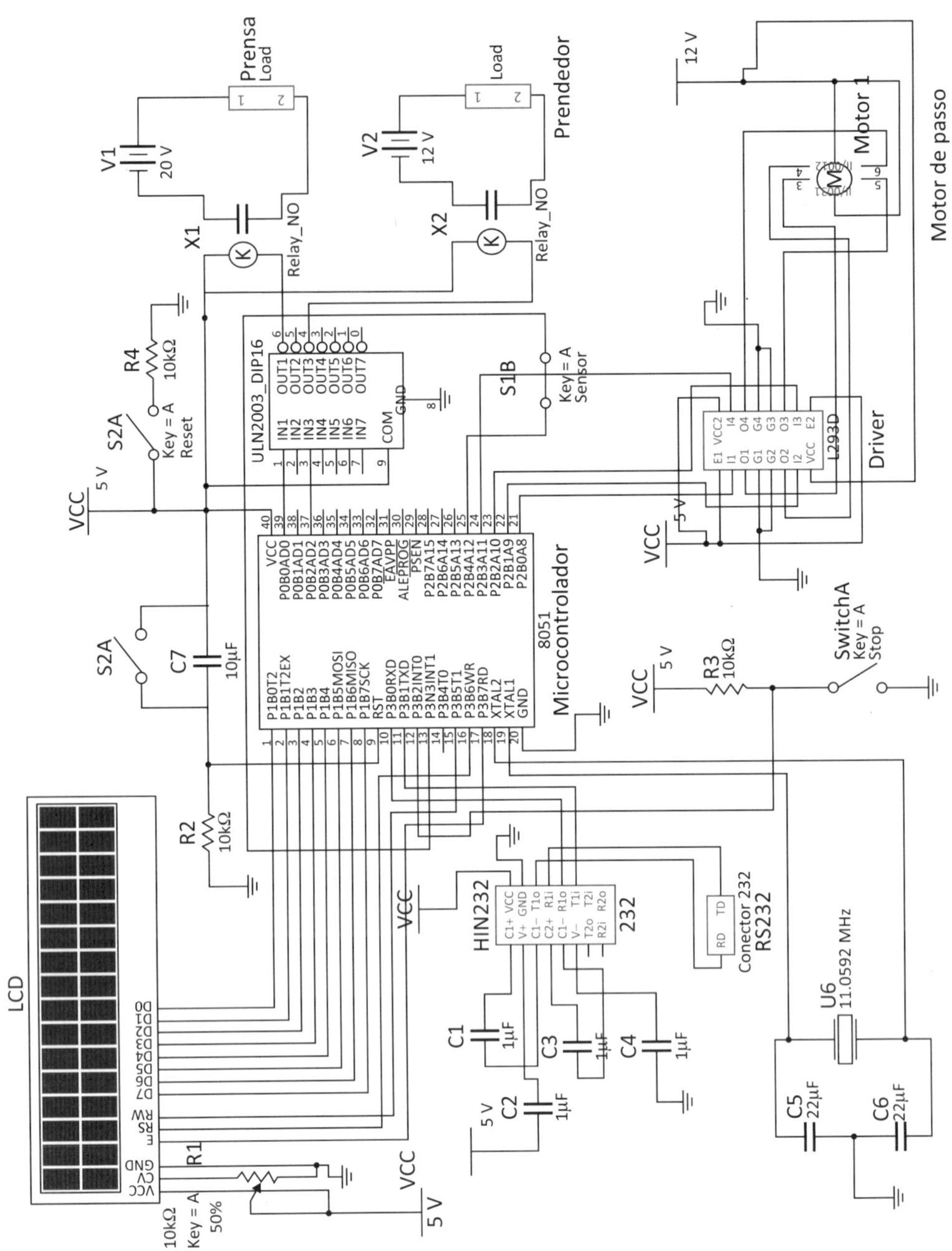

Figura 10.27 Esquemático de uma possível implementação da dobradeira de chapas automatizada.

Com base nos dados descritos na solução proposta para esse item, sugere-se elaborar a sua respectiva programação Assembly para o 8051, nos termos do projeto apresentado. Uma possível solução de programação encontra-se disponível no site da editora Blucher.

10.6.3 MÁQUINA PARA ESTIRAMENTO PLÁSTICO

Assista ao vídeo acessível pelo seguinte link:

https://www.youtube.com/watch?v=1rIlUx79K4c

O projeto engloba a aplicação de microcontroladores da família 8051 em automação por meio da utilização em conjunto de leds, microchaves, LCD, motor de passo e comunicação serial na implementação de um sistema similar ao apresentado no vídeo.

O sistema será emulado em um kit de desenvolvimento do 8051, com as mesmas características já apresentadas nos projetos preliminares.

- 2 leds deverão representar o acionamento do atuador da faca de corte;
- 2 leds deverão representar o acionamento da atuador de expulsão da peça;
- O motor de passo faz o estiramento;
- O display LCD mostrará informações ao operador;
- O teclado do PC enviará informações ao sistema.

Ao iniciar a máquina deverá aparecer no LCD:

MAQ DE ESTIRAR DIGITE O TAMANHO DO ESTIRAMENTO 1 2 3 OU 4 CM

O sistema deverá contar com um sensor (uma microchave) que monitore a colocação ou não da peça. Se não houver uma peça, o LCD deverá mostrar:

MÁQUINA LIVRE FAVOR, INSERIR PEÇA

Se a peça estiver na máquina, o LCD deverá mostrar:

PEÇA INSERIDA INICIAR PROCESSO

Digitando "I", o LCD mostrará:

ESTIRANDO A PEÇA

Após terminar o estiramento, o display deverá mostrar:

PEÇA ESTIRADA (N) (Obs.: N é o número de peças estiradas).

Após isso, reinicia-se do ciclo de funcionamento.

Durante o processo de estiramento, o motor de passo encosta na peça (tamanho fixo); em seguida, o atuador da faca corta a peça (down/up). O motor de passo expande a peça para um tamanho previamente digitado. O motor de passo volta à posição original e, em seguida, o atuador de expulsão ejeta a peça da máquina. O processo continuará a ser feito nessa sequência.

Uma tecla para interromper o processo e outra para reiniciar o processo durante a furação são necessárias.

Solução proposta:

Neste projeto será emulada uma máquina que realiza o corte e o estiramento de peças posicionadas pelo operador dentro da máquina. O corte é realizado por uma faca que apenas separa as peças, duas por vez, de um suporte onde elas estão inicialmente fixadas. O estiramento, por sua vez, é um processo no qual o material é tracionado de forma a ter seu comprimento alongado e sua seção transversal é reduzida. No caso desta máquina, o estiramento é realizado no sentido transversal, aumentando a largura final da peça.

O estiramento é realizado para um tamanho predeterminado programado ao se iniciar o programa. As peças estão fixadas numa haste central, em que duas peças são produzidas para cada lado a partir do círculo central que marca o limite de cada par de peças. Fica a cargo do operador girar e posicionar novamente a estrutura ou realimentar a máquina com outra estrutura de quatro peças para continuar o processo de fabricação. Há sensores de presença para detectar a presença ou não de uma peça para que se possa dar continuidade ao processo de corte. A separação da peça da estrutura à qual ela está fixada se dá por meio de uma faca de corte, que separa as peças de sua haste principal.

Após a remoção da peça de sua estrutura, a peça sofrerá um processo de estiragem para aumentar o seu comprimento. O estiramento da peça é realizado no sentido transversal, o que torna a peça final mais larga, porém tornando menores as seções transversais das hastes centrais da peça.

Por fim, logo após o processo de estiramento, a máquina ejetará automaticamente a peça e ficará aguardando o posicionamento de outra peça plástica a ser trabalhada por meio do monitoramento do sensor de presença.

Esta máquina utiliza-se de dois atuadores pneumáticos simples para o corte e a expulsão da peça para a esteira rolante. Isso resulta do fato de atuadores simples, sem detecção de posição, terem uma forma binária de posicionamento, totalmente estendido ou totalmente retraído, o que se encaixa perfeitamente nos trabalhos de corte e expulsão. Já para o estiramento, será utilizado o motor de passo para que haja uma precisão na hora de alongar as peças de acordo com os diferentes comprimentos definidos pelo operador.

Há também um botão de parada imediata para situações de emergência, pelo qual, em qualquer etapa, o processo de fabricação será interrompido imediatamente, retraindo-se a faca de corte para a posição original e expelindo a peça que estiver dentro da máquina, prevenindo possíveis situações de risco. Em conjunto com o botão de emergência, haverá um botão de reiniciar, para que a máquina possa sair do modo de emergência ou simplesmente para se reiniciar novamente o processo; por exemplo, para se utilizarem parâmetros de estiramento diferentes.

A máquina de estiramento será implementada em placa de desenvolvimento do 8051, assim como os demais projetos, utilizando-se de diferentes periféricos para indicar as etapas do processo. O kit inicialmente deverá indicar, por meio de seu display de LCD, uma tela com opções de tamanho de estiramento e ficará esperando a resposta do operador via comunicação serial com o computador. Escolhido o tamanho, a máquina esperará pela "inserção" da peça plástica; essa parte de sensoriamento será simbolizada por uma das chaves presentes no kit do 8051.

Com a chave ligada, a máquina ainda esperará o operador digitar a letra "I" no terminal para que o processo de corte se inicie. O processo de estiramento se iniciará com o motor de passo, representando as garras da máquina encostadas à peça plástica de acordo com o tamanho fixo. Em seguida, dois leds do kit serão utilizados para representar a faca de corte (processo up/down), acendendo e apagando para indicar o corte.

Após o corte, o motor de passo se posicionará até o tamanho indicado pelo operador no início do processo, causando o estiramento na peça que está presa por ele. Dois outros leds do kit serão utilizados para indicar a expulsão da peça do maquinário para a esteira rolante e, enquanto isso, o motor de passo retorna à posição de valor do tamanho original da peça. O kit deverá, então, retornar ao seu estado inicial e estar preparado para receber outra série de instruções.

A **Figura 10.28** apresenta o fluxograma que apresenta como foi feito o processo de encadeamento de ações pelos quais a máquina de estiramento passará e os condicionais para que cada parte possa seguir adiante. Deve-se considerar também que existirão duas interrupções externas que poderão ser chamadas pelo operador: uma parada de emergência geral, que parará a máquina em qualquer procedimento em execução; e um botão de reiniciar, para poder sair da parada de emergência ou do loop de fabricação de peças.

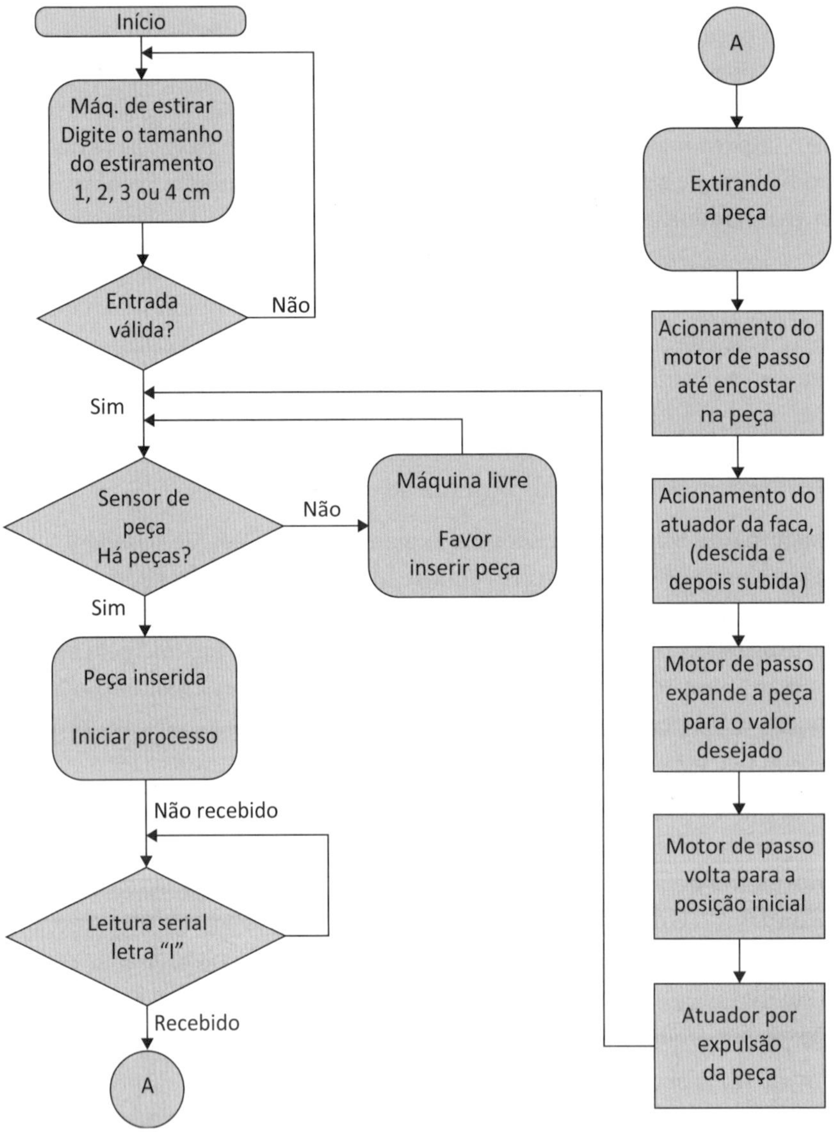

Figura 10.28 Fluxograma detalhado da implementação do sistema da máquina de estiramento plástico.

Para o projeto em questão, poderão ser utilizados, dentre outros, os seguintes dispositivos para utilização dos motores e atuadores do projeto:

- Para a faca de corte, será utilizado um atuador pneumático de dupla ação, uma válvula direcional pneumática 4/2 vias, acionamento por solenoide e retorno por mola e um esquema elétrico para adequação de tensão do microcontrolador para a tensão do solenoide;
- Para o atuador da expulsão da peça, serão utilizados os mesmos componentes do acionamento da faca de corte;
- Um motor de passo para estiramento da peça e um driver para seu acionamento;
- Um visor de cristal liquido LCD;
- microchaves;
- microcontrolador 8051;
- CI MAX232;
- capacitores;
- resistores.

Por fim, na Figura 10.29, é apresentada uma possível implementação de hardware para o projeto apresentado. São mostradas as interfaces principais para o projeto desenvolvido. Os atuadores estão representados por leds no esquemático.

Com base nos dados descritos na solução proposta para esse item, sugere-se elaborar a sua respectiva programação Assembly para o 8051, nos termos do projeto apresentado. Uma possível solução de programação encontra-se disponível no site da editora Blucher.

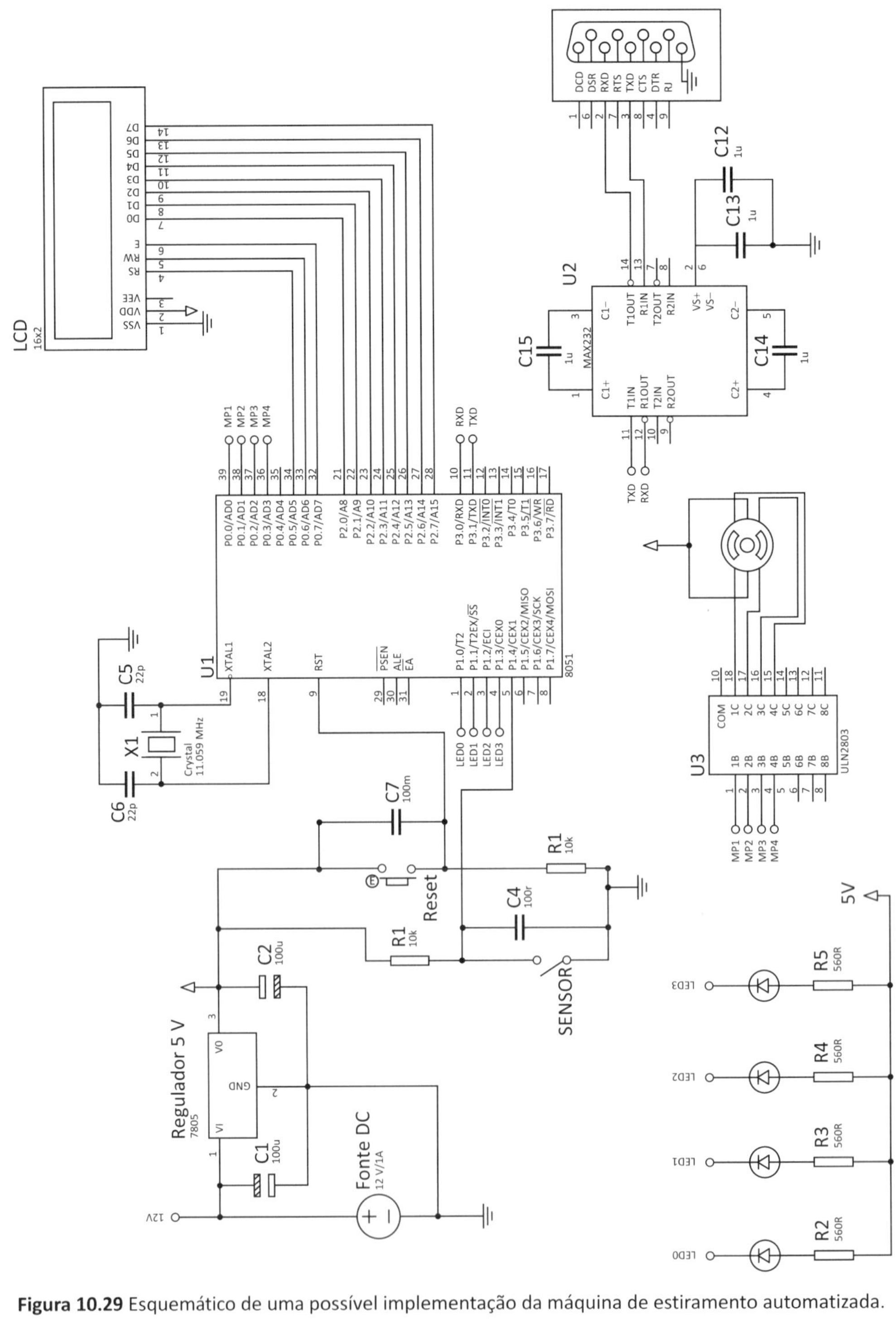

Figura 10.29 Esquemático de uma possível implementação da máquina de estiramento automatizada.

10.7 EXERCÍCIOS PROPOSTOS

Questão 10.7.1 Qual a principal característica dos sistemas computacionais que os diferencia dos demais dispositivos digitais?

Questão 10.7.2 Qual a vantagem de se utilizar um microcontrolador em vez de uma lógica predeterminada fixa?

Questão 10.7.3 Qual a diferença entre memória de programa e memória de dados? Essas memórias são voláteis ou não voláteis?

Questão 10.7.4 Descreva os vários tipos de memórias de programa. Qual a diferença entre uma memória RAM e ROM? O que diferencia uma da outra?

Questão 10.7.5 Por que são utilizados barramentos para interligar as várias partes de um sistema computacional?

Questão 10.7.6 Descreva a função dos barramentos de dados, endereços e controle.

Questão 10.7.7 Quais as características básicas de um microcontrolador da família 8051?

Questão 10.7.8 O que são os periféricos normalmente encontrados em um microcontrolador de uso geral? Quais os periféricos internos do 8051?

Questão 10.7.9 Descreva a função da unidade lógico-aritmética (ULA).

Questão 10.7.10 Qual a principal característica da arquitetura Harvard?

Questão 10.7.11 Faça uma pesquisa na internet e obtenha os datasheets de alguns microcontrolares (AT89S52 (Atmel), MC68HC908QY4 (Freescale), PIC18F4550 (Microchip), entre outros). Analise as características básicas de cada um deles.

Questão 10.7.12 Quais dos microcontroladores pesquisados na questão 10.7.11 são CISC e quais são RISC?

Questão 10.7.13 Qual é a diferença básica entre as portas P1, P2 e P3 em relação à porta P0 do 8051?

Questão 10.7.14 Qual a função do periférico interno timer?

Questão 10.7.15 Ao utilizar o timer/counter do 8051, é necessário recarregar os registradores TH0 e TL0 toda vez que ativar o timer?

Questão 10.7.16 O que é uma interrupção? Qual sua utilidade? Quais são as interrupções internas e externas do 8051?

Questão 10.7.17 Para que servem os registradores IE e IP do 8051?

Questão 10.7.18 Quais são os modos de operação disponíveis para a comunicação serial do 8051?

Questão 10.7.19 Qual a diferença entre uma comunicação síncrona e assíncrona?

Questão 10.7.20 Qual a utilidade do envio e do recebimento do nono bit junto com o byte transmitido pela serial? Normalmente ele é utilizado para quê?

Referências

Ayala, K. J. *The 8051 microcontroller: architecture, programming, and applications*. St. Paul: West Publishing Company, 1991.

Ball, Stuart R. *Embedded microprocessor systems: Real word design*. 3. ed. Massachusetts: Butterworth Heinemann, 2002.

Barnett, R. H. *The 8051 family of microcontrollers*. New Jersey: Prentice Hall, 1995.

Berger, A. S. *Embedded systems design: An introduction to processes, tools and techniques*. Kansas: CPM Books, 2001.

Calcutt, D.; Cowan, F.; Parchizadeh, H. *8051 microcontroller: An applications based introduction*. Boston: Newnes, 2004.

Daltrini, B. M.; Jino, M.; Magalhães, L. P. *Introdução a sistemas de computação digital*. São Paulo: Makron Books, 1999.

Fox, A., Fox, D. *Iniciação ao Basic*. Porto Alegre: McGraw-Hill do Brasil, 1984.

Ganssle, J. *The art of programming embedded systems*. Philadelphia: Elsevier, 2008.

Gaonkar, R. S. *Microprocessor architecture, programming, and applications with the 8085*. 5 ed. New Jersey: Prentice Hall, 2002.

Ghoshal, S. *Embedded systems and robots – Projects using the 8051 microcontroller*. Cengage Learning Asia, 2009.

Ghoshal, S. *8051 Microcontroller: Internals, instructions, programming & interfacing.* Uttar Pradesh: Pearson Education India, 2010.

Gimenez, S. P. *Microcontroladores 8051: Teoria do hardware e do software.* São Paulo: Pearson, 2002.

Intel Inc. *Mircroprocessors and peripherals - Hand Book.* Vols I and II. Intel.

Karakehayov, Z. *Embedded systems design with 8051 microcontrollers: Hardware and software.* Florida: CRC Press. 1999.

Krishna, K. *Microprocessors and microcontrollers: Architecture, programming, and system design 8085, 8086, 8051, 8096.* 2 ed. New Delhi: PHI Learning PVT, 2014.

Mackenzie, I. S. *The 8051 microcontroller.* New York: Macmillan Publishing, 1992.

Marinho, J. E. S. e Marinho, E. S. Mini-curso de microcontrolador. *Saber Eletrônica - Especial,* v. 02, 2001.

Mazidi, M. A.; Mazidi, J. G.; McKinlay, R. D. *The 8051 microcontroller and embedded systems: Using Assembly and C.* 2 ed. New Jersey: Prentice Hall, 2014.

Nicolosi, D. E. C. *Microcontrolador 8051 detalhado.* 2 ed. São Paulo: Érica, 2001.

Nicolosi, D. E. C. *Laboratório de microcontroladores família 8051.* 5 ed. São Paulo: Érica, 2008.

Nicolosi, D. E. C. e Bronzeri, R. B. *Microcontrolador 8051 com Linguagem C - Prático e Didático,* 2 ed., São Paulo: Erica, 2009.

Pal, A. *Microprocessors: Principles and applications.* New York: McGraw-Hill, 1989.

Patel, M. K. *The 8051 microcontroller based embedded systems.* New York: McGraw Hill. 2014.

Philips Inc. *80C51: Based 8 bits microcontrollers.* Philips, 1998.

Predko, M. *Handbook of microcontrollers.* New York: McGraw-Hill, 1998.

Predko, M. *Programming and customizing the 8051 microcontroller.* New York: Mc--Graw Hill, 1999.

Ray, A. K; Bhurchandi, K. M. *Advanced microprocessor and peripherals.* 3 ed. New York: McGraw-Hill, 2012.

Steiner, C. *The 8051/8052 microcontroller: Architecture, Assembly Language, and hardware interfacing.* New Delhi: Universal Publishers, 2005.

Sinha, P. K. *Microprocessors for engineering interfacing for real-time applications.* New York: Halstead Press, 1987.

Shaw, A. C. *Real-time systems and software.* New Jersey: John Wiley & Sons, 2001.

Stewart, J. W. *The 8051 microcontroller: Hardware, software, and interfacing.* New Jersey: Prentice Hall, 1992.

Telecurso 2000. *Automação: mecânica.* Rio de Janeiro: Globo, 1996.

Yeralan, S.; Ahluwalia, A. *Programming and interfacing the 8051 microcontroller.* Boston: Addison Wesley, 1995.

CAPÍTULO 11

Estudo de caso: comparativo de aplicação da tecnologia da pneumática, CLP e microprocessador

Como estudo de caso, será implementado e analisado um processo de automação de um sistema de furação de peças metálicas. Esse sistema pode ser comumente encontrado na indústria realizado de maneira simples e manual, o que vai na contramão da modernização necessária para a competitividade industrial. A sequência de apresentação começa com apresentação da situação-problema e, em seguida, são feitas uma proposição do sistema automatizado e a seleção dos elementos de controle; por fim, são elaboradas uma análise dos resultados e as conclusões da seleção.

11.1 SITUAÇÃO-PROBLEMA

Na **Figura 11.1**, é mostrada uma peça a ser furada, que é um corpo de válvula pneumática de alumínio (liga 6351-T6: AlSi1Mg0.5Mn-T6) ou de policarbonato (PC) com inserto de metal que necessita de um Rmax de 4 no diâmetro de 5,8 mm (por ser área de vedação). O processo de furação é realizado conforme as etapas descritas como segue: a peça (A) é posicionada manualmente no dispositivo de fixação (B) para ser usinada em furadeira de bancada (C). Com a peça fixa, o mandril da furadeira de bancada é movido manualmente pelo operador para repassar o diâmetro de 5,8 mm.

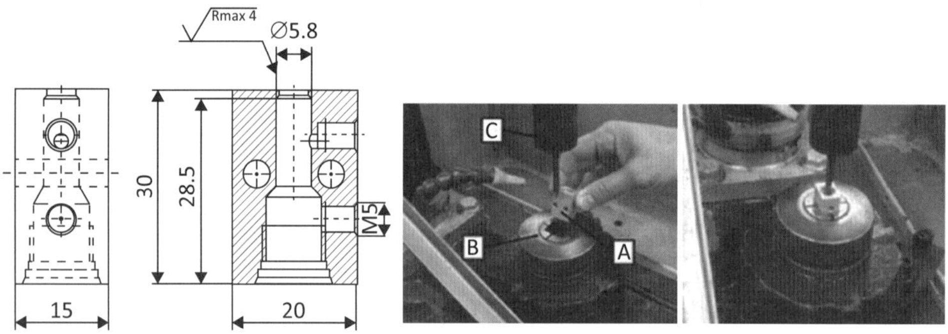

(A) (B)

Figura 11.1 (a) Desenho do corpo de válvula pneumática (valores em mm) e (b) posicionamento da peça para efetuar a furação.

Em média, o tempo total para movimentar a peça é longo e representa 10,7 s do tempo da operação. As etapas da operação são: pegar a peça (3,1 s); fixar a peça (2,6 s); avançar e recuar o mandril (3,8 s); remover a peça (2,1 s); e guardar a peça (2,9 s). Essas informações são importantes na análise para a automatização do processo, aliadas ao volume de produção, que, para o estudo de caso, é de 2.000 peças/mês em média. Adicionalmente, outros atrasos podem ocorrer: o operador pode fixar a peça de forma incorreta ou não mover o mandril até o final de seu curso, por exemplo. Em ambas as situações, podem ocorrer desde problemas perceptíveis nos testes de liberação até problemas na aplicação e na redução da vida útil do produto final.

11.2 PROPOSIÇÃO DO SISTEMA AUTOMATIZADO

A tecnologia de atuação e movimentação de cargas escolhida foi a pneumática, em virtude das dimensões da peça em questão e porque a precisão é definida principalmente pelo posicionamento dos anteparos. O croqui mostrado na **Figura 11.2** segue a do item **7.4** – exemplo 6 com sua **Figura 7.23.** Essa figura consiste de anteparos para garantir as tolerâncias de usinagem. Na posição inicial, a peça que está no magazine entra no apoio pela ação da gravidade e é movida até o anteparo 1; após isso, o cilindro de fixação é acionado movendo-se a peça para o anteparo 2, no qual a usinagem é realizada. Quando o cilindro inicia o retorno à posição inicial, a peça usinada cai do anteparo 3 dentro do furo da mesa para uma esteira que está na parte de baixo da estação. No fim do curso do alimentador, o sistema é realimentado com uma peça nova. A estação de furação deve ter a capacidade de controlar e identificar o tipo de material (metálico ou plástico) via sensores com o objetivo de utilização de mais de uma aplicação, definindo diferentes forças de fixação. Os atuadores foram definidos como cilindros pneumáticos.

A movimentação dos atuadores, sensores e demais elementos contidos na **Figura 11.2** é descrita a seguir:

- Posição inicial: todos os atuadores do sistema recuados.
- Quantidade de peças: a quantidade de peças deve ser inserida no sistema de contagem.
- Acionamento do botão "Start" (B1): confirma que a etapa anterior foi concluída e libera o sistema para realizar os processos automaticamente.
- Avanço do cilindro de alimentação (C): se há peças no magazine, conforme identificação dos sensores, o cilindro de alimentação (C) é acionado e avança retirando uma peça. Caso contrário, o sistema aguarda na posição inicial.
- Avanço do cilindro de fixação (A): após o fim de curso do cilindro C, o cilindro de fixação deve ser acionado com a pressão de 5 bar se a peça for plástica e de 10 bar, se for metálica.
- Avanço do cilindro de furação (B): após o fim de curso do cilindro anterior, o cilindro de fixação deve ser acionado com aproximação lenta. Nessa etapa, o motor da furadeira deve ser acionado.
- Fim da furação: após 3 segundos no fim de curso, o cilindro de furação deve retornar à posição e desligar o motor da broca.
- Retorno dos cilindros: os cilindros de fixação e de alimentação devem retornar em sequência (um após o outro, quando atingirem o fim de curso).
- Decremento da contagem: o sistema decrementa um valor na contagem e reinicia o processo, caso os sensores detectem peça no magazine, até chegar ao zero.
- Botão "Emergência-Stop" (B2): quando acionado, o sistema interrompe a operação desligando o motor da furadeira e comandando o retorno dos cilindros B, A e C em sequência.

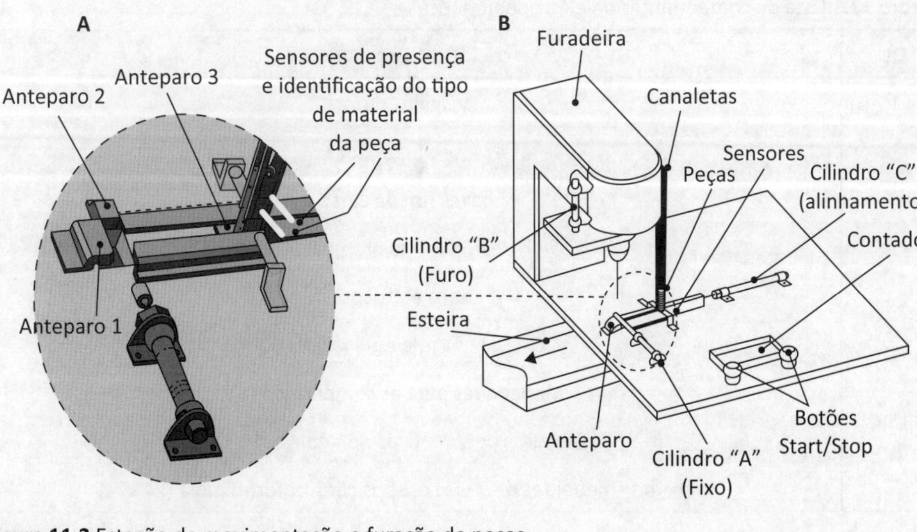

Figura 11.2 Estação de movimentação e furação de peças.

A estrutura eletropneumática será a mesma para todos os sistemas a serem testados. Os principais elementos dessa estrutura podem ser observados como segue:

- Todos os cilindros têm chaves no início e no fim de curso e válvulas com acionamento elétrico via solenoide.
- O cilindro A é de simples ação e tem um conjunto composto de válvulas solenoides direcionais, regulador de pressão e válvula "ou". Esses componentes são responsáveis pela força de fixação conforme o material da peça. Uma das válvulas libera ar comprimido com pressão regulada de 5 bar e a outra pressão de linha, que, nesse exemplo, é de 10 bar.
- No cilindro B de dupla ação, é possível observar um regulador de fluxo unidirecional. Esse componente regula o avanço pelo fluxo, uma ação que realiza o avanço lento durante a furação. Uma válvula duplo solenoide controla o avanço ou o retorno do cilindro.
- O cilindro C também utiliza uma válvula duplo solenoide e controla o avanço ou o retorno do cilindro.
- O motor pneumático utiliza uma válvula solenoide e retorno mola apenas para abertura e fechamento. Essa válvula controla o motor da broca.

A automação do sistema será apresentada em diferentes soluções, mas alguns materiais serão comuns. No **Quadro 11.1**, é mostrada uma lista de componentes comum a todas as categorias tecnologias de automação.

Resumidamente, na **Figura 11.3**, a estratégia para identificação de peças metálicas e não metálicas possibilita observar, de forma esquemática, a montagem dos elementos do sistema pneumático.

Quadro 11.1 Lista de componentes da eletropneumática

Qt	Descrição dos Componentes
1	Válvula "ou"
1	Motor pneumático
6	Chaves fim de curso
1	Regulador de pressão
-	Cabos elétricos
2	Botões (início e emergência)
-	Mangueiras para ar comprimido
2	Cilindros pneumáticos de dupla ação
2	Válvulas solenoides de 3 vias e 2 posições, retorno mola (24 v)

(continua)

Quadro 11.1 Lista de componentes da eletropneumática *(continuação)*

Qt	Descrição dos Componentes
1	Válvula reguladora de fluxo unidirecional
1	Válvula solenoide de 2 vias e 2 posições, retorno mola (24v)
1	Sensor capacitivo de proximidade (24 v)
1	Sensor indutivo de proximidade (24 v)
2	Válvulas solenoides de 5 vias e 2 posições, duplo solenoide (24v)
1	Cilindro pneumático simples ação

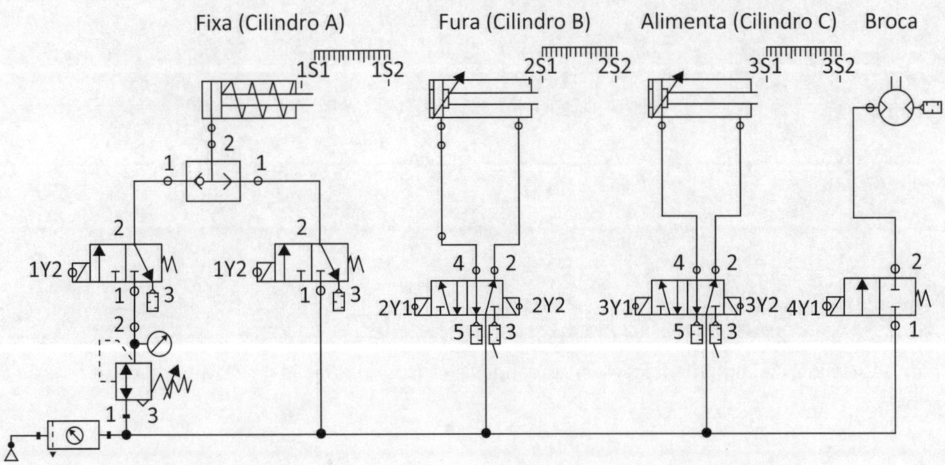

Figura 11.3 Sistema pneumático montado da estação de movimentação e furação de peças.

Fonte: Reprodução feita no software *Fluidsim* com publicação autorizada pela Festo.

11.3 SELEÇÃO DOS ELEMENTOS DE CONTROLE

11.3.1 SOLUÇÃO VIA COMANDOS ELÉTRICOS

Com o uso dos comandos elétricos, foi elaborado o diagrama unifilar apresentado no item **7.3.5** com a Figura 7.22, utilizando o software *FluidSim* da empresa Festo, e lá também se encontra a sequência de operações detalhadamente realizadas pelo sistema, conforme projeto.

A montagem do circuito foi realizada utilizando-se um painel de montagem da empresa Festo como mostrado na **Figura 11.4**.

Figura 11.4 Painel da implementação por comandos elétricos da estação de movimentação e furação de peças.

11.3.2 SOLUÇÃO VIA CLP

O diagrama Ladder do CLP foi elaborado utilizando-se como base o diagrama unifilar de comandos elétricos mostrado na **Figura 11.5**. Essa linguagem é uma das mais utilizadas para a programação de CLP e foi desenvolvida com base nos mesmos conceitos de diagramas de comandos elétricos, que são o uso de bobinas e de contatos, portanto a sua utilização facilita a conversão de projetos de comandos elétricos para CLP.

Primeiramente, foram identificadas no diagrama unifilar quais seriam as entradas externas e as saídas externas do sistema. A análise pode ser observada na **Figura 11.5**.

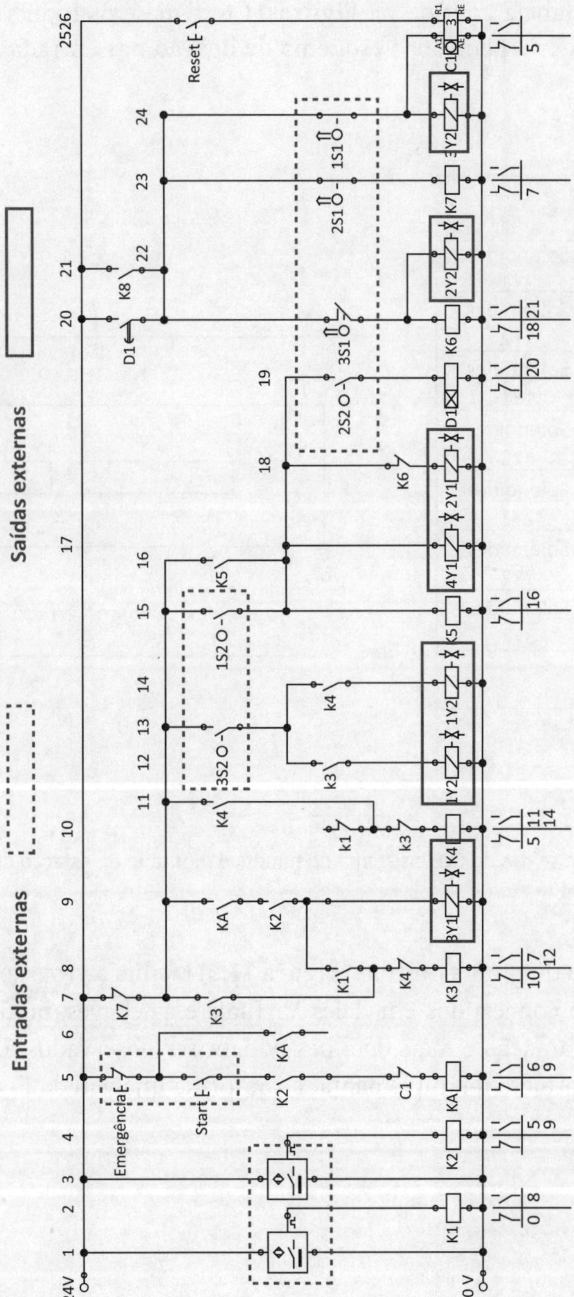

Figura 11.5 Identificação das entradas e saídas externas em diagrama unifilar.

Com base na tabela contida na **Figura 11.6**, tem-se os inputs outputs do CPL. Após isso, foi possível planejar o esquema de ligação nas entradas e saídas do CLP (**Figura 11.6**).

Inputs	Outputs
Sensor indutivo	Solenoides 3Y1
Sensor capacitivo	Solenoides 1Y2
Botão start	Solenoides 1Y1
Botão emergência	Solenoides 4Y1
Chave 3S2	Solenoides 2Y1
Chave 1S2	Solenoides 2Y2
Chave 2S2	Solenoides 3Y2
Chave 3S1	
Chave 2S1	
Chave 1S1	

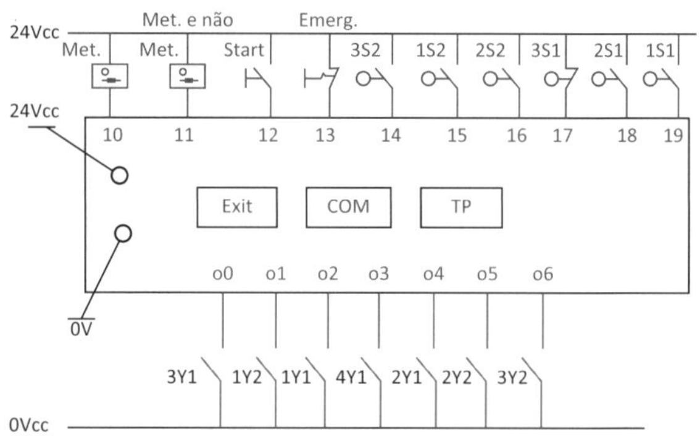

Figura 11.6 Entradas e saídas do CLP e sistema pneumático montado da estação de movimentação.

A utilização do diagrama unifilar (**Figura 11.5**) facilita a programação em Ladder. Os solenóides são convertidos em Relés Virtuais e as chaves, botões e sensores em contatos. A programação e mais detalhes podem ser observados na **Figura 11.7** e a montagem desse projeto foi implementada conforme imagem da **Figura 11.8**.

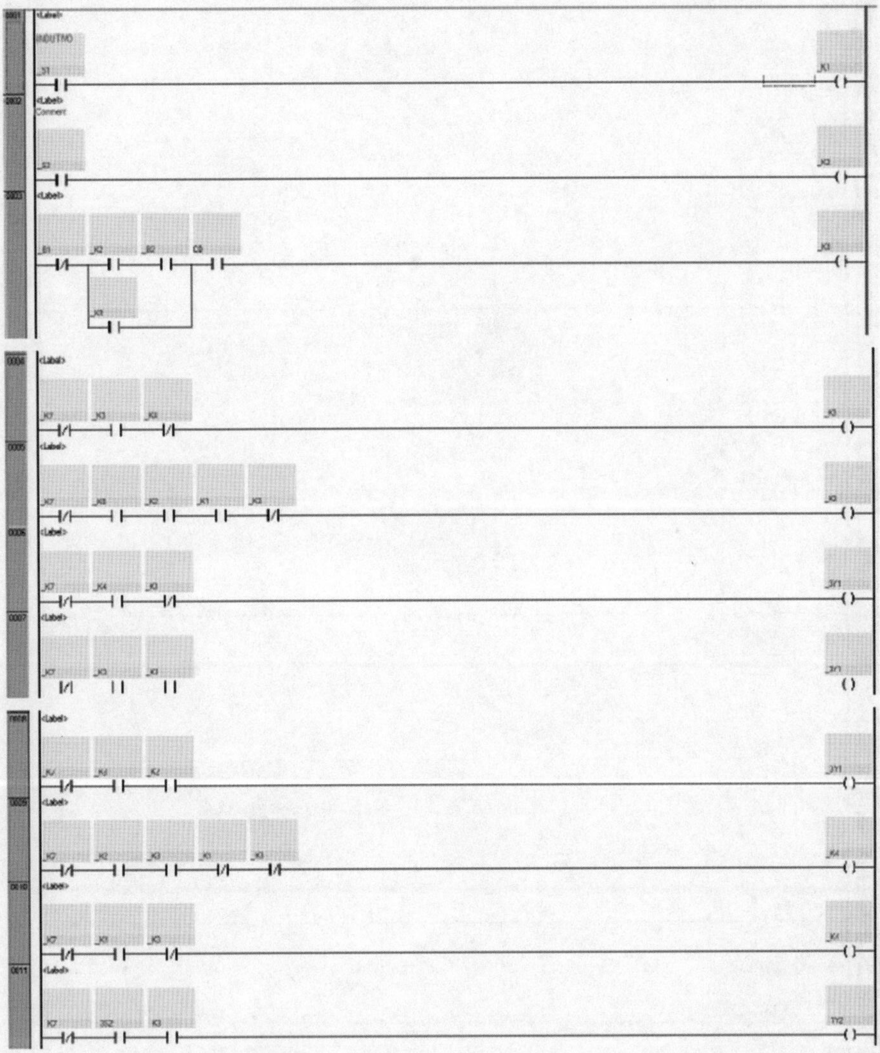

Figura 11.7 Diagrama Ladder da estação de movimentação e furação de peças (*continua*).

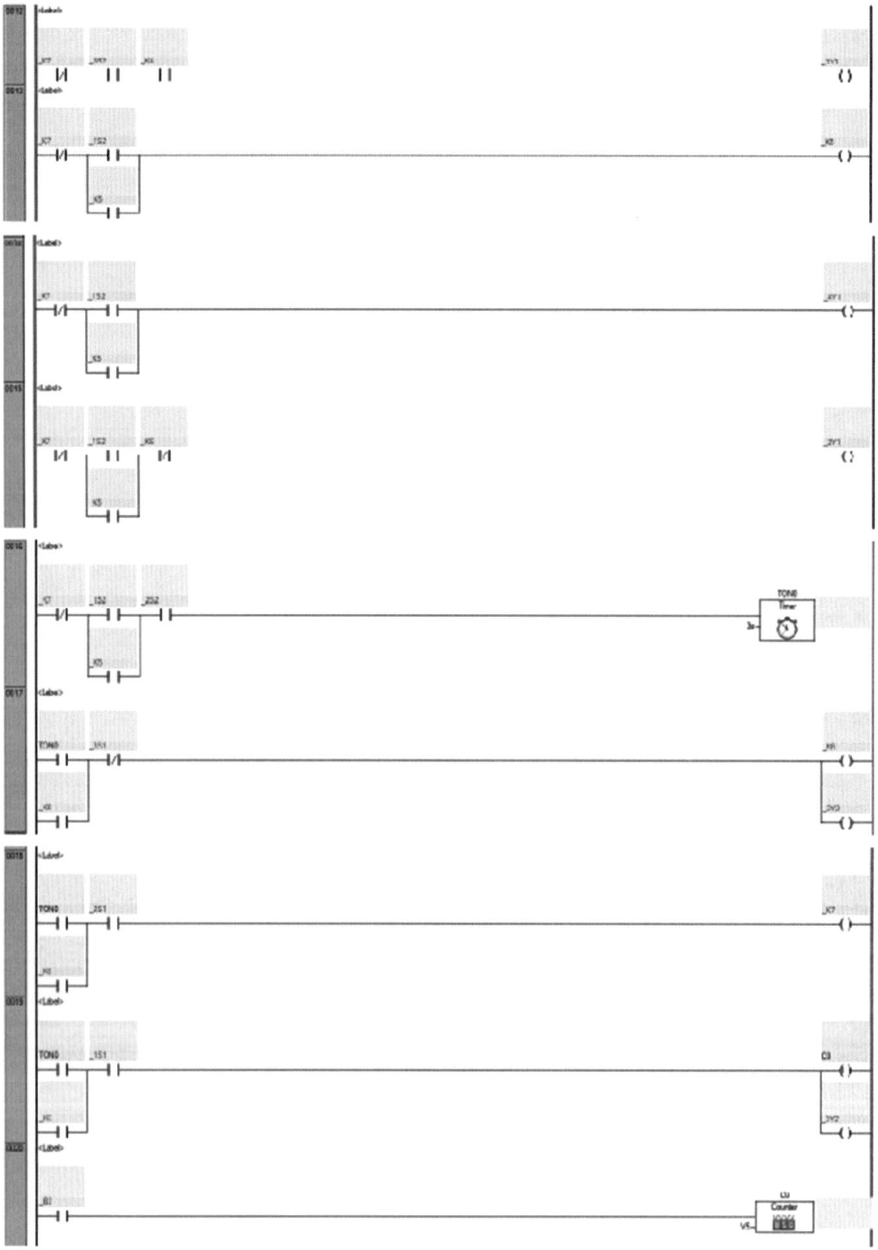

Figura 11.7 Diagrama Ladder da estação de movimentação e furação de peças (*continuação*).

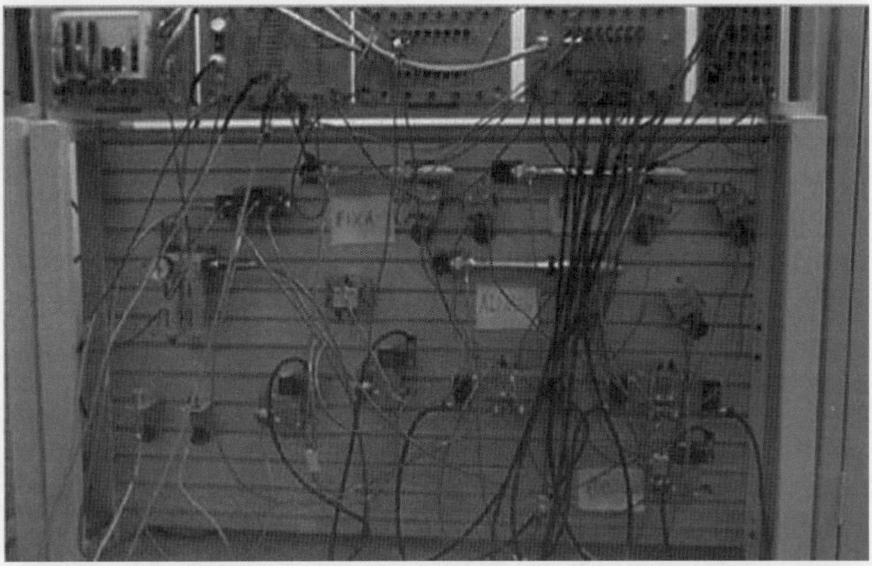

Figura 11.8 Painel da implementação por CLP.

11.3.3 SOLUÇÃO VIA SISTEMAS MICROPROCESSADOS

Para a solução via sistema microprocessado, foi utilizado o kit de desenvolvimento XM852 da empresa EXSTO contendo um microcontrolador da família 8051, no caso o 8031. Esse kit contém entradas e saídas de sinais digitais em níveis TTL (transistor-transistor logic). Dessa maneira, para realização do projeto, fez-se necessário produzir placas para a interface e proteção entre o *kit* e os elementos pneumáticos do sistema que estão dimensionados para 24 V.

A montagem completa do sistema foi realizada, assim como feito anteriormente, no painel pneumático. O resultado pode ser observado na **Figura 11.8**.

A programação do microcontrolador foi realizada em Assembly, de maneira a se obter um código o mais enxuto e otimizado possível, e é composta pelas seguintes etapas:

- sistema energizado aguardando quantidade de peças;
- inclusão da quantidade de peças via teclado;
- visualização de quantidade de peças via display de sete segmentos;
- acionamento do botão "Start", representado pela tecla "+" do teclado;
- identificação se há peça no sistema e seu material;
- ciclo de operação;
- decremento do valor de peças;
- acionamento do botão "Emergência", que habilita a interrupção externa e, assim, o sistema realiza um ciclo de emergência.

Figura 11.9 Painel da implementação por sistemas microprocessados.

11.4 ANÁLISE DOS RESULTADOS

Conforme análise na montagem das soluções via comandos elétricos, CLP e microprocessadores, pode-se realizar um estudo comparativo da quantidade de elementos necessários para aplicar cada uma das tecnologias anteriores neste estudo de caso.

Podemos observar que o CLP tem implementação mais enxuta, com menos elementos. Isso pode ser explicado pela própria característica do elemento. Esse dispositivo é composto por um conjunto de relés programáveis, temporizadores e contadores projetados para aplicações em ambientes industriais, e por isso já é dimensionado para trabalhar em 24 V. O CLP utilizado apresenta 24 inputs e 16 outputs, sendo que a aplicação necessita apenas de 10 inputs e 7 outputs; logo, esse único componente, trabalhando em conjunto com a fonte de alimentação de 24 V e recebendo os inputs do sistema, já é suficiente para operar a estação de movimentação e furação de peças.

Para a aplicação utilizando comandos elétricos, foi necessário projetar o diagrama unifilar que definiu a quantidade de componentes necessários para a montagem. Ao contrário do CLP que conta com um conjunto de relés programáveis, temporizadores e contadores, nessa aplicação um componente é necessário para cada função, utilizando seis relés, um temporizador e um contador, que é a diferença de 8 elementos em relação à aplicação com CLP.

Já na aplicação de sistemas microprocessados, há uma grande quantidade de componentes consequentemente à fabricação das placas para conversão de 24 V para 5 V e vice-versa, pela limitação da tensão de entrada e saída.

Um ponto importante que deve ser observado quando tratamos de máquinas e equipamentos é a possibilidade de expansão e modificação das funções do equipamento. Em alguns casos, é necessário modificar somente softwares e, em outros, é necessário realizar substituições e inclusões de componentes.

Das tecnologias aplicadas, podemos apontar a solução por comandos elétricos como a tecnologia com menos vantagens para atualizações e expansões. Isso resulta principalmente da utilização exclusiva de componentes eletromecânicos não programáveis. Se houver uma expansão ou modificação no sistema, o diagrama unifilar deverá ser revisto e componentes deverão ser incluídos no sistema ou ligações elétricas serem alteradas.

Quanto ao sistema microprocessado, como este tem programação, há a possibilidade de modificações do sistema sem modificações físicas, porém com algumas ressalvas. A possibilidade de realizar esse tipo de modificação deve ser discutida durante a fase de projeto, pois assim é possível incluir um maior número de sistemas de conversão 5V-24 V, inclusão de memórias externas com multiplexadores para aumentar o número de I/Os do sistema e inclusão/programação de elementos para download de programas na placa aplicada no sistema.

Para o CLP utilizado, considerando essa aplicação, ainda há um número de 14 inputs e 9 outputs disponíveis para expansões. As atualizações podem ser feitas no programa. Se for necessária uma quantidade maior de inputs e outputs disponíveis no CLP, é possível utilizar outro CLP no sistema Master-Slave, dobrando o número de I/Os.

Para se implementarem as três tecnologias de elementos de controle, foi necessário realizar uma grande quantidade de conexões elétricas entre os componentes dos sistemas.

A seguir, foi realizada uma análise das informações coletadas nesse projeto e comparados os diversos elementos de controle. A comparação teve como base as características operacionais de cada elemento e foram consideradas categorias com peso de 0 a 4, sendo que, quanto maior o valor, mais vantagens competitivas são observadas. Sempre tendo em vista a aplicação em questão, as categorias relacionadas aos pesos são: "Não Apropriados (0)"; "Pouco Apropriados (1)"; "Apropriado com Restrições (2)"; "Apropriado (3)"; "Muito Apropriado (4)". Os resultados estão demonstrados na **Tabela 11.1**.

Tabela 11.1 Comparativo das características entre comandos elétricos, CLP e microcontrolador

Característica analisada	Comandos elétricos	CLP	uP
Presença de mercado	4	4	4
Vida útil	3	3	4
Temperatura de operação	4	4	4
Custos	4	1	4
Facilidade de implementação	3	4	2
Imunidade eletromagnética	4	3	1
Espaço	3	4	4
Reutilização de componentes	4	4	1
Possibilidade de adaptação	3	4	3
Pontuação estimada	31	31	27

É possível observar que as tecnologias de comandos elétricos e CLP tiveram as melhores avaliações para uso na estação para movimentação e furação de peças do estudo de caso. Um fator negativo para CLP que inviabiliza seu emprego é o alto custo de sua aplicação, em comparação à de outras tecnologias, o que torna a aplicação de comandos elétricos a melhor forma de controlar esse sistema.

Com relação ao tempo de produção e conforme características dos atuadores selecionados (atuadores pneumáticos com diâmetro de 20 mm e curso de 150 mm que atuam a uma velocidade de ~1,25 m/s), podemos considerar que cada cilindro leva o tempo de ~0,12 s para atuar. Assim, os tempos de atuação de antes e depois foram reunidos na **Tabela 11.2**.

Tabela 11.2 Comparativo temporal da automação

Antes		Depois	
Operação	**Tempo(s)**	**Operação**	**Tempo(s)**
Pegar a peça	3,1	Cilindro C (alimenta) atuar	0,12
Fixar a peça	2,6	Cilindro A (fixa) atuar	0,12
Avanço e recuo do mandril	3,8	Cilindro B (fura) atuar	0,12
		Furação	3
Remover	2,1	Cilindro B (fura) recuar	0,12
Guardar a peça	2,9	Cilindro A (fixa) recuar	0,12
		Cilindro C (alimenta) recuar	0,12
Total	14,5	Total	3,7

O tempo de fabricação de cada peça foi reduzido em 10,8 s. Considerando um volume de produção estimado de 2.000 peças/mês, tem-se uma redução de aproximadamente 6 horas no processo de fabricação/mês e a liberação de um operador dedicado a essa operação exercendo trabalho repetitivo. Isso reflete diretamente na redução de custo da linha de produção.

11.5 CONCLUSÕES DA SELEÇÃO

O estudo de caso demonstrou que, na aplicação da estação para movimentação e furação de peças, a melhor solução é utilizar comandos elétricos. Suas principais vantagens estão relacionadas ao custo, à possibilidade de reutilização de componentes e à alta resistência a interferências eletromagnéticas. A principal desvantagem é a menor vida útil em comparação à de outras tecnologias, uma vez que os comandos elétricos apresentam partes móveis nos elementos de controle.

Apesar do empate técnico segundo a **Tabela 11.1** e de a solução via CLP oferecer muitas vantagens, como redução do número de componentes, facilidade de instalação e reutilização de componentes, o revés do alto custo é um fator que torna esse elemento de controle inviável em nosso ponto de vista.

Respostas dos exercícios propostos

CAPÍTULO 2

Questão 2.4.1

d) Permite alcançar altas velocidades de trabalho.

Questão 2.4.2

d) Todas são corretas.

Questão 2.4.3

b) Apenas a I, a II e a III.

Questão 2.4.4

(V) Fáceis instalação e operação.

(V) Controle contínuo e preciso de velocidades.

(V) Sistema auto lubrificante.

(V) Sistema autorrefrigerante.

(V) Há necessidade de sistemas de segurança nos circuitos.

(V) A fonte de energia é praticamente incompressível.

CAPÍTULO 3

Questão 3.2.1

e) (X) Filtro, copo condensador de água, regulador de pressão, manômetro e lubrificador.

Questão 3.2.2

e) Separador de água com dreno automático.

Questão 3.2.3

a) Elemento E.

Questão 3.2.4

a) 2; 1; 3; 4.

Questão 3.2.5

e) Nenhuma das alternativas anteriores.

Questão 3.2.6

d) Cilindro dupla ação, com válvula de controle do cilindro 5/2 vias e comando por condição lógica OU.

Questão 3.2.7

c)

CAPÍTULO 4

Questão 4.3.1

c)

CAPÍTULO 5

Questão 5.1.1

Elemento sensor/captador de queda de pressão (sensor analógico de pressão) e substitui um rolete de fim de curso

Questão 5.1.2

a)

Questão 5.1.3

d)

Questão 5.1.4

a)

Questão 5.1.5

a)

CAPÍTULO 6

Questão 6.4.1

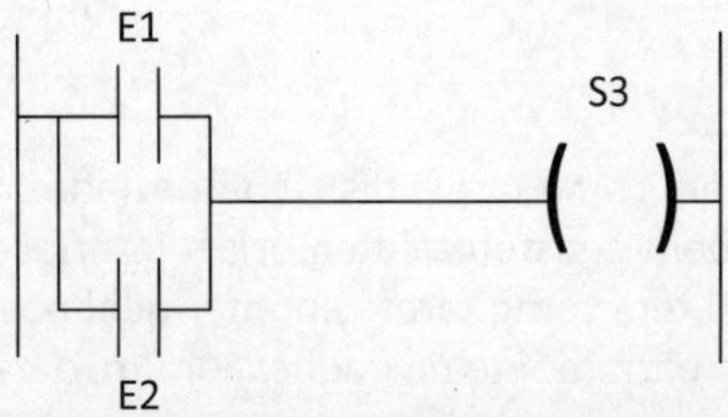

E1	E2	S1	S2	S3
0	0	0	0	0
0	1	0	1	1
1	0	1	0	1
1	1	1	1	1

Questão 6.4.2

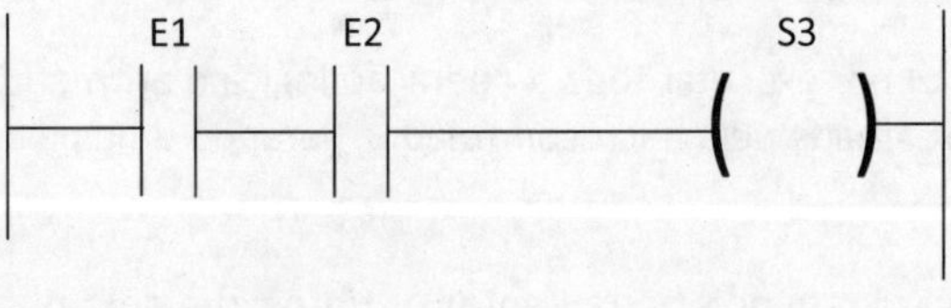

CAPÍTULO 10

Questão 10.7.1

Os sistemas computacionais são reconfiguráveis e as tarefas são programadas, ao passo que um sistema digital tem uma dinâmica fixa.

Questão 10.7.2

A vantagem reside no fato de poder alterar o resultado da lógica em função da necessidade atual do sistema, sem necessidade da troca do hardware.

Questão 10.7.3

A memória de programa é aquela na qual o conjunto de instruções que serão executadas para proporcionar o funcionamento adequado do sistema é gravado sequencialmente, sendo então do tipo não volátil, enquanto a memória de dados é utilizada para alocar e guardar dinamicamente valores do processamento durante a execução do programa, sendo do tipo volátil.

Questão 10.7.4

Os principais tipos de memória de programa são: ROM; PROM; EPROM; EEPROM; e FLASH. A memória ROM é gravável uma única vez apenas, sendo do tipo não volátil, enquanto a memória RAM é do tipo volátil com acesso aleatório.

Questão 10.7.5

Os barramentos são os dutos de informações necessários para que estas – seja na forma de dados, endereços ou sinais de controle – possam fluir entre os diversos blocos que compõem o sistema.

Questão 10.7.6

O barramento de dados tem como tarefa distribuir os dados de entrada e saída por todos os elementos que compõem o sistema (memórias, interfaces de entrada/saída etc.). O barramento de endereços tem como tarefa apontar qual posição ou qual elemento deve tratar o dado existente no barramento de dados. Por fim, o barramento de controle distribui sinais de sincronismo, acionamento e monitoramento entre os elementos.

Questão 10.7.7

O 8051 original é um microcontrolador de 8 bits, com 16 bits de endereçamento, 5 interrupções, 2 timers independentes, comunicação serial full-duplex. Tem 32 pinos de entrada/saída (4 portas) e acesso à memória RAM externa.

Questão 10.7.8

Os periféricos mais comuns são: timers; conversores AD/DA; saídas PWN; interfaces seriais; I^2C; SPI; CAM etc. O 8051 tem dois timers independentes e uma interface serial full-duplex.

Questão 10.7.9

A ULA é responsável por executar toda a operação lógica e aritmética entre as palavras binárias de entrada realizada pelo microcontrolador, gerando uma palavra diferente na saída.

Questão 10.7.10

A arquitetura Harvard tem dois barramentos distintos: um para memória de programa; e outro para memória de dados. Isso dá uma maior dinâmica à execução, podendo os dois barramentos trabalhar simultaneamente (paralelismo).

Questão 10.7.11

Sem resposta. Trabalho de pesquisa do aluno.

Questão 10.7.12

Sem resposta. Trabalho de pesquisa do aluno.

Questão 10.7.13

O portal P0 tem a função dupla utilizada para dados e endereçamento de maneira multiplexada, assim ele não tem o resistor pull-up (20 a 40 kΩ), mantendo-se em um estado tri-state. Assim, se utilizado como porta, esse resistor deve ser adicionado externamente.

Questão 10.7.14

A função do timer é gerar uma contagem de tempo ou eventos por hardware, independentemente do funcionamento do código, de maneira que essa contagem não interfira nas demais atividades programadas e gere um aviso (por meio de uma flag) quando ocorrer o estouro da contagem.

Questão 10.7.15

Depende. Se for utilizar o timer no modo 2 auto-reload, não é necessário; caso contrário, é necessário recarregar o valor inicial do timer a cada estouro de contagem.

Questão 10.7.16

Interrupção é a capacidade do microcontrolador interromper um evento para execução de outro evento de maior prioridade naquele determinado momento e retornar à execução do evento inicial posteriormente. Sua utilidade é poder organizar as tarefas em níveis de prioridade. No 8051, há as interrupções externas (INTO e INT1), por timers (T0 e T1) e pela Serial.

Questão 10.7.17

Para programar as interrupções. IE é um registrador no qual habilitam-se (mascaramento) as interrupções enquanto IP é utilizado para alterar a prioridade destas.

Questão 10.7.18

Modo 0 síncrono. Modos 1,2 e 3 assíncronos.

Questão 10.7.19

A comunicação síncrona necessita que, além do sinal de dados, um sinal de sincronismo (clock) seja enviado; enquanto na comunicação assíncrona, o sincronismo é realizado bit a bit no receptor.

Questão 10.7.20

Utiliza-se o nono bit quando é necessário um elemento adicional de informação além dos 8 bits da palavra transmitida. Normalmente, envia-se a paridade, utilizando-a como um detector de erro simples.